“十三五”国家重点出版物出版规划项目

国家科学技术学术著作出版基金资助出版

能源化学与材料丛书　总主编　包信和

己内酰胺绿色生产技术的化学和工程基础

宗保宁　潘智勇　等

科学出版社

北京

内 容 简 介

本书介绍了尼龙-6单体己内酰胺绿色生产技术的研究开发过程。具体包括4项核心技术：催化蒸馏与环己烯酯化加氢新反应集成用于制备环己酮；钛硅分子筛与浆态床集成用于环己酮氨肟化合成环己酮肟；纯硅分子筛与移动床集成用于环己酮肟气相重排；非晶态合金催化剂与磁稳定床集成用于己内酰胺精制。与已有技术相比，C和N原子利用率分别由80%和60%提高到接近100%，装置投资下降70%，生产成本下降50%。2017年己内酰胺绿色生产技术的产能达到约350万t，使我国该化工产品由主要依赖进口变为世界第一生产大国，全球市场份额超过50%。这项技术践行了绿色化学的理念，是开发绿色化工技术的成功范例。

本书对从事石油化工新技术开发的科技人员有重要参考价值，也可以供相关专业的教师、研究生和高年级本科生参考。

图书在版编目（CIP）数据

己内酰胺绿色生产技术的化学和工程基础 / 宗保宁等著. —北京：科学出版社，2020.4

（能源化学与材料丛书）

“十三五”国家重点出版物出版规划项目

ISBN 978-7-03-063933-2

Ⅰ. ①己… Ⅱ. ①宗… Ⅲ. ①己内酰胺－化工生产 Ⅳ. ①TQ225.26

中国版本图书馆CIP数据核字（2019）第300268号

责任编辑：李明楠 孙 曼 / 责任校对：杨 赛
责任印制：吴兆东 / 封面设计：蓝正设计

科学出版社 出版

北京东黄城根北街16号
邮政编码：100717
http://www.sciencep.com

北京建宏印刷有限公司印刷

科学出版社发行 各地新华书店经销

*

2020年4月第 一 版 开本：720 × 1000 1/16
2024年1月第三次印刷 印张：15 1/2
字数：307 000

定价：118.00元

（如有印装质量问题，我社负责调换）

丛书编委会

丛 书 序

能源是人类赖以生存的物质基础，在全球经济发展中具有特别重要的地位。能源科学技术的每一次重大突破都显著推动了生产力的发展和人类文明的进步。随着能源资源的逐渐枯竭和环境污染等问题日趋严重，人类的生存与发展受到了严重威胁与挑战。中国人口众多，当前正处于快速工业化和城市化的重要发展时期，能源和材料消费增长较快，能源问题也越来越突显。构建稳定、经济、洁净、安全和可持续发展的能源体系已成为我国迫在眉睫的艰巨任务。

能源化学是在世界能源需求日益突出的背景下正处于快速发展阶段的新兴交叉学科。提高能源利用效率和实现能源结构多元化是解决能源问题的关键，这些都离不开化学的理论与方法，以及以化学为核心的多学科交叉和基于化学基础的新型能源材料及能源支撑材料的设计合成和应用。作为能源学科中最主要的研究领域之一，能源化学是在融合物理化学、材料化学和化学工程等学科知识的基础上提升形成，兼具理学、工学相融合大格局的鲜明特色，是促进能源高效利用和新能源开发的关键科学方向。

中国是发展中大国，是世界能源消费大国。进入 21 世纪以来，我国化学和材料科学领域相关科学家厚积薄发，科研队伍整体实力强劲，科技发展处于世界先进水平，已逐步迈进世界能源科学研究大国行列。近年来，在催化化学、电化学、材料化学、光化学、燃烧化学、理论化学、环境化学和化学工程等领域均涌现出一批优秀的科技创新成果，其中不乏颠覆性的、引领世界科技变革的重大科技成就。为了更系统、全面、完整地展示中国科学家的优秀研究成果，彰显我国科学家的整体科研实力，提升我国能源科技领域的国际影响力，并使更多的年轻科学家和研究人员获取系统完整的知识，科学出版社于 2016 年 3 月正式启动了“能源化学与材料丛书”编研项目，得到领域众多优秀科学家的积极响应和鼎力支持。编撰该丛书的初衷是“凝炼精华，打造精品”。一方面要系统展示国内能源化学和材料资深专家的代表性研究成果，以及重要学术思想和学术成就，强调原创性和系统性及基础研究、应用研究与技术研发的完整性；另一方面，希望各分册针对特定的主题深入阐述，避免宽泛和冗余，尽量将篇幅控制在 30 万字内。

本套丛书于 2018 年获“十三五”国家重点出版物出版规划项目支持。希望它的付梓能为我国建设现代能源体系、深入推进能源革命、广泛培养能源科技人才贡献一份力量！同时，衷心希望越来越多的同仁积极参与到丛书的编写中，让本套丛书成为吸纳我国能源化学与新材料创新科技发展成就的思想宝库！

包信和

2018 年 11 月

前　　言

为实现中华民族永续发展，我国确立了生态文明建设的基本国策。建设生态文明，是关系人民福祉、关乎民族未来的长远大计。面对资源约束趋紧、环境污染严重、生态系统退化的严峻形势，必须树立尊重自然、顺应自然、保护自然的生态文明理念，把生态文明建设放在突出地位，融入经济建设、政治建设、文化建设、社会建设各方面和全过程，努力建设美丽中国，实现中华民族永续发展。而发展绿色化工技术就是化学工业建设生态文明的具体实践。

化学工业，这个点石成金的“魔术大师”，为人类创造了前所未有的巨大财富，满足了人们越来越高的生产和生活要求，但在全球保护环境的呼声日益高涨的情况下，化学工业又成了人们抱怨的“罪魁祸首”。面对臭氧层空洞、酸雨、土壤板结、白色污染以及其他环境问题日趋严重的形势，人们甚至已经“谈化色变”、敬而远之。面对种种质疑，我们专业化工工作者不能仅仅要求非专业民众以专业的眼光看待问题，因为毕竟化学工业确实给人类带来巨大便利的同时也对环境造成了相当严重的破坏！为改变化学工业的尴尬现状，实现可持续发展的战略目标，“绿色化学”成为我们的共识和目标。

绿色化学（green chemistry）又称为“环境无害化学”“环境友好化学”“清洁化学”，涉及化学的众多学科，20 世纪初由美国化学会提出，并且在随后的几十年里被世界各国接受并得到发展，成为可持续化学概念的基础。它的核心内容为以下三条：

（1）绿色化学过程的设计要基于化学物质自身循环的原则。

（2）利用化学的基本原理与自然原料的固有性质减少有害物质的使用和产生。

（3）将绿色化学作为基本的概念和原则设计化学体系。

在 21 世纪的今天，绿色化学的定义进一步扩展为：一种对环境无害并能够保护环境的化学技术。通过使用自然能源，并注重原子利用效率，避免给环境造成负担；利用以太阳能为来源的生物质能源和氢能源的制造和储藏技术的开发，达到节约能源、节省资源的目的。绿色化学的最大特点是在始端就采用预防污染的科学手段，从而使过程和终端尽可能达到零排放或零污染。世界上很多国家已将“化学的绿色化”作为 21 世纪化学进展的主要方向之一。

面对国际上兴起的绿色化学与清洁生产技术浪潮，我国学术界和有关部门机构也开展了相应的行动。1995 年中国科学院化学部组织了“绿色化学与技术——推进化工生产可持续发展的途径”院士咨询活动，对国内外绿色化学的现状与发展趋势进行了大量调研，将绿色化学与技术研究工作列入“九五”基础研究规划。1997 年由国家自然科学基金委员会和中国石油化工总公司（现为中国石油化工集团有限公司，简称“中国石化”）联合启动“九五”重大基础研究项目“环境友好石油化工催化化学与化学反应工程”。同年，国家重点基础研究发展计划（973 计划）提出 2000 年以及 21 世纪中叶我国经济、科技和社会发展的宏伟目标，也将绿色化学的基础研究项目作为支持的重要方向之一。2000～2016 年，中国石油化工股份有限公司石油化工科学研究院（简称“石科院”）连续三次承担 973 计划中有关绿色化学的研究项目，为我国绿色化工技术的开发奠定了科学基础。

化学工业是我国的支柱产业，产值占我国国内生产总值的 20%左右。但化学工业中基本有机原料的生产技术大部分是在 20 世纪 50 年代开发的，原有技术路线并非基于绿色化学，大多环境污染严重，亟须开发绿色化工技术。另外，随着经济与技术的全球化格局的深入，我国化学工业在国际上也面临产品和工艺技术的激烈竞争。为了迎接这种技术和产品竞争的严峻挑战，践行生态文明建设的基本国策，也需要从绿色化学出发，发展自主的绿色化工技术和优质产品。

本书系统介绍了开发绿色化工技术的成功范例——己内酰胺绿色生产技术，目的是进一步推动我国绿色化工技术的发展。己内酰胺是尼龙-6 纤维和尼龙-6 工程塑料的单体，广泛应用于纺织、汽车、电子等行业，是重要的基本有机化学品。在所有基本有机化学品生产中，己内酰胺的生产工艺最复杂，涉及加氢、氧化、肟化和重排等多种反应，并且多步精制过程使杂质含量达到 ppm 级。己内酰胺生产技术不仅工艺流程长，还使用腐蚀性和高毒性的 NO_x 和 SO_x；C 和 N 原子利用率分别为 80%和 60%，生产 1 t 己内酰胺要排放 5000 m^3 废气、5 t 废水和 0.5 t 废渣，并副产 1.6 t 低价值硫酸铵。20 世纪 80 年代，我国己内酰胺几乎全部依赖进口，为此中国石油化工总公司投资约百亿元引进了三套 5 万 t/a 己内酰胺生产装置。由于引进装置生产规模小、投资大、生产成本高、废物排放量大，我国己内酰胺行业每年亏损超过 15 亿元。

为扭转我国己内酰胺行业严重亏损的被动局面，满足国民经济对化纤单体的需求，20 世纪 90 年代初，石科院开展己内酰胺绿色生产技术的研发，并在 2000～2016 年期间连续在 3 项国家重点基础研究发展计划项目中设立相关研究课题。国家重点基础研究发展计划项目促成产学研紧密结合：企业提出影响装置长、稳、安、满、优生产的技术难题；石科院将这些技术难题提炼成研究课题，并开展应用性基础研究；高校和科研院所开展相关基础研究。依据基础研究获得的科学知识形成新技术生长点，石科院开展小试和中试研究，将新技术生长点转化为新技术；依据新技术在己内酰胺生产企业建设工业示范装置，验证新技术的可行性和经济性。在研究开发过程中，高校和科研院所发挥了先导作用，石科院发挥了桥梁纽带作用，而生产企业成为创新的主体。

经过20年的共同努力，己内酰胺绿色生产技术在国际上率先实现工业应用，建成国际首套20万t/a工业生产装置。研究开发过程中，发现了苯制环己酮、环己酮制己内酰胺新反应途径；创制了空心钛硅分子筛和非晶态合金新催化材料；实施了膜分离和磁稳定床新反应工程技术。通过工业化集成新反应途径、新催化材料和新反应工程技术，己内酰胺绿色生产技术实现了大规模应用，完成了从知识创新到技术创新的跨越。与已有技术相比，C和N原子利用率分别由80%和60%提高到接近100%，三废排放显著下降，无副产物硫酸铵，装置投资下降70%、生产成本下降50%。2017年，己内酰胺绿色生产技术的产能达到约350万t，使我国该化工产品由主要依赖进口变为世界第一生产大国，全球市场份额超过50%。己内酰胺绿色生产技术获授权中国发明专利超过300项、美国发明专利8项，获国家技术发明奖一等奖1项、国家技术发明奖二等奖2项、国家科技进步奖二等奖1项，形成了500亿元的新兴产业，并带动了上千亿元的下游产业，对我国经济和社会的发展做出了实质性贡献。

本书系统介绍了开发己内酰胺绿色生产技术过程中所取得的创新性成果，希望进一步推动我国绿色化工技术的研究与开发。本书由宗保宁负责策划、统稿和审定，著者还有潘智勇、孙斌、夏长久、程时标、郜亮、张晓昕等。闵恩泽先生从1985年宗保宁撰写博士学位论文起一直指导其进行己内酰胺绿色生产技术的开发，谨以此书纪念敬爱的导师闵恩泽先生。中国石油化工股份有限公司巴陵分公司（简称巴陵石化）、石家庄炼化分公司和催化剂分公司是己内酰胺绿色生产技术开发的主体，复旦大学、南京工业大学、中国科学院过程工程研究所、中国科学院大连化学物理研究所等单位做出了重要贡献，科学技术部和中国石油化工集团有限公司给予了大力支持和指导，在此致以诚挚的感谢。

限于作者的学识水平和精力有限，书中难免存在疏漏和有妥之处，敬请广大读者给予批评指正。

宗保宁

2020年1月

的催化剂技术[illegible]研究和[illegible]研究，特别是本书[illegible]技术[illegible]，[illegible]

[illegible]

经过30年[illegible]，[illegible]技术[illegible]，[illegible] 80%和60%[illegible] 100%，[illegible] 70%，[illegible] 50%。2013年，[illegible] 300 项，[illegible]国家技术发明二等奖2项，[illegible] 500 亿元[illegible]。

本书系统介绍了[illegible]。[illegible]从1985年[illegible]。

[illegible]

宋[illegible]

2020年[illegible]

目　　录

第1章　己内酰胺生产技术

己内酰胺（caprolactam，CPL）在常温下是一种带有薄荷香味的白色小叶片状结晶体，手触有润滑感，工业品略带叔胺类化合物的气味。它的分子式为$C_6H_{11}NO$，分子量为113.16，熔点为68～69℃，沸点为216.9℃，密度为1.023 g/cm^3（70℃），闪点为125℃，折射率为1.4935（40℃）。己内酰胺易溶于水和乙醇、乙醚、氯仿和苯等有机溶剂，受热时可发生聚合反应，还可以发生水解、氧化、卤化等反应。熔融己内酰胺在温度高于 75℃时可与空气中的氧作用，100℃以上时生成己二酰亚胺和己二酸单酰胺。

己内酰胺作为聚酰胺的单体，是一种重要的石油化工产品和化学纤维原料，主要用于制备尼龙-6 纤维和聚酰胺工程塑料。尼龙-6 纤维在我国称为锦纶，它的主要产品有长丝、短纤维和帘子线。作为己内酰胺重要应用领域之一的聚酰胺工程塑料，是发展最早、应用较多的品种，它的特点是机械强度较高，可以代替部分金属材料。例如，玻璃纤维增强的聚酰胺塑料片材可制作车辆的油盘和阀盖；导电纤维增强的导电性聚酰胺塑料在电子仪器和航天工业部门中得到广泛的应用；加入阻燃剂的聚酰胺塑料则广泛应用于家用电器、办公用具以及家庭用具等领域。

除用作尼龙-6 纤维和聚酰胺工程塑料的原料外，己内酰胺还有以下用途：己内酰胺可以采用加氢分解法制备环己胺；己内酰胺可与其他化合物共聚制得粉末聚酰胺，用作服装用热熔胶，还可用于喷涂或热熔敷等方面；己内酰胺还可作为合成赖氨酸的原料，也可作为清洗飞机发动机和缸体油泥的溶剂。

1.1　国内外己内酰胺市场现状

1.1.1　世界范围己内酰胺市场现状

近年来，世界己内酰胺的产能稳步增长。2005 年，世界总产能为 4.253 Mt，2009 年增加到 4.653 Mt，2016 年达到 6.596 Mt，2009～2016 年产能的年均增长率超过 5%。新增产能主要来自东欧和亚洲地区，北美和西欧地区的产能几乎没有太多变化。在世界多家生产企业扩能的同时，也有一些企业因盈利能力不佳而被迫关闭。例如，乌克兰 NF Trading 公司于 2012 年闲置了一个位于乌克兰的 60 kt/a 生产装置；俄罗斯天然气寡头 Gazprom 旗下的石化子公司

Sibur-Neftekhim 于 2013 年关闭一个己内酰胺原料工厂；2014 年，哥伦比亚唯一一套 30 kt/a 装置永久关闭；日企宇部兴产株式会社关闭了其位于日本大阪府堺市的 100 kt/a 生产装置。另外，荷兰 Fibrant（福邦特）于 2016 年 6 月宣布其位于美国奥古斯塔的己内酰胺工厂逐步停止运营，涉及己内酰胺总产能 250 kt/a。荷兰时间 2018 年 5 月 17 日，总部位于福州市长乐区的纺织业龙头企业——恒申控股集团有限公司（简称恒申集团）正式签约收购福邦特己内酰胺及相关业务。收购内容包括福邦特旗下原帝斯曼欧洲工厂 28 万 t/a 己内酰胺生产装置、32 万 t/a 苯酚-环己酮生产装置、南京福邦特东方化工有限公司（原为南京帝斯曼东方化工有限公司）40 万 t/a 己内酰胺生产装置，还包括苯酚法制环己酮生产工艺、HPOplus 己内酰胺生产技术、硫酸铵大颗粒技术等技术及知识产权。荷兰时间 10 月 30 日上午，股权交割仪式完成后，恒申集团拥有了全球最环保、最领先、最经济的己内酰胺生产技术，产能达 108 万 t/a，成为全球最大的己内酰胺及硫酸铵供应商。

世界己内酰胺生产主要集中在巴斯夫（BASF）、帝斯曼（DSM）、中国石化、霍尼韦尔、台湾“中石化股份有限公司”和 Capro 等六大公司（表 1.1），这六大公司产能占到世界总产能的一半左右。未来几年，世界范围内的己内酰胺新建拟建项目主要集中在亚洲。预计 2020 年，世界己内酰胺产能为 8.405 Mt，产量为 5.883 Mt，2015～2020 年产能和产量年均增长率分别为 4.9%和 3.5%。

表 1.1 2017 年全球己内酰胺六大厂家产能

生产企业	国别	产能/kt	市场份额/%
巴斯夫	德国	780	10.86
帝斯曼	荷兰	746	10.38
中国石化	中国	560	7.79
霍尼韦尔	美国	400	5.57
台湾“中石化股份有限公司”	中国	375	5.22
Capro	韩国	300	4.18
总计	—	3161	44.00

2010 年，世界己内酰胺表观消费量为 4.383 Mt，2015 年增至 4.953 Mt，2010～2015 年年均增长率为 2.5%。2015 年，世界己内酰胺消费结构中尼龙-6 工程塑料占 33.7%，尼龙-6 纤维占 66%。2020 年，世界己内酰胺需求量预计将达到 5.883 Mt，2015～2020 年年均增长率为 3.5%，世界己内酰胺需求增速低于产能增长。

世界各个地区己内酰胺的消费结构有所不同。亚洲地区己内酰胺消费量中以生产尼龙-6 纤维为主，占该地区总消费量的 64.4%，而尼龙-6 工程塑料和薄膜对己内酰胺的消费量占总消费量的 32.6%；北美地区的尼龙-6 纤维是消耗己内酰胺的主力，约占该地区己内酰胺总消费量的 44.5%，尼龙-6 工程塑料和薄膜对己内酰胺的消费量占总消费量的 53.4%；西欧地区随着汽车、电子电器及包装业对工程塑料的需求稳步增长，尼龙-6 工程塑料消耗己内酰胺约占西欧地区己内酰胺总消费量的 80.2%，尼龙-6 纤维消耗己内酰胺约占总消费量的 15.3%。

1.1.2　国内己内酰胺市场现状

我国己内酰胺的工业生产始于 20 世纪 50 年代末期，当时采用国内自有技术，装置规模小、技术落后，发展相对缓慢。直到 1994 年，我国引进荷兰帝斯曼（DSM）公司己内酰胺生产技术，并在江苏南京和湖南岳阳分别建成了 50 kt/a 的己内酰胺生产装置。1999 年，中国石化石家庄化纤有限责任公司（中国石化石家庄炼化公司前身）引进意大利 SNIA 公司甲苯法技术，建成了一套 50 kt/a 生产装置，标志着我国己内酰胺生产开始步入正轨。近几年，在消化吸收国外技术的基础上，中国石化开发出了具有自主知识产权的环己酮氨肟化己内酰胺生产技术，先后有多套新建或者扩建己内酰胺生产装置建成投产，使我国己内酰胺的生产得到较快发展。近年来随着己内酰胺生产技术的国产化及高利润的吸引，国内产能大幅度增长（表 1.2）。

表 1.2　2011～2017 年我国己内酰胺供需状况

年份	产能/kt	产量/kt	进口量/kt	出口量/kt	表观消费量/kt
2011	585	535	633	0.7	1167
2012	1210	744	707	0.6	1450
2013	1810	1172	453	0.1	1626
2014	2150	1540	223	0.073	1762
2015	2350	1783	224	2.05	2004
2016	2770	1875	221	0.16	2095
2017	3470	2180	237	5	2417

2010 年，国内己内酰胺产能仅为 495 kt，产量约 490 kt；从 2012 年开始，国内己内酰胺产能迅速进入爆炸增长期，至 2017 年，每年平均增长近 500 kt；2017 年产能和产量分别增至 3470 kt 和 2180 kt，比 2016 年新增产能 700 kt，约占世界总产能的 45%。新增产能主要来自以下几方面：2017 年 7 月底，福建申远新材料有限公司（简称“福建申远”）一期 200 kt/a 新装置投产，二期 200 kt/a 新装置 11 月投产；潞宝集团兴海新材料有限公司 100 kt/a 新装置 9 月底投产；阳煤化工股份有限公司二期 100 kt/a 新装置 10 月底投产；浙江巴陵恒逸己内酰胺有限责任公司 11 月底 200 kt/a 装置脱瓶颈改造扩能至 300 kt/a。

2018年我国己内酰胺总产能稳步增长，达到369万t，自给率由2009年的约35.6%上升到94.6%。2019年国内己内酰胺总产能达到389万t，与2018年相比，除福建天辰耀隆新材料有限公司装置由28万t/a扩能7万t/a至35万t/a，12月底福建永荣控股集团有限公司装置一期20万t/a的己内酰胺装置投产外，整体产能分布变化不大。2020年己内酰胺预计新增产能主要有内蒙古庆华集团有限公司、中国平煤神马集团和福建申远三套20万t/a装置。除此之外，福建永荣20万t/a装置计划技术改造扩产、山西兰花科技创业股份有限公司和中国旭阳集团菏泽工业园装置也有扩产计划，具体产能和时间尚未确定。

我国己内酰胺生产装置主要集中在中国石化所属的巴陵分公司（巴陵石化）和石家庄炼化公司，以及中国石化与荷兰帝斯曼公司合资的南京福邦特东方化工有限公司等国有企业（表1.3）。山东海力化工股份有限公司等地方民营资本的介入，打破了原来我国己内酰胺由国企一统天下的局面，形成了国企、合资、外资以及民营企业共存的生产格局，且国企的话语权逐渐减弱，民企的定价话语权增强。在企业类型上，煤化工、化肥、化纤企业也加入己内酰胺的生产经营中，如湖北三宁化工股份有限公司是煤化工企业，浙江巨化股份有限公司、山东海力化工股份有限公司、鲁西化工集团股份有限公司是氯碱化工企业，而恒逸石化股份有限公司是化纤企业。

表1.3　2017年我国己内酰胺生产企业情况

生产企业	产能/kt
中国石化石家庄炼化公司	200
山东海力化工股份有限公司	200
山东方明化工有限公司	200
鲁西化工集团股份有限公司	100
江苏海力化工有限公司	200
南京福邦特东方化工有限公司	400
浙江巨化股份有限公司	150
浙江巴陵恒逸己内酰胺有限责任公司	300
巴陵石化	300
天辰耀隆新材料有限公司	280
沧州旭阳化工有限公司	100
湖北三宁化工股份有限公司	140
中国平煤神马集团	100
山西兰花科技创业股份有限公司	100
阳煤化工股份有限公司	200
潞宝集团兴海新材料有限公司	100
福建申远新材料有限公司	400
合计	3470

2010 年国内己内酰胺表观消费量为 1.12 Mt，2017 年达 2.42 Mt，国内己内酰胺下游主要生产尼龙-6 切片，占比 99%以上，只有极少量用于生产热熔胶、精细化学品和制药。2015 年我国尼龙-6 切片的消费结构为：服用尼龙-6 长丝约占尼龙-6 切片总消费量的 58%；轮胎骨架锦纶帘子布用约占 13%；工程塑料用约占 12%，包括注塑料及改性塑料；渔网丝用约占 6%；双向拉伸尼龙薄膜（BOPA）用约占 4%；地毯、羊毛衫、无纺布等用尼龙-6 短纤维约占 4%；其他用于生产尼龙-6 棒、尼龙-6 胶带等约占 3%。

2017 年国内中低端己内酰胺产品已完全实现自给，2014 年以来进口量稳定维持在 220 kt 左右，主要集中在高端产品领域，未来中低端产能将面临过剩和激烈竞争的局面。根据《石油和化学工业“十三五”发展指南》，未来国内将“重点突破尼龙等工程塑料产品质量”。因此，未来己内酰胺的高质量化将是行业龙头的重点发展方向。

1.1.3　国内己内酰胺进出口情况

随着国内产能迅速增长，加上反倾销的部分影响，近年来己内酰胺进口量呈逐年下降趋势，进口依存度已由 2013 年时的 30%下降到 2016 年的 10%。据海关统计，我国己内酰胺的进口量在 2012 年达到历史新高，约为 710 kt，然后就开始锐减，2013 年进口量降为 450 kt 左右，2014 年进口量进一步降为 220 kt 左右。此后三年，我国己内酰胺的进口量都与 2014 年基本持平。分析进口走势的成因，首先，国内企业产出的产品整体品质不高，对于高端产品我国依然依赖进口；其次，进口企业中跨国公司占一部分，需要全球配货；最后，下游尼龙-6 企业多集中在福建、广东以及江浙地区，而国内己内酰胺企业比较分散，运输成本过高，导致部分企业选择进口。在目前格局下，预计短期内我国己内酰胺进口量不会有大的变化。

我国己内酰胺进口主要来自俄罗斯、比利时、日本、波兰等国家，2016 年自这些国家的进口量占我国己内酰胺进口量的 85%，其中自俄罗斯的进口量占 43.9%。从进口目的地来看，目前我国己内酰胺进口主要集中在华东和华南地区，少量在华北地区。2016 年华东地区进口量占总进口量的 69.5%，华南地区占 29.5%，华北地区占 1%。其中，江苏省进口量最大，占进口总量的 45.8%。与十年前相比，己内酰胺进口更加集中。

受限于出口退税政策的影响，国内己内酰胺企业对出口兴趣不高，再加上国际市场己内酰胺缺口较少，因此出口量很少。预计随着我国己内酰胺生产能力的增长，未来几年我国己内酰胺的出口量会略有增加。

1.2 己内酰胺生产方法

1.2.1 己内酰胺工业发展历史

1899 年，Gabriel 和 Meas 通过加热 ε-氨基己酸首次合成了己内酰胺。100 多年以来，己内酰胺生产经历了多个不同的发展阶段而成为今天这样成熟的工业技术（表 1.4）。

表 1.4 己内酰胺大记事[1]

时间	记事
1865 年	洛森首次合成羟胺
1899 年	Gabriel 和 Meas 首次合成己内酰胺
1900 年	瓦拉赫用环己酮肟重排合成己内酰胺
1938 年	施洛克首次由己内酰胺制得尼龙-6
1943 年	IG 公司硫酸羟胺、己内酰胺、尼龙-6 工业化生产
第二次世界大战后	帝斯曼、斯尼亚（SNIA）、埃姆斯公司用 IG 技术开始生产己内酰胺
1950 年	巴斯夫公司扩大己内酰胺年产量至 5 kt，洛伊纳化工厂恢复生产己内酰胺（年产量 1 kt）
1951 年	东洋人造丝公司用 IG 技术开始生产己内酰胺
1955 年	世界己内酰胺产量为 62 kt
1956 年	巴斯夫公司改用 NO 还原法制备羟胺
20 世纪 50 年代后期	拜耳、联合化学、UCC、宇部兴产株式会社用 IG 技术开始进行生产
1960 年	巴斯夫公司采用环己烷氧化法制环己酮，己内酰胺年产量扩大至 50 kt；世界总产量为 180 kt
1961 年	杜邦公司将硝基环己烷法工业化（己内酰胺产量为 22 kt）
1962 年	道-巴登公司用环己烷氧化法开始生产；斯尼亚公司将甲苯法工业化；宇部兴产株式会社改用环己烷氧化法
1963 年	东洋人造丝公司将光亚硝化法工业化（己内酰胺产量为 12 kt）
1964 年	三菱化成工业公司用环己烷氧化法开始进行生产；旭化成株式会社用莱托法制高纯苯
1965 年	日本己内酰胺公司用环己烷氧化法开始进行生产；世界己内酰胺产量为 630 kt
1966 年	UCC 公司己内酯法工业化；杜邦公司硝基环己烷法停产；意大利蒙特爱迪生公司，以及苏联、波兰、捷克斯洛伐克开始生产
1969 年	三菱化成工业公司硼酸法工业化；美国埃索公司，以及罗马尼亚、匈牙利开始生产
1970 年	世界己内酰胺产量达 1.39 Mt
1971 年	帝斯曼公司 HPO 法工业化；宇部兴产株式会社用 HPO 法进行生产；UCC 公司己内酯法停产
1974～1975 年	受石油冲击，己内酰胺产量下降
1976 年	己内酰胺生产回升，世界产量回升至 1.79 Mt

1943 年，德国 I.G. Farben（IG）公司以苯酚为原料，用拉西法（HSO）制得硫酸羟胺，然后经过环己酮肟化和环己酮肟贝克曼重排生产己内酰胺，开始了己内酰胺和尼龙-6 的工业化生产，开创了己内酰胺生产和应用的历史。在第二次世界大战之后，德国 I.G. Farben 公司的己内酰胺生产技术作为战争赔偿被取消了专利限制，己内酰胺的生产技术被公开，这使得不少国家的公司如荷兰帝斯曼公司、意大利斯尼亚公司、日本东洋人造丝公司（现为日本东丽）等利用此技术开始了己内酰胺的工业生产。以此为基础，为了降低成本、提高产品质量、优化工艺，各家企业也在不断地进行技术上的改进和革新。在 1956 年，巴斯夫公司用一氧化氮（NO）还原法代替了拉西法制备羟胺；1962 年，意大利斯尼亚公司将甲苯法工业化；1963 年，日本东洋人造丝公司将光亚硝化法工业化；1966 年，帝斯曼开发了用硝酸根离子催化还原制羟胺的磷酸羟胺法，并将此方法应用于工业。这些工艺也是当今己内酰胺工业主要的生产技术。

此后，己内酰胺的传统生产工艺趋于稳定，直到 1994 年，埃尼化学公司开发了氨肟化法新工艺。这是一个全新的工艺，该工艺可将己内酰胺的投资和生产成本大大降低。此后，日本住友化学株式会社（以下简称“日本住友”）开发了环己酮肟的气相重排技术，此技术避免了重排阶段副产物硫酸铵的产生。日本住友将氨肟化技术与气相重排技术相结合，进行了工业化的生产。同时，中国石化也研究并应用氨肟化技术，将巴陵石化原有装置进行了改进及扩建，结合传统的液相贝克曼重排，最终形成具有自主知识产权的己内酰胺生产技术[2]。

1.2.2　己内酰胺工业生产方法

目前，生产己内酰胺的起始原料主要是苯/环己烷（环己烷是由苯加氢制得的），其次是苯酚和甲苯。三种原料所占生产能力的比例分别为 78.60%、19.90%、1.50%。

20 世纪 80 年代以来，新建己内酰胺生产装置中只有中国石化石家庄炼化公司己内酰胺生产装置采用甲苯为原料，其他均以苯/环己烷为原料，不用苯酚。

目前，世界上约有 95%的己内酰胺是通过源于拉西法的“酮-肟”工艺路线生产的。它们的共同特点是都经过环己酮和环己酮肟这两个中间产物：环己酮与羟胺反应，生成环己酮肟；环己酮肟再在发烟硫酸作用下发生贝克曼重排反应，生成己内酰胺。环己酮主要来源于苯和苯酚。环己酮-羟胺工艺路线主要有磷酸羟胺法、NO 还原法和 HSO 法三种[3-5]。另外，在“酮-肟”主流工艺之外，还约有 5%的己内酰胺则完全避开环己酮和羟胺的生产，工艺路线主要有意大利斯尼亚公司开发的甲苯亚硝化法（SNIA 法）和日本东洋人造丝公司开发的环己烷光亚硝化法（PNC 法）。

1. 环己酮-羟胺法

环己酮-羟胺路线是目前工业上生产己内酰胺技术最成熟也是用得最多的一种方法。其关键工艺是利用环己酮与羟胺反应生成环己酮肟，环己酮肟在发烟硫酸中进行贝克曼重排，中和后精制得到己内酰胺。根据羟胺的生产方法不同又分为硫酸羟胺法（HSO 法）、磷酸羟胺法（HPO 法）及一氧化氮（NO）还原法。

1）HSO 法

1943 年，德国 I. G. Farben 公司最早实现了以苯酚为原料的己内酰胺工业化生产，该工艺称为拉西法（Raschig），又名硫酸羟胺（HSO）工艺。生产工艺流程为：苯酚加氢制得环己醇，环己醇脱氢制得环己酮。随着石油化工工业的发展，大量价廉的苯被供给，采用苯为原料成为占主导地位的生产工艺，苯加氢制得环己烷，环己烷氧化制得环己酮。NH_3 与空气催化氧化制 NO_2，用$(NH_4)_3PO_4$ 吸收 NO_2 得 NH_4NO_2，用 NH_4NO_2 吸收 NH_3 及 SO_2 生产羟胺二磺酸盐，水解得硫酸羟胺。环己酮和硫酸羟胺反应生成环己酮肟，环己酮肟在发烟硫酸催化作用下经贝克曼重排得己内酰胺，再用 $NH_3·H_2O$ 中和多余的发烟硫酸而生成$(NH_4)_2SO_4$。HSO 法生产己内酰胺的流程如图 1.1 所示。

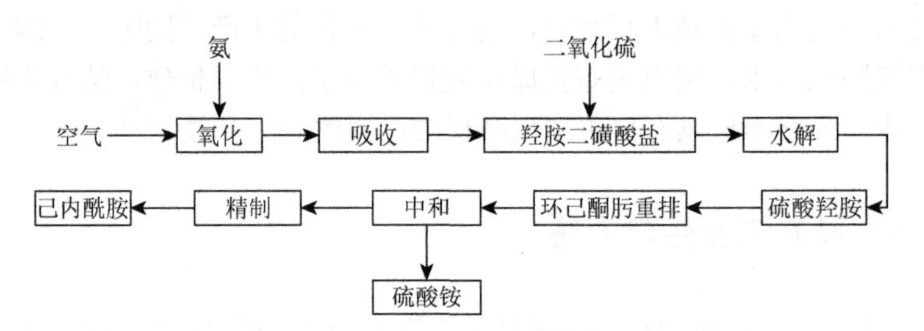

图 1.1　HSO 法生产己内酰胺的流程图

日本宇部兴产株式会社是采用 HSO 工艺技术的最大的己内酰胺生产商[6]，2017 年生产能力为 365 kt/a，占世界己内酰胺总生产能力的 6.84%，生产装置分布在日本、西班牙和泰国。该工艺技术成熟，投资小，操作简单，催化剂价廉易得，安全性好。但主要缺点是：①原料液 $NH_3·H_2O$ 和 H_2SO_4 消耗量大，在羟胺制备、环己酮肟化反应和贝克曼重排反应过程中均副产大量经济价值较低的$(NH_4)_2SO_4$，每生产 1 t 己内酰胺大约会副产 4.5 t $(NH_4)_2SO_4$，副产$(NH_4)_2SO_4$ 最多；②能耗（水、电、蒸汽）高，环境污染大，设备腐蚀严重，“三废”排放量大。特别是$(NH_4)_2SO_4$ 副产量高限制了 HSO 工艺的发展。

2）HPO 法

1953 年 Spencer 化学公司首先提出用 Pd/C 催化剂进行硝酸加氢还原合成羟胺的方法。由于钯在硝酸中溶解损失大，羟胺在强酸中容易分解为氮气或氮氧化物（一氧化氮和二氧化氮），这一技术未能实现工业化。鉴于己内酰胺市场迅速扩大，而硫酸铵市场前景不佳的情况，荷兰帝斯曼公司中心实验室于1959年开始研究在弱酸性介质中进行硝酸盐的催化加氢还原合成羟胺，然后在有机溶剂中进行肟化反应的新工艺。1965年完成了规模为50 t/a的中间试验，1971年在日本宇部兴产株式会社建成70 kt/a己内酰胺装置。到1977年采用帝斯曼公司HPO法的已有8套装置，己内酰胺生产能力达485 kt/a。该法在制取羟胺和环己酮肟中完全避免了硫酸铵的生成，仅在重排反应后中和硫酸时才副产硫酸铵。HPO法是己内酰胺工业中的主要生产方法之一[3]。目前，我国南京化学工业有限公司、巴陵石化岳阳石油化工总厂均采用 HPO 法生产己内酰胺，原料既可用环己烷，也可用苯酚。HPO法生产己内酰胺的流程如图1.2所示。

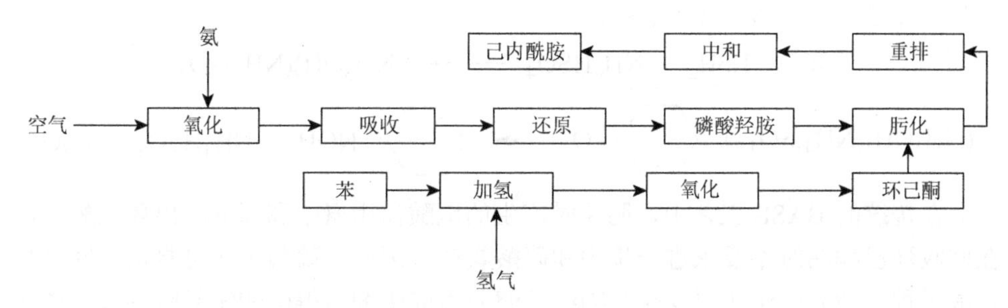

图1.2 HPO法生产己内酰胺的流程图

HPO法在环己酮肟化时不副产硫酸铵，年产50 kt的己内酰胺装置副产硫酸铵只有 90 kt，总硫耗和氨耗都较少，仅在环己酮肟重排反应阶段使用硫酸，因而大大降低了硫酸铵副产量。该工艺的不足之处在于：工艺路线长，工艺控制难度大，过程复杂，分离精制环节多，循环物料量大；设备复杂，投资大；催化剂较为昂贵，铂钯催化剂容易失活或中毒；该工艺仍产生一部分经济效益不高的硫酸铵副产物，直接影响产品的成本；轻组分去除效果不理想，使得有机胺等部分杂质残留在己内酰胺成品中，挥发性碱含量超标；由于物料夹带，有机胺流失量增加，污染环境等。

目前，已有一种改进的DSM/HPO法，目的在于减少硫酸的消耗，不生成硫酸铵。这种改良法在重排后用氨中和反应混合物中的硫酸，生成硫酸氢铵和己内酰胺；硫酸氢铵再进行高温分解，生成二氧化硫、氮气和水，二氧化硫再生成硫酸，在工艺中循环使用。此法尚未工业化，而且能耗高、氨损失大，经济性不高。

3）NO还原法[7]

NO 还原法最早由巴斯夫（BASF）公司开发。瑞士 Iventa 和波兰 Zaklady Azotowe 公司也是采用此工艺。在这一路线中，先是 NH_3 与 O_2 反应生成 NO，接着将所得的NO混合一定比例的 H_2 通入悬浮有Pt/C催化剂的硫酸中，三者在0℃、1.5×10^5 Pa的条件下发生反应生成硫酸羟胺，整个过程中氢气可以循环使用。混合有硫酸及催化剂的硫酸羟胺溶液经过滤分离后，含硫酸羟胺的滤液进入下一步的反应器中，而由Pt/C催化剂构成的滤饼则被送去再生以便下次使用。与传统的HSO法相比，NO还原法不会副产$(NH_4)_2SO_4$，但是由于需要用氨气对反应液中的H_2SO_4进行中和，工业生产中每生产1 t的己内酰胺仍会副产0.7 t $(NH_4)_2SO_4$。反应过程如下：

$$4NH_3 + 5O_2 \longrightarrow 4NO + 6H_2O$$

$$2NO + 3H_2 + H_2SO_4 \longrightarrow (NH_3OH)_2SO_4$$

$$(NH_3OH)_2SO_4 + 2\ \text{环己酮}(C_6H_{10}{=}O) \longrightarrow 2\ \text{环己酮肟}(C_6H_{10}{=}NOH) + H_2SO_4 + 2H_2O$$

为了进一步减少副产硫酸铵量，BASF公司开发出丁酸式肟化法，该法是在Pt/C催化剂存在的条件下，在硫酸氢铵溶液中进行NO的催化加氢还原，然后硫酸铵羟胺与环己酮反应形成环己酮肟：

$$NO + 1.5H_2 + NH_4HSO_4 \longrightarrow (NH_3OH)(NH_4)SO_4$$

$$(NH_3OH)(NH_4)SO_4 + \text{环己酮}(C_6H_{10}{=}O) \longrightarrow \text{环己酮肟}(C_6H_{10}{=}NOH) + NH_4HSO_4 + H_2O$$

在传统的BASF工艺中，肟化时产生的硫酸需用氨中和以分离出环己酮肟，在回收环己酮肟时不要求进一步中和硫酸氢铵。因此，硫酸氢铵可直接返回羟胺合成过程。NO催化还原反应产物经过滤分离催化剂后得硫酸铵羟胺溶液，送肟化塔。在肟化塔内环己酮与羟胺溶液逆流接触反应，反应温度保持在环己酮肟熔点以上，环己酮转化率达97%～98%。再采取通常的后肟化步骤，以实现环己酮的完全转化。羟胺合成和后肟化时也会生成部分硫酸铵，向后肟化器吹入氨气，以保持铵盐浓度稳定。NO还原法工艺流程如图1.3所示。

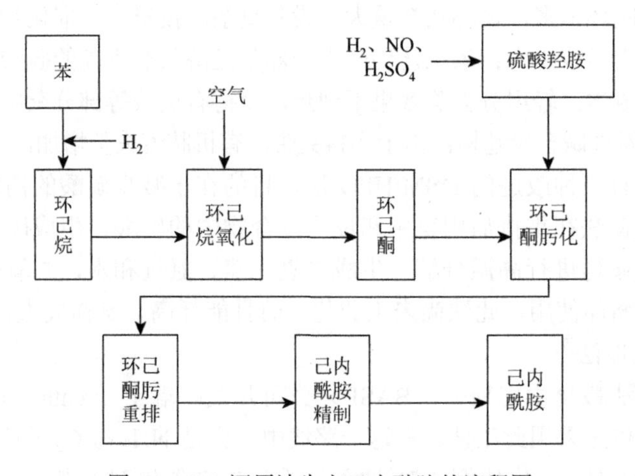

图1.3　NO还原法生产己内酰胺的流程图

2. 甲苯亚硝化法[8]

意大利斯尼亚公司开发的甲苯亚硝化法（SNIA 法）是唯一以甲苯为主要原料的己内酰胺生产工艺。该工艺又称为甲苯法，是将甲苯氧化制得苯甲酸，加氢制得六氢苯甲酸，接着与亚硝基硫酸反应生成己内酰胺硫酸盐，己内酰胺硫酸盐再经水解得到己内酰胺。SNIA 法工艺流程如图 1.4 所示。

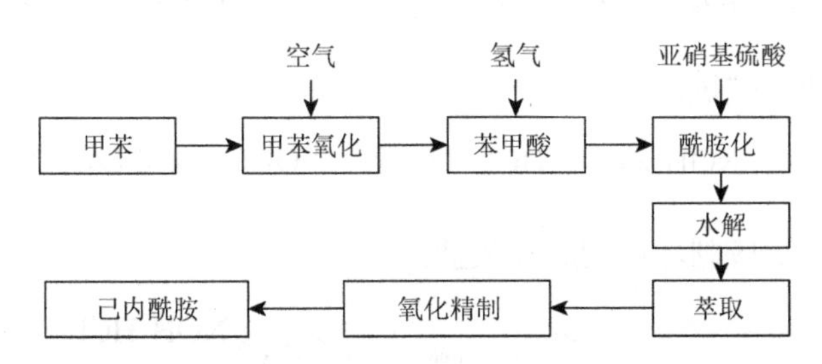

图 1.4　SNIA 法生产己内酰胺的流程图

在 SNIA 法中，含己内酰胺 60%左右的酰胺油先经 $NH_3 \cdot H_2O$ 苛化，然后经甲苯萃取、水萃取制成 30%的己内酰胺水溶液。己内酰胺水溶液经 $KMnO_4$ 氧化和过滤、三效蒸发、脱水浓缩、预蒸馏、NaOH 处理和蒸馏、轻副产物蒸馏和精馏、重副产物蒸馏和精馏等精制过程，才能得到符合标准的纤维级己内酰胺成品。

1999 年，中国石化石家庄化纤有限责任公司采用意大利斯尼亚公司 SNIA 法生产技术，耗资 35 亿元建成一套生产能力为 50 kt/a 的己内酰胺生产装置，2002 年与石科院合作开发，并应用非晶态镍催化剂引入苯甲酸加氢反应系统部分取代 Pd/C 催化剂以及己内酰胺水溶液加氢取代 $KMnO_4$ 工艺技术，将生产能力扩建到 70 kt/a。

尽管 SNIA 法为己内酰胺生产提供了新的原料路线，采用甲苯为原料，不经过环己酮肟直接生产己内酰胺，但酰胺化反应过程条件苛刻，收率较低，生成的副产物成分复杂，每生产 1 t 己内酰胺副产 3.8 t $(NH_4)_2SO_4$。而且工艺精制过程存在流程长、工艺控制复杂、能耗大、产品质量不稳定、优级品率低的问题，投资大，生产设备高度专业化，难以转换用途。基于生产成本高、硫酸铵副产物量大、影响己内酰胺质量的副产物多的问题，加上受斯尼亚公司规模及发展战略影响，目前国外已无采用 SNIA 法的己内酰胺生产装置。

3. 环己烷光亚硝化法（PNC 法）[9-11]

1919 年 E. V. Lynn 用亚硝酰氯和直链烷烃在光照射下使其发生亚硝化反应。日本东洋人造丝公司于 1951 年开始研究环己烷的光亚硝化制环己酮肟以来，已建有一系列工业生产装置，生产能力达 158 kt/a，但在日本以外尚未建厂。该法在高压汞灯的照射下，环己烷与亚硝酰氯和氯化氢生成氯化氢肟，再在发烟硫酸中进行贝克曼重排得到己内酰胺。其主要反应历程如下：

（1）制取亚硝基硫酸：

$$2NH_3 + 3O_2 \longrightarrow NO + NO_2 + 3H_2O$$

$$2H_2SO_4 + NO + NO_2 \longrightarrow 2NOHSO_4 + H_2O$$

（2）制取亚硝酰氯：

$$NOHSO_4 + HCl \longrightarrow NOCl + H_2SO_4$$

（3）光化学反应制环己酮肟盐酸盐：

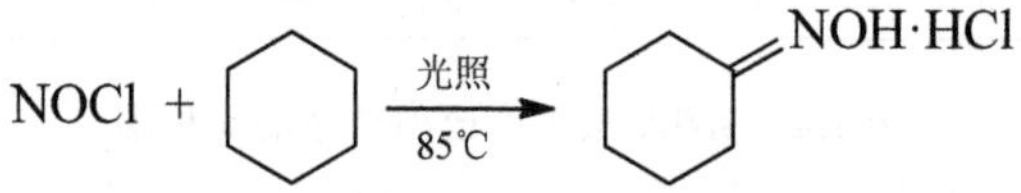

（4）在发烟硫酸中进行贝克曼重排得到己内酰胺：

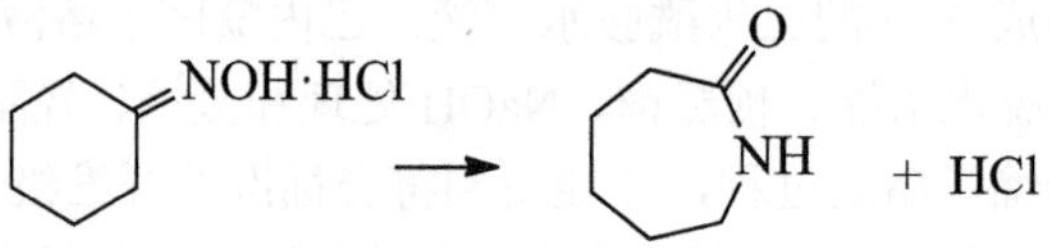

该工艺以苯为原料，经过亚硝酰氯、环己酮肟盐酸盐及己内酰胺制备等三个主要步骤。PNC 法生产己内酰胺的工艺流程短，省去了环己烷氧化、精制、羟胺制备等工序，工艺投资费用大大降低，且副产硫酸铵较少。但 PNC 法需采用大功率高压汞灯作为光化学反应的光源，耗电量大，灯管发光效率低，且发热量很高，设备腐蚀严重，装置投资高，我国上海电化厂（现为上海氯碱化工股份有限公司电化厂）曾因耗电、灯管寿命、腐蚀这三个问题没有解决而被迫停产转产。目前，日本东丽公司是世界上唯一采用 PNC 法生产己内酰胺的企业。

4. 己内酰胺的其他生产方法

1）丁二烯工艺路线[12-19]

近十几年来，国际上一些大公司积极研究以非芳香族化合物为原料的工艺路线。由于丁二烯主要由炼厂或裂解装置副产 C_4 烃中抽提制得，以其为原料制己内酰胺生产成本相对较低。此外，该工艺过程产生的副产物基本上可以回收利用，对环境不会造成很大的影响，因此将成为一些国际大公司研究开发己内酰胺绿色生产新技术的选择之一。

（1）水酯化路线：帝斯曼、杜邦合作推出了一项以丁二烯和一氧化碳为原料生产己内酰胺的工艺，巴斯夫公司也申请了类似的专利。巴斯夫公司和杜邦公司合作开发了丁二烯/甲醇工艺，在德国建成了 1 kt/a 的丁二烯/甲醇工艺的工业试验装置。该工艺主要包括 5 步反应过程。第 1 步：将一氧化碳和水或醇加入丁二烯中，以铑加碘化物为催化剂生成 3-戊烯酸（酯）；第 2 步：3-戊烯酸（酯）在零价镍/沸石或钯/硼硅酸盐组成的催化剂作用下异构化为 4-戊烯酸(酯)；第 3 步：戊烯酸(酯)在钴或铑（或铂）催化下羰基化为 5-甲酰戊酸（酯）；第 4 步：5-甲酰戊酸（酯）于 127℃和 9.8 MPa 的条件下在钌催化作用下经氨化还原反应生成 6-氨基己酸(酯)；第 5 步：6-氨基己酸（酯）在惰性溶剂如矿物油或芳烃中加热至 250～270℃，环化制得己内酰胺，转化率为 97%～98%，选择性为 97%～99%。

该技术避免了硫酸铵副产物的生成，显著降低了成本，但反应过程比较复杂，需要多个单独反应步骤。

（2）水氰化路线：巴斯夫公司和杜邦公司联合开发了一条从丁二烯出发制取己内酰胺的新工艺路线，这是杜邦公司 20 世纪 70 年代的成熟技术。1996 年两公司合作，开发从丁二烯/甲烷出发生产己内酰胺的技术。该方法以丁二烯和甲烷为原料，工艺流程主要包括 4 步。第 1 步：在铂铑催化剂作用下，甲烷与氨和空气在 1200℃的条件下反应生成氢氰酸；第 2 步：丁二烯加氢氰酸生成 3-戊烯腈，3-戊烯腈再氢氰化成己二腈；第 3 步：己二腈在钌的配合物催化下，部分加氢得到 6-氨基己腈；第 4 步：6-氨基己腈催化环化为己内酰胺。以丁二烯计，己内酰胺的总收率为 70%。

该工艺的主要优点是原料丁二烯、甲烷和氨价格低廉，工艺流程短，物耗和能耗较低，联产品价值高，能源综合利用性好，无副产物硫酸铵产生，具有独特竞争优势。在己二腈选择性部分加氢关键工序中，由于高性能催化剂的开发成功，中间产物和最终产品的转化率和选择性已达到很高的水平，具备了工业化大规模生产的技术实力。

2）以环己烯为原料的合成路线[20]

日本旭化成株式会社开发出以苯为原料，经部分加氢合成环己烯，通过水合、脱氢制得环己酮，然后制取环己酮肟，最后制得己内酰胺的工艺路线。该工艺加氢和水合都是在水介质中进行，而且反应温度和压力都比较低，因此生产系统安全可靠；同时加氢反应产物中环己烯占 80%，副产物环己烷占 20%，碳的损失少，氢气消耗量降低三分之一，利用率高，制造成本大为降低，还消除了生产中大量的废液排放，减少了污染。

该工艺的缺陷在于环己醇收率只有 78%，远低于现有装置；另外，加氢和水合均采用水为连续相，有机物为分散相，催化剂悬浮于水中，而且工业应用上油水分离技术较复杂，催化剂的过滤回收困难，后处理非常复杂；而环己烷和环己烯的分离要用腈类化合物作萃取剂，所以难以实现工业化。

3）KA 油氧化法工艺[21]

日本关西大学与Daicel化学工业公司共同开发了以特有的*N*-羟基邻苯二甲酰亚胺（NHPI）为氧化催化剂，以乙酸乙酯为溶剂的新工艺。该法在一定温度及氧气压力条件下，将环己醇和环己酮混合物（KA 油）氧化，得到 PO（1, 1-二羟基二环己基过氧化物），再将其转化为 ε-内酯，接着与氨气反应得到己内酰胺。另外，PO 还可以与氨气反应生成 PDHA（过氧化二环己基胺），再经碱或溴化锂催化反应生成己内酰胺。该工艺完全避免副产硫酸铵，公认是具有一定发展前景的绿色工艺技术，目前的主要缺点是转化率不高。

4）环己酮一步法生成己内酰胺的路线[22, 23]

英国剑桥大学的科学家开发了一步法催化路线，将环己酮一步转化为己内酰胺，而不产生副产物硫酸铵。该工艺采用含有独立的酸性中心和氧化还原中心的双功能纳米磷酸铝催化剂家族，具有高选择性和工作环境温度低等优点。该路线无须使用溶剂，采用空气为氧化剂，同时不产生任何副产物。关键是采用的纳米酸催化剂，具有氧化还原中心和酸性中心。空气和氨在氧化还原中心形成羟胺，将环己酮转化为环己酮肟，环己酮肟再在酸性中心上进一步转化为己内酰胺。这类催化剂改进后可用于其他化学反应，包括环己烷转化为己二酸。这种工艺的优点是用空气作氧化剂，比双氧水成本要低得多，而且可以一步转化得到己内酰胺。新工艺在空气和 80℃下的己内酰胺产率为 65%～78%，且通过催化剂的优化还可进一步提高产率，有望成为工业化生产己内酰胺最具经济性的工艺。

5）以丙烯腈为原料的 NOVO 法合成路线[24]

NOVO 法主要包括 4 步化学反应。第 1 步：首先是丙烯腈电解加氢制己二腈；第 2 步：己二腈于 22～25℃、0.45 MPa，在单腈酶催化下氢解生成 5-氰基戊酰胺；第 3 步：5-氰基戊酰胺于 50～75℃、3 MPa 下，在液相中用悬浮镍作催化剂加氢生成 6-氨基己酰胺；第 4 步：6-氨基己酰胺在 320℃、0.15～0.2 MPa 下环化成己内酰胺。此方法不副产硫酸铵，但原料丙烯腈价格高，且 6-氨基己酰胺的环化温度高，己内酰胺易聚合而导致产品质量难以保证。

6）生物质制备己内酰胺路线[25]

随着人们越来越重视环境保护问题，采用非化石可再生原料制备己内酰胺越来越引起科技工作者的关注，并称之为制备己内酰胺绿色工艺。

所谓生物质就是微生物、植物和动物生长过程中和人类生存过程中产生的物质，大体上可分为植物生物质、动物生物质、微生物生物质和废弃物生物质等。上述生物质可以通过简单的清洗、梳理、剪切等初步处理之后再采用物理方法（如光、电辐射）、化学方法（如氧化法）或生化法（如发酵）转化成纤维素、淀粉、葡萄糖以及结构复杂、具有多官能团的化合物。早在 20 世纪 60 年代，日本生化工艺公司就发现可以用葡萄糖作起始原料经细菌发酵技术制备 L-赖氨酸，然后合成己内酰胺的工艺技术。

由 D-葡萄糖经 L-赖氨酸合成 ε-己内酰胺有三种工艺路线：①D-葡萄糖在酶作用下产生 L-赖氨酸，然后 L-赖氨酸环化合成 α-氨基-ε-己内酰胺，再脱氮生产 ε-己内酰胺；②L-赖氨酸直接转化成 ε-己内酰胺；③L-赖氨酸经 6-氨基己酸、6-氨基己酸酯转化成 ε-己内酰胺。

采用生物质为原料，经葡萄糖、L-赖氨酸、6-氨基己酸得到己内酰胺或由生物质经糖、L-赖氨酸制备己内酰胺工艺路线已开始受到研究者的重视。目前，国内对 6-氨基己酸制备己内酰胺的研究已取得了一定进展，国外研究者也已在中国申请了相关专利。

1.3　中国石化己内酰胺绿色生产技术

石科院历经 20 年，成功开发出具有自主知识产权的己内酰胺绿色生产技术，该技术包括催化蒸馏与环己烯酯化加氢新反应集成用于制备环己酮（已中试）、钛硅分子筛与浆态床集成用于环己酮氨肟化合成环己酮肟（已工业化）、纯硅分子筛与移动床集成用于环己酮肟气相重排（已中试）、非晶态合金催化剂与磁稳定床集成用于己内酰胺精制（已工业化），这些技术在后面的章节将会详细介绍。采用该技术已建成三套 20 万 t/a 的工业生产装置（图 1.5），还有多套工业生产装置正在建设中。该技术被工业实施后，装置投资下降 70%、生产成本下降 50%、C 和 N 原子利用率分别由 80%和 60%均提高到接近 100%、“三废”排放是已有技术路线的 1/200、无副产物硫酸铵产生。己内酰胺绿色生产技术产生了重大的经济效益和社会效益，践行了绿色化学的理念，是绿色化学的成功范例。

图 1.5　20 万 t/a 己内酰胺工业生产装置

参 考 文 献

[1] 程永钢. 己内酰胺的发展史[J]. 山西化工，1992，(4)：57-60.

[2] 柴国梁. 发展中的中国石油化学工业[J]. 上海化工，1998，(1)：22-24.

[3] Ikushima Y，Hatakeda K，Sato O，et al. Acceleration of synthetic organic reactions using supercritical water：noncatalytic Beckmann and pinacol rearrangements[J]. Journal of the American Chemical Society，2000，122(9)：1908-1918.

[4] Chihashi H，Sato H. Purification of caprolactam by means of a new dry-sweating technique[J]. Applied Catalysis A：General，2001，211：359-366.

[5] Chaudhari K，Bal R，Chandwadkar A J，et al. Beckmann rearrangement of cyclohexanone oxime over mesoporous Si-MCM-41 and Al-MCM-41 molecular sieves[J]. Journal of Molecular Catalysis A：Chemical，2002，177 (2)：247-253.

[6] 徐兆瑜. 己内酰胺生产工艺技术新进展[J]. 杭州化工，2007，37 (3)：5-10.

[7] 刘辉. 当代己内酰胺工业及技术[J]. 化学工业与工程，1996，13 (1)：53-60.

[8] 孙洁华，毛伟. 己内酰胺生产工艺及技术特点[J]. 化学工程师，2009，(1)：38-41.

[9] 杨军. 己内酰胺生产工艺及其新进展[J]. 合成技术及应用，1996，11 (4)：24-31.

[10] 李明，伍小明. 己内酰胺生产技术进展及国内市场分析[J]. 江苏化工，2007，(5)：57-61.

[11] Ishida M，Suzuki T，Ichihashi H，et al. Theoretical study on vapour phase Beckmann rearrangement of cyclohexanone oxime over a high silica MFI zeolite[J]. Catalysis Today，2003，87 (1-4)：187-194.

[12] 刘华锋. 己内酰胺生产中贝克曼重排工序工艺分析及优化[J]. 合成纤维工业，2002，25 (3)：31-33.

[13] 刘力，陆敏山. 己内酰胺生产中贝克曼转位工艺的改进[J]. 化学工业与工程技术，2001，22 (3)：40-42.

[14] 毛东森，卢冠忠. 环己酮肟气相 Beckmann 重排制己内酰胺催化剂研究进展[J]. 工业催化，1999，(3)：3-9.

[15] 杨光，张跃. 己内酰胺技术现状[J]. 常州大学学报（自然科学版），2003，15 (3)：15-18.

[16] 高焕新，舒祖斌，曹静，等. 钛硅分子筛 TS-1 催化环己酮氨氧化制环己酮肟[J]. 催化学报，1998，19 (4)：329-333.

[17] 李平，卢冠忠，罗勇，等. TS 分子筛的催化氧化性能研究. V. 环己酮氨肟化反应[J]. 化学学报，2000，58 (2)：204-208.

[18] Wu C T，Wang Y Q，Mi Z T，et al. Effects of organic solvents on the structure stability of TS-1 for the ammoximation of cyclohexanone[J]. Reaction Kinetics and Catalysis Letters，2002，77 (1)：73-81.

[19] 孙斌，朱丽. 钛硅-1 分子筛催化环己酮氨肟化制环己酮肟工艺的研究[J]. 石油炼制与化工，2001，32 (9)：22-24.

[20] 陈百军. 己内酰胺生产技术进展[J]. 合成纤维工业，2001，24 (5)：37-41.

[21] 贾金锋，刘亚楠，赵克，等. 己内酰胺生产技术路线的研究进展[J]. 化工技术与开发，2016，45 (4)：45-48.

[22] Raja R，Sankar G，Thomas J M. Bifunctional molecular sieve catalysts for the benign ammoximation of cyclohexanone：one-step，solvent-free production of oxime and ε-caprolactam with a mixture of air and ammonia[J]. Journal of the American Chemical Society，2001，123 (33)：8153-8154.

[23] Thomas J M，Raja R. Design of a “green” one-step catalytic production of ε-caprolactam (precursor of nylon-6) [J]. Proceedings of the National Academy of Sciences，2005，102 (39)：13732-13736.

[24] 王亚权，潘明，吴成田，等. TS-1 催化的环己酮氨氧化反应研究[J]. 四川大学学报：工程科学版，2002，34 (5)：20-23.

[25] 周桓毅，杨承诚. 生物质制备 ε-己内酰胺的新技术[J]. 合成纤维工业，2016，39 (6)：55-59.

第 2 章　环己酮制备新路线

环己酮（cyclohexanone）是用途广泛、消耗量大的重要石油化工产品，主要用于制造己内酰胺、己二酸等聚酰胺（尼龙-6、尼龙-66）的单体。在我国，65%的环己酮作为生产己内酰胺的原料，20%的环己酮作为生产己二酸的原料，其余的环己酮作为相关化工原料。作为工业溶剂，环己酮在油漆（特别是含有硝化纤维、氯乙烯聚合物及其共聚物、甲基丙烯酸酯聚合物等油漆）、有机磷和其他农药等领域中也有广泛的应用。环己酮也是制造药物咳美切、特马伦的关键中间体——环己烯乙胺的重要原料。在聚氨酯等涂料、橡胶硫化促进剂、彩色油墨、塑料回收等行业，环己酮的需求量也在不断增长。环己酮还可用作染料、活塞型航空润滑油的黏滞溶剂，以及树脂、蜡、橡胶的溶剂。

2.1　环己酮工业生产现状

早在 1893 年，拜耳通过庚二酸和石灰碳化的方法制备环己酮。随着尼龙的出现，作为生产己内酰胺和己二酸的原料，环己酮受到了前所未有的关注，其产量不断增加，生产工艺也得到了改进和创新。1943 年，I. G. Farben 公司研制出了苯酚加氢制备环己酮的装置，随后德国 BASF 公司于 1960 年研发了环己烷氧化制备环己酮的技术，加快了纤维产业的发展。经过几十年的发展，环己酮生产效率不仅得到了大幅度的提高，生产设备和工艺技术也取得了长足的进步和发展，当前工业生产中环己酮的制备方法主要有环己烷氧化法、环己烯水合法和苯酚加氢法。

2.1.1　环己烷氧化法

目前，世界上主要采用环己烷氧化法来生产环己酮，产量大约占总量的 90%。该方法主要有无催化氧化工艺和催化氧化工艺，环己烷氧化制备环己酮的反应路线如下：

$$\text{环己烷} \xrightarrow[\text{催化剂}]{[O]} \text{环己醇(OH)} + \text{环己酮(O)}$$

1. 无催化氧化

无催化氧化法是由法国 Rhone-Ponlene 公司于 1968 年开发出来的，也是目前最常用的生产技术。该方法以环己醇/酮为引发剂，环己烷在空气中直接氧化为环己基过氧化氢，然后以钴盐为催化剂，在低温、碱性的条件下将其分解为环己醇/酮。相对于催化氧化法，无催化氧化法需要更高的反应温度和反应压力，反应温度为 170～200℃，反应压力为 1.4～2.0 MPa，环己烷的单程转化率为 4%～5%，环己醇/酮选择性为 80%。该方法具有生产工艺较为缓和且不易结渣、连续运行周期长、原料成本低、工艺成熟等优势，使其受到广泛关注。日本的宇部兴产株式会社、法国隆波利以及荷兰的帝斯曼等公司都具有比较成熟的生产工艺。但该法也存在明显的不足，如工艺路线长、环己烷循环量大、能耗大、污染比较严重，环己基过氧化氢在分解过程中目标产物的选择性低，同时还会消耗大量的碱液。各生产厂家的工艺情况见表 2.1[1]。

表 2.1　无催化氧化法工艺对比

公司	工序	温度/℃	压力/MPa	停留时间/min	催化剂	反应器	环己烷转化率/%	（环己醇/酮选择性）/%
Rhone-Ponlene	氧化	170～180	1.8	15～30	无	槽式	4	84
	分解	150	1.8		V-Ru-Mo			
Stamicarbon	氧化	160～180	1.2	15～60	无	塔式	3.5	80～83
	分解	85	0.4		乙酸钴			
巴陵石化	氧化	150～180	2	20～40	无	5 釜串联	4	80
	分解	120	0.5		乙酸钴			

为改善无催化氧化的效果，后续进行了一系列改进。可以通过改变循环中环己烷进入氧化反应器的位置和温度，合理分布各反应器的温度范围，有效改善环己基过氧化氢的热分解效率，提高反应的选择性和收率。为了改善无机相和有机相的混合效果，肖藻生[2]采用静态混合器及碱液外循环强化传质过程，该过程分为两步，第一步控制碱液中氢氧根离子浓度为 0.25～0.5 mol/L，第二步控制氢氧根离子浓度为 0.5～1.5 mol/L，通过一系列的措施使目标产物的选择性提高至 94%。为了改善氧化反应的安全性，Wang 等[3]考察了微通道反应器无催化氧化环己烷的性能，研究表明 SIMM-V2 型反应器具有较好的效果，当反应温度为 200℃、异丙醇作为溶剂、环己醇与氧气的摩尔比为 1∶0.15 时，反应的转化率及选择性随反应压力的增加而增加，反应压力达到 8.0 MPa，环己烷转化率为 10%，环己醇/酮选择性为 67%。微通道反应器具有安全性高、气液传质性能强的优点。但该

工艺仍处在初步研究阶段，要想实现工业化还需进一步对工艺过程进行强化研究。

2. 均相催化氧化

1）钴盐

钴盐催化氧化法是美国杜邦公司在 20 世纪 40 年代开发的一种由环己烷生产环己醇的方法，该方法采用硬脂酸钴铬复合物、油酸钴、辛酸钴以及环烷酸钴等钴盐作为催化剂。反应过程中环己烷在空气中发生氧化反应，生成环己基过氧化氢，然后环己基过氧化氢在催化剂的作用下分解形成环己醇和环己酮。相对于反应原料来说，环己醇和环己酮具有更高的活泼性，易发生深度氧化生成副产物。为了提高反应的选择性，氧化过程需要控制环己烷的转化率，及时进行产物分离，缩短停留时间。主要生产厂家的工艺参数对比见表 2.2。

表 2.2　钴盐催化氧化法生产工艺对比

公司	反应温度/℃	反应压力/MPa	停留时间/min	反应器	环己烷转化率/%	（环己醇/酮选择性）/%
BASF	145			槽式	4	77
Invent	160～165	1.01～1.22	30～50	槽式	1	89～91
Viker Zimmer	175	2.13～2.53	10	塔式	4～5	75～83
Petrocarbon	157～162	0.96		塔式	3～5	85～89
DuPont	160～180	1.01～1.22		塔式	4～6	77～80
Stamicarbon	150～160	0.89～0.91		槽式	3～5	76～78

钴盐催化氧化法的优势在于，一方面可以缩短反应的诱导期，提高反应的选择性，另一方面能使环己烷氧化生成的烃氧化物在进行退化分支时，其活化能从 163～175 kJ/mol 降低至 42～50 kJ/mol，从而提高了反应速率。钴盐催化氧化法的反应温度在 160℃左右，压力约为 1 MPa，环己烷的单程转化率控制在 5%，目标产物的选择性小于 90%。在工业生产中催化剂的质量分数为 0.7～3 μg/g，用量高时环己醇/酮发生深度氧化的副产物羧酸会与催化剂反应生成羧酸钴盐，易产生结垢堵塞管道，影响装置的正常开工。针对这些问题，国内学者进行了一系列的研究。

（1）优化反应器结构：BASF 公司将反应器设计为一釜多室，对空气分布器的开孔尺寸、开孔方向以及气液流动方向进行了改进，在反应区环己烷与氧气逆流接触，提高了传质传热效率，使反应的转化率及选择性都有了较大提高[4]。

（2）使用助剂：肖藻生提出了一种添加积二膦酸酯和过渡金属盐配合物的方法来改善反应性能，在不改变工艺运行参数的情况下有效抑制了深度氧化，提高了环己醇的收率，同时设备的结垢及堵塞现象有明显好转[5]。

（3）通过研究环己烷氧化反应及环己基过氧化氢分解反应的动力学规律，波兰塔尔努夫公司用新鲜环己烷将催化剂稀释，在反应器中经多个点沿气泡上升方向的逆向输入多个反应段，在环己基过氧化氢分解过程中将其经多个点送入一个或多个单独的分解反应器，并设计了特殊的混合设备，使反应的转化率及选择性有了较大提高，并提高了催化剂的寿命。

2）硼酸类催化剂

以硼酸或偏硼酸为催化剂氧化环己烷的过程中，硼酸会与环己基过氧化氢形成硼酸环己酯，然后再转变为环己醇酯，硼酸和偏硼酸也可直接与环己醇结合分别生成硼酸环己醇酯和偏硼酸环己醇酯。其反应式为

$$3\,C_6H_{11}\text{—}OH + B(OH)_3 \longrightarrow B\left(O\text{—}C_6H_{11}\right)_3 + 3H_2O$$

$$3\,C_6H_{11}\text{—}OH + 3HBO_2 \longrightarrow (C_6H_{11}O)_3B_3O_3 + 3H_2O$$

硼酸法的环己烷氧化温度为165～170℃，压力为0.9～1.2 MPa，反应时间为2 h。环己醇成酯之后其热稳定性及抗氧化性都有了较大的提高，以硼酸为催化剂可以使环己烷的转化率提高至10%，环己醇/酮的选择性提高至90%。采用硼酸法需增加环己醇酯的分解工序，将其分解为环己醇和硼酸，形成两相，硼酸进入水相，环己醇进入油相。两相分离后，含硼酸的水相通过结晶的方法分离出硼酸作为催化剂继续进行氧化反应。此方法需要有水解及硼酸回收系统，相对钴盐催化氧化法需要更高的设备投资。其反应式为

$$B\left(O\text{—}C_6H_{11}\right)_3 + 3H_2O \xrightarrow{\text{水解}} 3\,C_6H_{11}\text{—}OH + B(OH)_3$$

3. 非均相催化氧化

1）负载均相体系的多相催化剂

田永华等[6]采用γ-氨丙基三乙氧基硅烷将MCM-41的表面官能团化，然后将金属配合物$Cu(phen)_2L$负载于官能团化的分子筛上（L为丁二酸），考察了其催化氧化环己烷的性能。在反应温度为70～90℃、反应时间为10～12 h的条件下，环己烷的转化率为34%，环己醇/酮的选择性为85%。

在高丽娟等[7]的研究中，使用三甲氧基氨丙基硅烷将SAPO-5表面官能团化，

然后再用浸渍法制备出了铜双核大环金属配合物固载到改性后的分子筛上的催化剂。该催化剂在环己烷液相氧化反应中表现出了良好的性能，环己烷的转化率高达55%。

Silva等[8]以$[Fe^{III}(HBPClNOL)(Cl)_2]\cdot H_2O$作为催化剂，双氧水为氧化剂，乙腈为溶剂，反应温度为50℃，环己醇/酮的选择性为27%。研究发现铁配合物对氧化剂具有活化作用，催化剂与氧化剂之间具有直接的交互作用。

兰婉等[9]采用六齿配位的8-羟基喹啉铁（Ⅲ）配合物作为催化剂，考察了其在双氧水为氧化剂的体系中对环己烷的氧化效果，并考察了采用混合配体与铁配位来调节催化剂的活性。研究发现，混合配体表现出了更好的催化性能。

高丽娟等[10]采用浸渍法将三种同双核金属配合物$[M_2LCl_3]Cl$（L为配体三亚乙基四胺，M为金属组分）负载到表面官能团化的SBA-15分子筛上，考察了其催化氧化环己烷的性能。对于$[Co_2LCl_3]Cl$/SBA-15、$[Cu_2LCl_3]Cl$/SBA-15和$[Cr_2LCl_3]Cl$/SBA-15三种催化剂，环己烷的转化率分别为11%、50%和58%。以$[Cr_2LCl_3]Cl$/SBA-15为催化剂，考察了不同溶剂对反应性能的影响。乙腈为溶剂时环己烷的转化率为58%，丙酮为溶剂时的转化率为48%，冰醋酸为溶剂时的转化率为34%。

2）过渡金属及过渡金属氧化物催化剂

李德华等[11]采用沉积沉淀法制备了负载型的Au/TS-1，该催化剂在环己烷氧化反应中表现出了良好的性能。研究发现，负载量为1%的Au/TS-1在反应温度150℃、反应压力1 MPa的条件下，环己烷的转化率为11%，环己醇/酮的选择性为90%，且催化剂经多次使用活性基本不变。

Xu等[12]以离子交换法将金负载到氧化锆改性的氧化铝载体上，考察了以分子氧作为氧化剂时氧化环己烷的性能。0.6% Au-17% Zr含量的催化剂，在反应温度150℃、压力1.5 MPa的条件下反应3 h，环己烷的转化率为9.5%，环己醇的选择性为51.5%，环己酮的选择性为38.8%。

Huang等 [13]采用水热合成法制备了α-Fe_2O_3纳米粒子，将Au和Pd分别负载到α-Fe_2O_3纳米粒子上得到了Au/α-Fe_2O_3及Pd/α-Fe_2O_3纳米催化剂，以此为催化剂，在150℃的反应条件下以氧气为氧化剂制环己醇/酮表现出了较高的活性。

仇念海等[14]采用共沉淀法制备出了铋改性的钒磷氧化物催化剂，研究表明，增大Bi/V摩尔比可以提高环己烷的转化率。P的加入会形成磷酸盐物种，破坏V_2O_5的晶格结构。Bi/V摩尔比为0.1，P/V摩尔比为0.92，以丙酮为溶剂，在65℃的条件下反应8 h，环己烷的转化率为81%，环己醇/酮的选择性为81.4%。

何笃贵等[15]研究表明，铋改性的钒磷氧化物对环己烷的液相氧化能力高于钒磷氧化物，通过对比实验，发现溶剂乙腈与双氧水存在相互作用。自由基捕捉实验推测环己烷氧化过程为自由基反应历程。环己醇氧化实验证实了环己酮是由环己烷氧化制得，并非来源于环己醇脱氢。

3）分子筛催化剂

分子筛是一种应用广泛的催化剂和多孔催化材料，按照其孔径的尺寸可将其分为大孔分子筛、介孔分子筛以及微孔分子筛。微孔分子筛的孔径小于 2 nm，不适合环己烷这种大分子进行催化反应，目前分子筛催化剂用于环己烷催化氧化的研究主要集中在介孔及大孔分子筛，尤其是以水热晶化法合成的杂原子分子筛。

Selvam 等[16]考察了 Co/HMA、Co/APO-5、Co/MCM-41 等催化剂的性能，温度为 100℃、乙酸作为溶剂、甲乙酮作为引发剂、双氧水为氧化剂、催化剂质量分数为 3.3%、环己烷与氧化剂摩尔比为 1 的条件下反应 12 h，其结果见表 2.3。

表 2.3 含钴催化剂催化环己烷氧化反应结果

催化剂		w（Co）/%	转化率/%	选择性/%	
				环己醇	环己酮
Co/HMA	新鲜	3.8	90.7	93.4	4.8
	使用 3 次	3.6	86.8	88.9	9.4
Co/MCM-41	新鲜	2.3	68.7	87.1	8.7
	使用 3 次	1.2	40.7	86.7	10.8
Co/APO-5	新鲜	3.2	78.9	81.6	17.3
	使用 3 次	2.6	50.8	80.2	15.1

在工业化生产中，双氧水的储存、运输等都存在一定的安全隐患，双氧水作为氧源具有一定的局限性，分子氧氧化环己烷显得尤为重要。Qian 等[17]考察了 Bi/MCM-41 催化分子氧氧化环己烷的性能。研究结果表明，反应温度 110℃、反应压力 1 MPa、反应 4 h，环己烷的转化率为 17%，环己醇的选择性为 19%，环己酮的选择性为 72%。

詹望成等[18]以水热合成法制备了一系列铈改性的 MCM-48 催化剂。研究表明 Ce 可以顺利进入分子筛的骨架结构，反应中以氧气作为氧化剂，反应温度 140℃，反应压力 0.5 MPa，反应时间 5 h，Ce-MCM-48-0.02 为催化剂，环己烷的转化率为 8%，环己醇/酮的选择性可达 98.7%。

刘少友等[19]采用固相反应法成功合成了 ZrCoAPO、CoAPO、APO 粉体材料。研究表明，锆主要取代分子筛中骨架磷的位置，二价钴同晶取代铝的位置从而提高了结晶度。焙烧过程中部分二价钴会被氧化成三价钴，并产生痕量的二价钴氧化物。ZrCoAPO、CoAPO 经盐酸处理后可以改善其氧化活性，ZrCoAPO 中 Zr 的含量主要会影响到产物中环己酮/环己醇摩尔比，随 Zr 含量的增加，酮醇比减小并趋近于 1。

2.1.2　环己烯水合法

20 世纪 40 年代，菲利浦石油公司就提出了以硫酸为催化剂来实现环己烯水合过程[20]。但由于反应的选择性低、收率低、硫酸的腐蚀性强，原料环己烯无法获得稳定的来源，一直没有大的发展。之后日本旭化成株式会社在苯选择性加氢工艺上取得突破，水合法重新进入人们的视野。环己烯水合法的工艺过程见图 2.1。

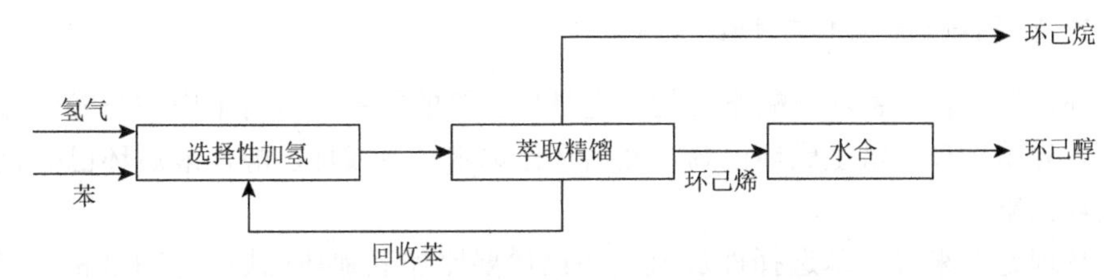

图 2.1　旭化成环己烯水合法工艺流程图

1. 环己烯水合法反应机理

环己烯的水合反应是酸催化作用过程，一般认为该反应过程属于正碳离子作用机理，反应过程需要经过 5 步。

（1）己烯和水分子扩散到固体酸表面，水形成水合氢离子：

$$H_2O + H^+ \rightleftharpoons H_3O^+$$

（2）水合氢离子的质子与环己烯分子作用形成 π-络合物：

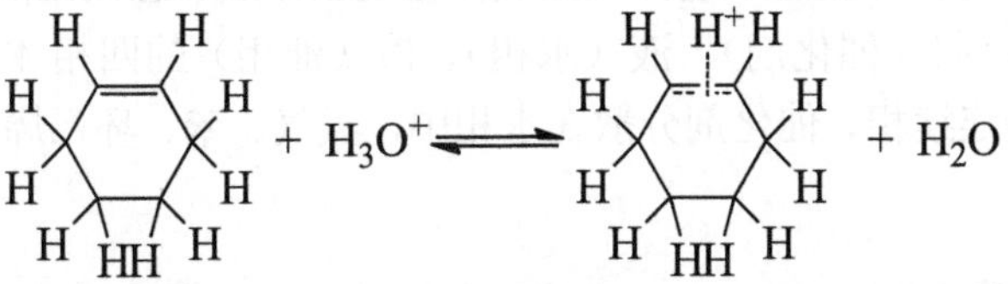

（3）π-络合物经过电子迁移形成正碳离子：

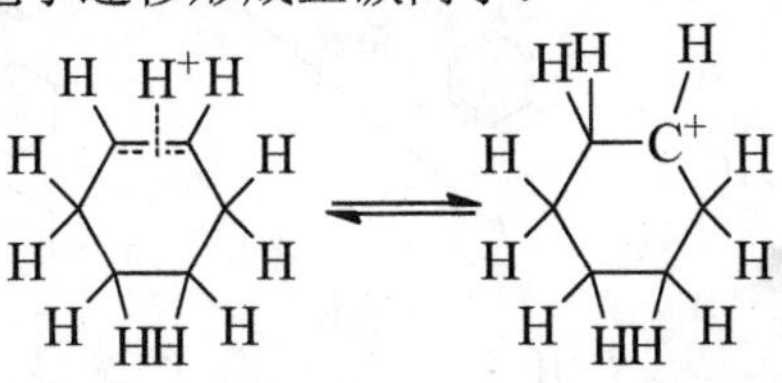

（4）水分子的孤对电子与正碳离子相结合形成正氧离子：

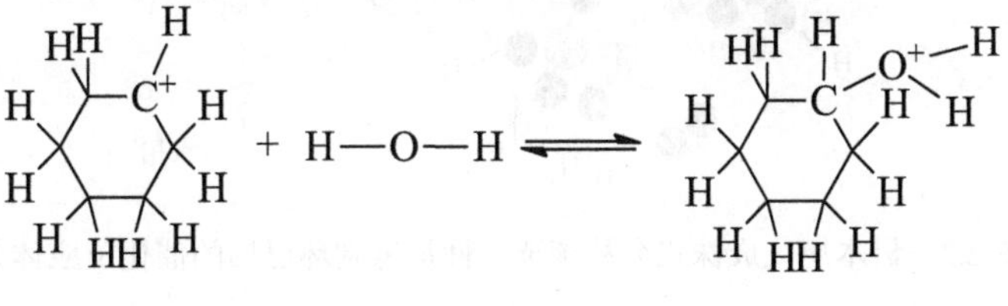

（5）质子从正氧离子上脱除生成环己醇，质子重新与水结合形成水合氢离子继续参与反应：

$$+ H_2O \rightleftharpoons \quad + H_3O^+$$

2. 苯选择性加氢工艺过程

环己烯水合制备环己酮路线的关键是环己烯的制备。目前采用的路线分为三步，首先苯部分加氢生成环己烯，然后环己烯水合生成环己醇，最后环己醇脱氢得到环己酮。

从理论上来说，苯选择性加氢制环己烯要比加氢制环己烷节省 1/3 的氢气，但受限于业界尚未研发出有效的选择性加氢催化剂，该工艺一直没有大的发展。1972 年，美国杜邦公司的 Drinkard 发现在高压釜反应体系中加入水，以 $RuCl_3$ 为催化剂，环己烯的收率可达 30%，这为其后续的工业化发展奠定了基础。1986 年，日本旭化成株式会社在其研究的基础上，成功开发出了高效的苯选择性加氢工艺及催化剂，使环己烯的收率达到 60%。环己烯进而通过水合法制备环己醇工艺实现了工业化。旭化成株式会社利用该技术在冰岛建成了 60 kt/a 的生产装置，并于 1990 年进行工业化生产，1997 年又将其产能扩建至 100 kt/a[21]。

旭化成株式会社开发的苯选择性加氢催化反应体系示意图见图 2.2，这是一个包含气（氢气）、固（催化剂）、液（水相）、液（油相）的四相体系。其中油相为分散相，水相为连续相。催化剂分散在水相中，氢气、苯、环己烯、环己烷通过溶

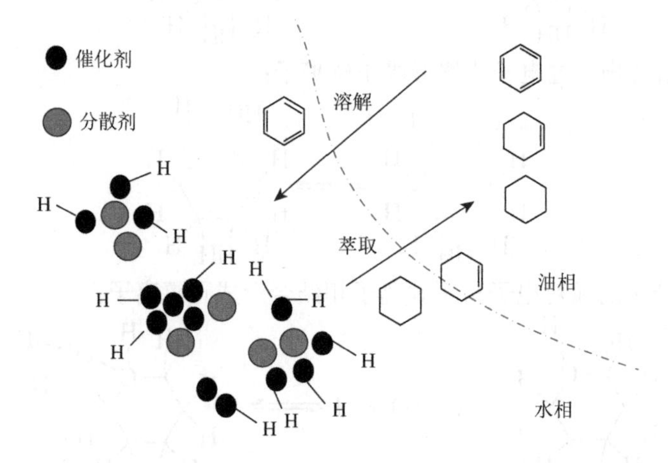

图 2.2　日本旭化成株式会社苯选择性加氢制环己烯的催化反应体系

解、扩散、萃取等传质过程来提高反应的选择性，分散的钌颗粒为活性组分，其粒径小于 20 nm，酸性锌化合物为助剂，金属氧化物如氧化铝作为分散剂。锌助剂的主要作用为稳定催化剂表面的氢化中间体，阻止生成的环己烯重新吸附，进而抑制其过度加氢生成环己烷。

Ronchin 和 Sun 等[22, 23]考察了催化剂的制备过程对苯选择性加氢性能的影响。研究发现，在制备过程中添加氢氧化物可以提高反应的选择性，他们认为氢氧化物会增加催化剂表面的亲水性，抑制了苯在催化剂表面的吸附性，从而抑制了苯的过度加氢，同时也有利于生成的环己烯及时从催化剂表面脱除，进而提高了反应的选择性。

由于硫酸锌具有较强的腐蚀性，Spinace 等[24]探索了在无锌体系下的苯选择性加氢反应。研究发现，在反应体系中添加适量的丙三醇等有机分子后，催化剂表面的亲水性有所提高，促进了环己烯及时从催化剂上脱除，从而提高了反应的选择性。

3. 环己烯水合工艺过程

日本旭化成株式会社开发的环己烯水合工艺过程见图 2.3。催化剂悬浮于油水两相中，在剧烈搅拌下进行水合反应，反应完成后进入油水分离系统，分离完成后，水相及催化剂返回水合系统，油相进入分离塔，分出的环己烯进入水合系统，环己醇作为目标产物采出。在旭化成株式会社的专利技术中，反应温度 100℃，反应时间 120 min，环己烯的单程转化率为 18%，产物选择性为 99%，副产物主要为甲基环戊烯和环己基醚。

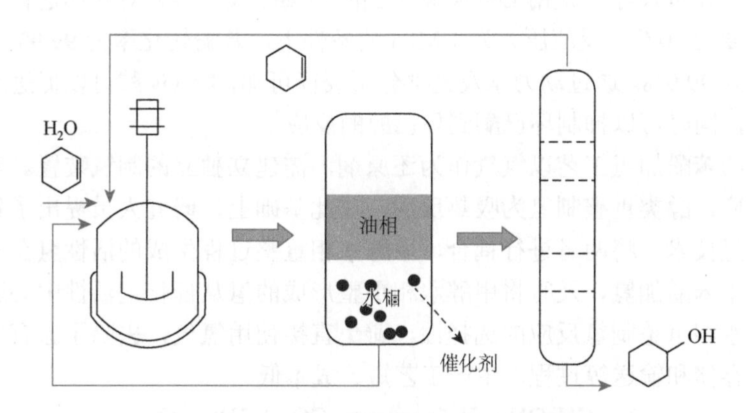

图 2.3　环己烯水合制备环己醇工艺流程

神马集团引入日本旭化成株式会社的环己烯水合工艺，针对环己烯水合工艺中催化剂消耗量过大的问题进行了深入分析与探索[25]。通过控制水合反应器内的催化剂界面、控制反应器内进料速率、冲洗反应器栅板等措施，降低了催化剂的消耗，同时提高了企业的经济效益。

2.1.3 苯酚加氢法

苯酚加氢法是最早开发成功的生产环己醇/酮的工艺。苯酚加氢的过程如下式所示。

$$\text{苯酚} \xrightarrow[H_2]{\text{步骤1}} \left[\text{环己烯醇} \xrightarrow{\text{快速}} \text{环己酮}\right] \xrightarrow[H_2]{\text{步骤2}} \text{环己醇} \quad (1)$$

气相加氢法一般采用3～5个串联的反应器，催化剂为负载型的Pd催化剂，在反应温度为140～170℃、压力为0.1 MPa的条件下，环己醇/酮的转化率可达90%～95%[26-28]。在气相加氢过程中需要汽化原料苯酚和溶剂甲醇，其汽化潜热分别为69 kJ/mol和35.2 kJ/mol，汽化过程需要消耗大量的能量，且催化剂易结焦失活。

液相加氢法最早由美国联合化学（Allied Chem）公司开发成功，反应过程中将氢气通过悬浮有催化剂的熔化苯酚中，在反应温度为130～170℃、反应压力为1～5 MPa的条件下，环己酮为主要产物，苯酚转化率为95%，环己酮选择性为97%[29]。液相加氢产物需要除去催化剂，操作烦琐、装置复杂，由于气液两相的传质效率低，反应过程需要剧烈搅拌，易导致Pd催化剂的流失。为了提高环己酮的选择性，韩布兴等[30]采用Lewis酸（L酸）（如$AlCl_3$等）对载体进行了改性，在反应温度为50℃、反应压力为1 MPa的条件下，苯酚转化率为99.9%，环己酮的选择性为99.9%。通过动力学及光学分析表征可知，Lewis酸可以促进苯酚加氢制环己酮，同时可以抑制环己酮到环己醇的反应。

现有的苯酚加氢工艺以氢气作为还原剂，需建立独立的制氢装置。苯酚加氢为放热反应，醇类重整制氢为吸热反应，在此基础上，研究人员提出了新型的液相原位加氢技术。将两者进行耦合，甲醇水相重整过程生成的活性氢在液相条件下直接用于苯酚加氢，及时将甲醇水相重整形成的氢从催化剂活性中心脱附，提高了甲醇水相重整制氢反应的选择性，避免直接使用氢气，去除了原有方法的氢气制备、存储和输送等过程，生产工艺短、成本低。

$$CH_3OH + H_2O \longrightarrow CO_2 + 3H_2 - Q$$

$$\text{苯酚} + 2H_2 \longrightarrow \text{环己酮} + Q$$

$$\text{苯酚} + 3H_2 \longrightarrow \text{环己醇} + Q$$

$$\text{苯酚} + 2/3CH_3OH + 2/3H_2O \longrightarrow \text{环己酮} + 2/3CO_2$$

$$\text{苯酚} + CH_3OH + H_2O \longrightarrow \text{环己醇} + CO_2$$

项益智等[31]使用雷尼镍作为催化剂，将甲醇重整制氢反应生成的氢气应用于苯酚液相加氢合成环己醇/酮，在反应温度为200℃、压力为2.5 MPa的反应条件下，苯酚转化率大于90%，环己醇/酮的选择性可达99%以上，实现了重整制氢与液相加氢的耦合，简化了工艺流程，降低了生产成本，比传统的苯酚加氢工艺具有更好的效果。王鸿静等[32]利用不同的助剂（Ce、Mg、Ca、Ba、Fe、Zn和Sn）对Pd/Al_2O_3进行了改性，并将其应用于苯酚液相原位加氢反应。研究发现，3%的Ba改性的催化剂可以提高Pd的分散度，同时改善催化剂表面的酸碱性，有利于提高反应的选择性。相对于没有改性的Pd/Al_2O_3，其催化性能提高了两倍，苯酚转化率为100%，环己醇/酮的总选择性接近100%，环己酮的收率大于80%，但过量的Ba会与Pd和Al_2O_3形成复合物相，降低Pd的分散度以及催化活性。

苯酚直接加氢法具有比较理想的转化率及选择性，但苯酚的来源要经由苯、异丙苯、异丙苯过氧化氢等中间态，工艺生产操作较为复杂，生产成本高，生产周期长，在一定程度上限制了此方法的生产规模。苯酚耦合加氢法可以有效缩短生产工艺，提高生产效率，但反应的选择性较低。近年来，针对苯酚加氢的工作多集中在催化新材料的开发、反应工艺的改进，以及理论模拟的研究等方面。

2.2　石科院环己酮制备新路线

石科院研究人员提出了一种环己酮制备新技术路线：苯选择性加氢生成环己烯，环己烯与乙酸酯化生成乙酸环己酯，乙酸环己酯再加氢生成环己醇，并联产乙醇，最后环己醇脱氢制备环己酮，反应方程式如下：

$$\text{苯} + 2H_2 \longrightarrow \text{环己烯}$$

$$\mathrm{HO{-}\overset{\overset{\displaystyle O}{\|}}{C}{-}CH_3} + \mathrm{C_6H_{10}} \longrightarrow \mathrm{C_6H_{11}{-}O{-}\overset{\overset{\displaystyle O}{\|}}{C}{-}CH_3}$$

$$\mathrm{C_6H_{11}{-}O{-}\overset{\overset{\displaystyle O}{\|}}{C}{-}CH_3} + 2\mathrm{H_2} \longrightarrow \mathrm{HO{-}\overset{H_2}{C}{-}CH_3} + \mathrm{C_6H_{11}{-}OH}$$

$$\mathrm{C_6H_{11}{-}OH} \longrightarrow \mathrm{C_6H_{10}O} + \mathrm{H_2}$$

该技术路线的优势在于：①新工艺不仅少消耗 1/3 的氢气，副产物环己烷可再利用，且避开了环己烷氧化的过程，苯的利用率达到 99%以上，是一条绿色高效的生产路线；②酯化和加氢反应均具有很高的选择性，原子经济性高；③联产乙醇，增加了过程的经济性。

2015 年 8 月，由石科院与巴陵石化联合开发的“20 万 t/a 环己烯酯化加氢制环己酮成套技术工艺包”，通过了中国石化科技部组织的技术审查。2017 年 2 月，中国石油化工股份有限公司召开 200 kt/a 酯化法生产环己酮技术工业应用论证会。专家组一致认为，该技术全流程为全球首创，历经小试、模拟放大试验、工艺包开发及技术工业化放大论证，已具备工业化条件，是一种环己酮绿色生产技术，建议尽快工业应用。这标志着巴陵石化联合石科院等单位进行完全自主创新的中国石化第四代己内酰胺成套生产新技术已取得关键突破，具备了工业应用条件。

2.2.1 苯部分选择性加氢制环己烯

苯部分加氢制环己烯是新路线中的重要步骤。虽然环己烯也可采用其他方法获得，如环己醇脱水、环己烷脱氢及卤代环己烷脱卤化氢等，但相比而言，苯部分加氢制环己烯具有原料来源广泛、反应原子经济、反应简便等显著优点。

1901 年，Sabatier 等[33]即开展了苯加氢反应的研究，但未检测到环己烯。1934 年，Bull[34]提出可由苯加氢制备环己烯，但在当时的反应条件下环己烯很容易加氢成环己烷，因而几乎没有得到环己烯。直到 1957 年，Anderson[35]以 Ni 膜为催化剂，在温度为 318 K、氢气压力为 2.8 kPa、苯压力为 0.9 kPa 的反应条件下，首次检测到了环己烯。1963 年，Haretog 等[36]以 Ru 为催化剂，在 298 K 及常压的反应条件下，环己烯收率为 0.18%。其他研究人员在此基础上向反应液中进一步加入脂肪醇，将环己烯收率提高至 2.2%[37, 38]。1972 年，Drinkard[39]的研究取得突破性进展，他们以氯化钌为前驱体制备了钌催化剂，在温度为 450 K、氢气压力为 7.0 MPa 的反应条件下，通过向反应液中加入水溶性的金属无机盐或金属羰基化合物，使环己烯收率提高至 32%。1988 年，日本旭化成株式会社采用沉淀法制备了钌催化剂，以 Zn 盐为添加剂，在温度为 393～453 K、氢气压力为 3～7 MPa 的反应条件下，苯的转化率为 40%～50%时环己烯的选择性达 80%[21, 40]，首次实现了工业化。鉴于国内市场的需求和苯部分加氢制环己烯路线的优越性，我国神马集团于 1996 年引进了旭化成株式会社的技术，建立了我国第一条苯部分加氢制环己烯的生产线。

20 世纪 90 年代以来，国内高校和科研单位开始重视并研发苯部分加氢催化剂。复旦大学、郑州大学、中国科学院化学研究所、中国科学院大连化学物理研究所、华东理工大学和四川大学等单位相继开展研究并发表了很多专利和文章，然而与国外的研究相比，我国在这一反应的催化剂研究上还有一定的差距。

石科院研究人员选择钌系负载型催化剂为研究重点，从 Ru 粒径、催化剂亲水性、载体酸性、催化剂制备方法、载体孔径和载体晶型等方面出发，对苯部分加氢催化剂进行了深入研究。

1. Ru/ZrO_2 催化剂的粒径效应[41]

根据反应速率是否与活性金属的粒径有关，多相催化反应可分为结构敏感与结构非敏感反应两类。若反应速率随金属粒径的变化而改变，则该反应为结构敏感反应；若反应速率不依赖于表面原子的排列方式，则该反应为结构非敏感反应。由于金属纳米粒子的粒径决定了粒子上平台位、棱位及顶点位的数量，从而有可能影响反应物的吸附和表面反应，使得反应活性和产物选择性发生改变，因此，很多反应为结构敏感反应。

苯加氢是结构敏感反应，即 Ru 的粒径对催化性能有显著影响。以多元醇为溶剂及还原剂，通过改变多元醇的种类及添加剂乙酸钠的浓度，将不同粒径的 Ru 纳米粒子负载在 ZrO_2 上，考察了 Ru 的粒径对苯部分加氢性能的影响，探索二者之间的关系。

催化剂采用多元醇还原法制备，并在还原 Ru 的同时将其负载在 ZrO_2 上。还原采用的醇分别为乙二醇（EG）、丙三醇（GLY）及 1, 2-丙二醇（PDO），所得催化剂依次命名为 Ru/ZrO_2-EG、Ru/ZrO_2-GLY 及 Ru/ZrO_2-PDO。另外，采用 1, 2-丙二醇还原，分别改变乙酸钠浓度为 14.64 mmol/L、4.88 mmol/L 和 0 mmol/L，制得的催化剂依次命名为 Ru/ZrO_2-PDO-14.64、Ru/ZrO_2-PDO-4.88 和 Ru/ZrO_2-PDO-0。

物性测试表明，还原醇的种类及添加剂乙酸钠的浓度均会影响 Ru 的粒径。三种醇还原得到的催化剂上 Ru 的粒径顺序为：Ru/ZrO_2-EG（2.4 nm）＜Ru/ZrO_2-GLY（3.3 nm）＜Ru/ZrO_2-PDO（4.4 nm）。当均采用 1, 2-丙二醇进行还原时，随乙酸钠浓度由 14.64 mmol/L 降低至 0 mmol/L，催化剂上 Ru 的粒径由 3.7 nm 逐渐增大至 5.4 nm。

采用 Ru/ZrO_2-EG、Ru/ZrO_2-GLY 及 Ru/ZrO_2-PDO 催化剂的苯加氢反应历程如图 2.4 所示。由图可见，产物中仅有环己烯和环己烷，没有甲基环戊烷等副产物，这是因为反应温度较低，不会发生异构化反应。随着反应的进行，苯的量逐

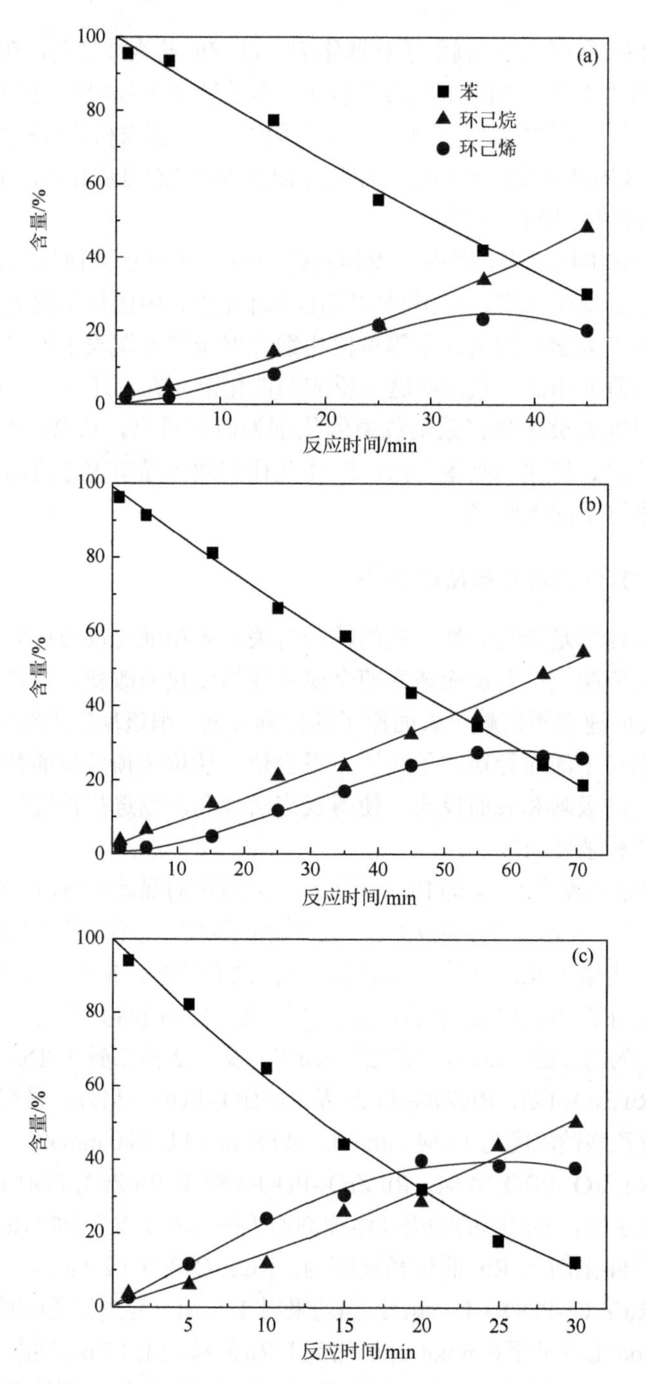

图 2.4　采用 Ru/ZrO_2-EG（a）、Ru/ZrO_2-GLY（b）及 Ru/ZrO_2-PDO（c）催化剂的苯加氢反应历程

渐减少，环己烷的量逐渐增加，而环己烯的量先增加后减少，在一定时间出现最大值，体现了苯加氢是连续反应的特征。对于采用 Ru/ZrO_2-EG 和 Ru/ZrO_2-GLY 催化剂，在反应过程中，环己烯的量始终低于环己烷；而对于采用 Ru/ZrO_2-PDO 催化剂，反应的前 25 min，环己烯的量高于环己烷，然后随着反应进行，环己烷的量超过环己烯。在这 3 种催化剂中，Ru/ZrO_2-PDO 上的环己烯收率最高，为 39%，对应苯转化率为 68%，且该催化剂上反应进行得最快，30 min 时苯转化了 88%。Ru/ZrO_2-EG 催化剂上环己烯收率最低，为 24%，对应苯转化率为 58%。

加氢实验结果表明，苯部分加氢反应中，Ru/ZrO_2 催化剂有明显的粒径效应。随着 Ru 粒径的增大，TOF 值（苯转换频率）逐渐升高，S_0（环己烯初始选择性）则呈火山型变化趋势，选择性最高时的 Ru 粒径为 4.4 nm。Ru/ZrO_2-PDO 催化剂的 S_0 及环己烯收率最高，分别为 82%和 39%。这可能是由于 Ru 粒径增大，平台位数量逐渐增加，棱位和顶点位数量逐渐减少，从而影响苯及环己烯的吸附概率，引起活性及选择性的变化。

2. 碱后处理对 Ru/ZrO_2 催化剂结构及催化性能的影响[42]

催化剂的亲/疏水性在多相催化中至关重要，虽然很多文献指出增强 Ru 催化剂的亲水性是获得高环己烯选择性的有效途径，但亲水性与选择性之间的定量关系还不清楚，而该关系对高选择性催化剂的设计十分重要。

石科院研究人员用不同浓度 NaOH 水溶液对 Ru-Zn/ZrO_2 催化剂进行后处理，制备了一系列 Ru/ZrO_2 催化剂，系统表征了碱后处理对催化剂结构及电子性质的影响，尝试对 Ru/ZrO_2 催化剂的物理化学性质与苯部分加氢性能进行了关联，确立了这些催化剂的亲水性与环己烯选择性之间的关系。

Ru-Zn/ZrO_2 催化剂采用沉积沉淀法制备。将 31.5 mL 的 $RuCl_3$ 水溶液（38 mmol/L）逐滴加入 1.0 g 的 ZrO_2 中，搅拌下逐滴加入 1.5 mL 的 $ZnSO_4 \cdot 7H_2O$ 水溶液（62 mmol/L）。Ru 和 Zn 的理论负载量分别为 10.7%和 0.5%（质量分数）。然后逐滴加入 3.2 mL 的 NaOH 水溶液（30%，质量分数）进行沉淀，在 353 K 下回流 3 h。冷却至室温后，离心收集沉淀。将沉淀分散于 20 mL 的 NaOH 水溶液（4%）中，室温搅拌 1 h，离心，重复该过程三次，得到催化剂前驱体。将该前驱体分散在 15 mL 的 NaOH 水溶液（5%）中，室温老化过夜，然后转移至 500 mL 高压反应釜中还原。还原温度为 423 K，H_2 压力为 5 MPa，搅拌速率为 1000 r/min，还原时间为 5 h。还原后，在室温及大气压下老化过夜，离心过滤，得到 Ru-Zn/ZrO_2 催化剂。

用不同浓度 NaOH 水溶液对上述 Ru-Zn/ZrO_2 催化剂进行后处理。步骤如下：将 Ru-Zn/ZrO_2 分散于 20 mL 的 NaOH 水溶液（10%）中，室温搅拌 1 h，离心，重复该过程五次，最后用去离子水洗涤至中性，得到的催化剂记为 Ru/ZrO_2-10。Ru-Zn/ZrO_2-0、Ru/ZrO_2-5 和 Ru/ZrO_2-30 催化剂的制备步骤同上，只是碱后处理时分别用去离子水、质量分数为5%及30%的NaOH水溶液代替10%的NaOH水溶液。另外，作为对比，制备了 Ru/ZrO_2-0 催化剂，其制备步骤与 Ru-Zn/ZrO_2-0 催化剂相同，只是沉积沉淀时不加 $ZnSO_4·7H_2O$。

物性测试表明，在 Ru-Zn/ZrO_2-0 催化剂上，Ru 和 Zn 形成了合金。碱后处理除去金属 Zn，形成了小的 Ru 纳米粒子，同时催化剂的亲水性增强。重量法、傅里叶变换红外光谱（FTIR）和 X 射线光电子能谱（XPS）共同表明催化剂的亲水性有如下顺序：Ru-Zn/ZrO_2-0＜Ru/ZrO_2-5＜Ru/ZrO_2-30＜Ru/ZrO_2-10。

Ru/ZrO_2 催化剂的苯加氢反应历程见图 2.5。随着反应时间的延长，苯的量逐渐减少，环己烷的量逐渐增加，而环己烯的量先增加后减少，在一定时间出现最大值，体现了苯加氢是连续反应的特征。在四种催化剂中，Ru-Zn/ZrO_2-0 催化剂的环己烯收率最低，为 38%，但在该催化剂上反应进行得最快，约 14 min 时苯几乎完全消耗。Ru/ZrO_2-5 催化剂的环己烯收率升高至 43%。在 Ru/ZrO_2-10 催化剂上，反应初期环己烯的量比环己烷增加得更快，15 min 时环己烯收率达 51%，此时苯转化率为 83%。Ru/ZrO_2-30 催化剂的环己烯收率降低至 45%。

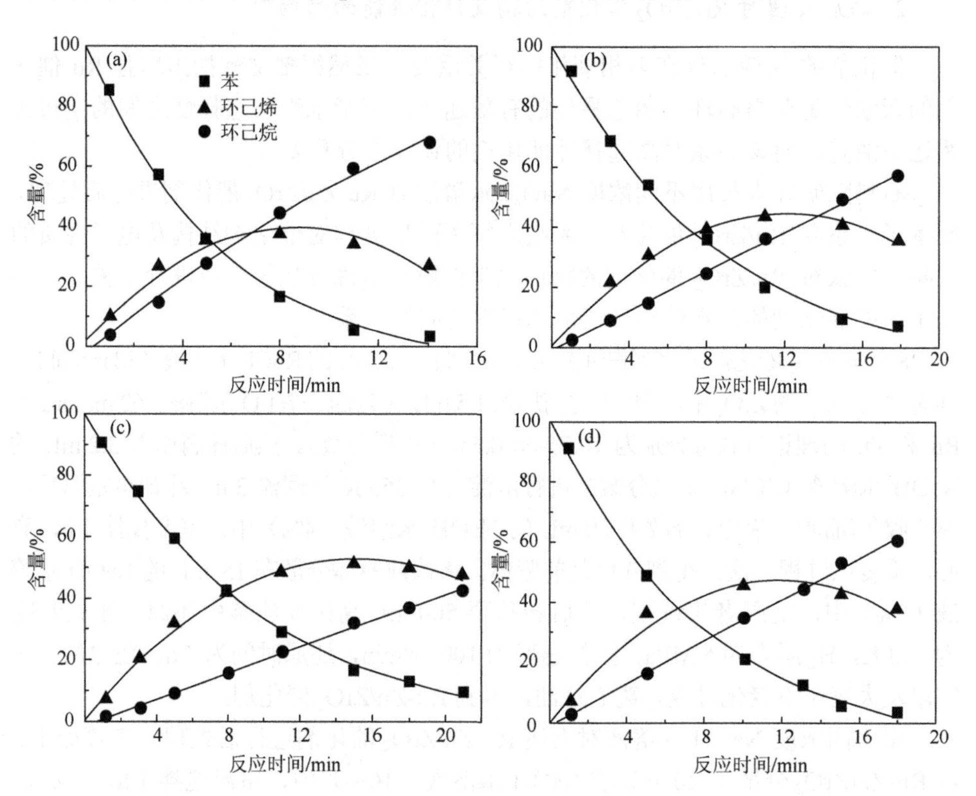

图 2.5　采用 Ru-Zn/ZrO_2-0（a）、Ru/ZrO_2-5（b）、Ru/ZrO_2-10（c）及 Ru/ZrO_2-30（d）催化剂的苯加氢反应历程

在苯部分加氢反应中，Ru-Zn/ZrO_2-0 催化剂的 TOF 值（8.1 s^{-1}）高于 Ru/ZrO_2-5、Ru/ZrO_2-10 和 Ru/ZrO_2-30 催化剂，后三者的 TOF 值（约为 3.3 s^{-1}）接近。在这些催化剂中，Ru-Zn/ZrO_2-0 催化剂的 S_0（73%）和环己烯收率(38%)最低，而 Ru/ZrO_2-10 催化剂的 S_0（86%）和环己烯收率（51%）最高。因此可知，碱后处理对催化剂的加氢活性不利，但对环己烯选择性有利。

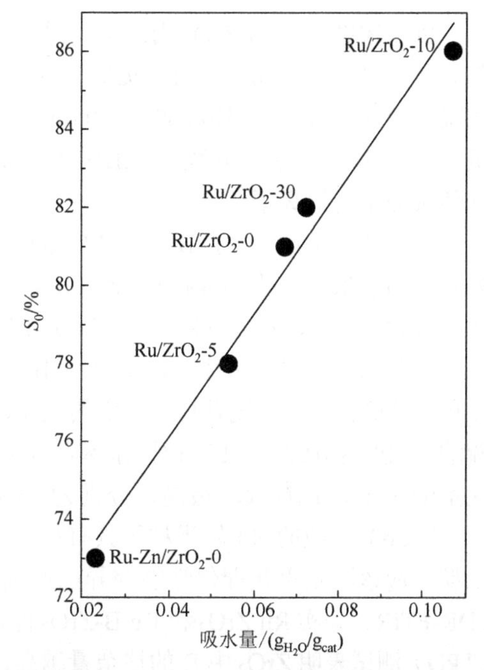

图 2.6 Ru/ZrO_2 催化剂的 S_0 与吸水量之间的关系

碱后处理催化剂活性的降低可能与 Zn 的去除及 Ru 粒径的减小有关，而 Ru/ZrO_2 催化剂的亲水性越强，吸水量越大，从而环己烯选择性越高。实验结果表明，环己烯初始选择性（S_0）与催化剂吸水量之间有良好的线性关系（图 2.6），证明 Ru/ZrO_2 催化剂的亲水性对获得高环己烯选择性至关重要。进一步的研究表明，催化剂表面羟基能直接阻塞一种环己烯化学吸附位，这可能是碱后处理能明显提高环己烯选择性的另一重要原因。

3. 载体中硼对 Ru/B-ZrO_2 催化剂的掺杂效应[43]

尽管苯的分步加氢机理（苯至环己烯，然后到环己烷）得到广泛接受，但催化剂的表面性质如载体表面酸性位在苯部分加氢中扮演的角色仍有待研究。石科院研究人员制备了一系列 B 掺杂的 ZrO_2，通过改变 B 含量调节 ZrO_2 的酸性。以这些 B-ZrO_2 为载体，采用浸渍-化学还原法制备了 Ru/B-ZrO_2 催化剂，详细考察了 B 含量对催化剂表面、电子和结构性质的影响，尝试对 Ru/B-ZrO_2 催化剂的物理化学性质和苯部分加氢性能进行关联，揭示了载体的酸量与活性及环己烯选择性之间的关系。

B 掺杂 ZrO_2 制备步骤如下：在室温及搅拌条件下，将氨水（25%，质量分数）逐滴加入 $ZrOCl_2·8H_2O$（0.50 mol/L）和 H_3BO_3 的混合水溶液中，至 pH 为 10。在 373 K 下回流 24 h，离心，用去离子水洗涤沉淀至中性并完全除去氯离子。在 373 K 下干燥 24 h，研磨后在 1073 K 下焙烧 5 h，升温速率为 10 K/min。所得 B 掺杂 ZrO_2 记为 B-ZrO_2（x），其中 x 表示理论 B/Zr 摩尔比。

以上述制备的 B-ZrO_2 为载体，采用浸渍-化学还原法制备了 Ru/B-ZrO_2 催化剂。步骤如下：将 30 mL 的 $RuCl_3$ 水溶液（26.4 mmol/L）加入 1.0 g 的 B-ZrO_2 中，室温下搅拌 4 h，然后逐滴加入 2.0 mL 的 KBH_4 水溶液（1.58 mol/L）。Ru 的理论负载量为 7.4%（质量分数），KBH_4 和 Ru^{3+} 的摩尔比为 4∶1，用去离子水将黑色固体洗涤至无氯离子。

实验结果表明，掺杂 B 后，ZrO_2 的晶型保持不变，仍为四方晶系。吡啶吸附红外光谱（Py-IR）表明 ZrO_2 和 B-ZrO_2 中仅存在 Lewis 酸性位。Py-IR 和 NH_3-TPD 均表明随 B 含量提高，酸量按 ZrO_2、B-ZrO_2(1/20)、B-ZrO_2(1/15)、B-ZrO_2(1/10)顺序增加。

在苯部分加氢反应中，随载体中 B 含量的提高，苯加氢的 TOF 值逐渐升高，S_0 和环己烯收率呈现先升高后降低的变化趋势。在温度为 413 K、H_2 压力为 4.0 MPa、硫酸锌浓度为 0.07 mol/L、搅拌速率为 1000 r/min 的反应条件下，Ru/B-ZrO_2(1/15)催化剂的 S_0 和环己烯收率最高，分别为 88%和 48%。

B-ZrO_2 负载的 Ru 纳米粒子具有相似的粒径、化学态和微观结构，因此 Ru 纳米粒子应该不是引起催化性能差异的原因。吸附氢的漫反射傅里叶变换红外光谱（DR-FTIR）证实 Ru/ZrO_2 和 Ru/B-ZrO_2 催化剂上存在 H_{so} 物种。苯的程序升温脱附（TPD）测试表明 ZrO_2 中 B 的掺杂量越高，吸附在载体酸性位上苯的含量越高，且反应结果显示，在 Ru/ZrO_2 和 Ru/B-ZrO_2 催化剂上该反应对苯为一级反应。据推测，这些吸附在酸性位上的苯分子与 H_{so} 反应，从而使 TOF 值升高（加氢机理见图 2.7）。实验结果表明，TOF 值与 n_{NH_3} 之间具有良好的线性关系，很好地证实在 Ru/B-ZrO_2 催化剂上，ZrO_2 中掺杂的 B 引发酸性位参与反应，使得活性升高。

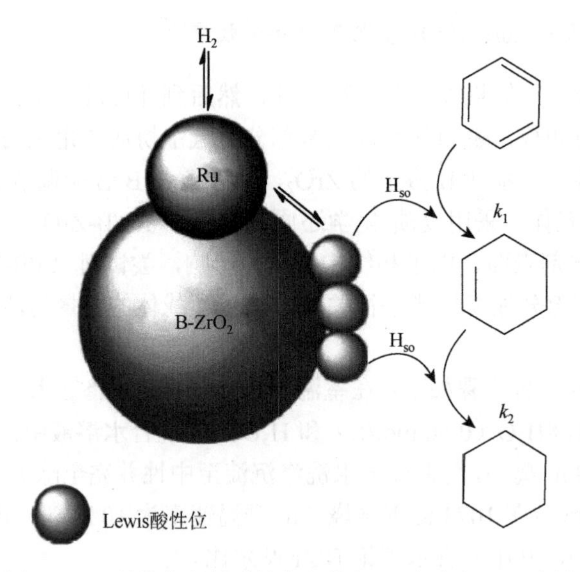

图 2.7 Ru 基催化剂的酸性位上苯与 H_{so} 加氢机理示意图

将 S_0 与 n_{NH_3} 进行了关联，发现 S_0 与 n_{NH_3} 之间呈火山型曲线关系（图 2.8），说明 Ru/B-ZrO_2 催化剂上存在最佳酸量值，以获得最高环己烯选择性。动力学分析表明，载体上的酸性位不同程度地提高了苯加氢至环己烯的速率常数（k_1）和环己烯加氢至环己烷的速率常数（k_2）。k_1/k_2 与 S_0 的变化趋势相同，表明载体上的酸性位通过改变苯和环己烯的相对加氢速率，从而改变了环己烯选择性。

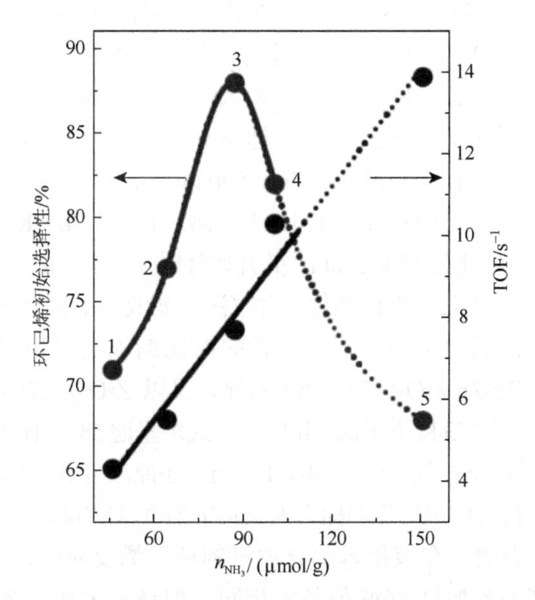

图 2.8　Ru/ZrO_2(1)、Ru/B-ZrO_2(1/20)（2）、Ru/B-ZrO_2(1/15)（3）、Ru/B-ZrO_2(1/10)（4）及 Ru/B-ZrO_2(1/5)（5）催化剂的 TOF 值和 S_0 与载体的 n_{NH_3} 之间的关系

4. Ru-Zn/ZrO_2 催化剂中载体孔径对催化性能的影响[44]

在多相催化加氢反应中，载体的孔径及孔结构对催化剂的性能有很大影响。石科院研究人员采用沉淀法和溶剂热法制备了三种具有相同晶型但孔径不同的四方 ZrO_2，以这些 ZrO_2 为载体，采用沉积沉淀-硫酸锌溶液中还原的方法制备了 Ru-Zn/ZrO_2 催化剂，系统考察了载体的孔径对催化剂物理化学性质和苯部分加氢催化性能的影响。

采用沉淀法和溶剂热法制备具有相同晶型但孔径不同的 ZrO_2 载体。沉淀法制备步骤如下：在室温及搅拌条件下，将氨水（25%，质量分数）逐滴加入 $ZrOCl_2·8H_2O$ 水溶液（0.50 mol/L）中，至 pH 为 10。搅拌 3 h 后于 373 K 及大气压下回流 48 h，用去离子水洗涤沉淀至中性，373 K 下干燥 24 h。将所得固体研磨后，分别在 873 K 及 1073 K 下焙烧 5 h，升温速率为 10 K/min。由 N_2 物理吸附测得上述 ZrO_2 的孔径分别为 11.7 nm 及 10.2 nm，分别记为 ZrO_2（11.7）及 ZrO_2（10.2）。溶剂热法制备步骤如下：将 $ZrOCl_2·8H_2O$ 和尿素溶于 210 mL 甲醇中，浓度分别为 0.60 mol/L 和

1.20 mol/L，转移至 250 mL 水热釜中，于 473 K 下加热 20 h。用去离子水将所得固体洗涤至中性，373 K 下干燥 24 h。研磨后在 673 K 下焙烧 4 h，升温速率控制为 2 K/min。由 N_2 物理吸附测得上述 ZrO_2 的孔径为 3.2 nm，将该 ZrO_2 记为 ZrO_2(3.2)。

以采用上述方法制备的 ZrO_2 为载体，采用沉积沉淀-硫酸锌溶液中还原的方法制备了 Ru-Zn/ZrO_2 催化剂。步骤如下：在室温及搅拌条件下，将 19 mL 水加入 1.0 g 上述 ZrO_2 中，再依次逐滴加入 3.0 mL 的 $RuCl_3$ 水溶液（0.40 mol/L）和 1.5 mL 的 $ZnSO_4·7H_2O$ 水溶液（62 mmol/L），然后逐滴加入 3.2 mL 的 NaOH 水溶液（30%，质量分数）进行沉淀，于 353 K 下回流 3 h。Ru 和 Zn 的理论负载量分别为 10.65%和 0.54%（质量分数）。待沉淀冷却后水洗至中性，即得到催化剂前驱体。将催化剂前驱体、90 mL 的 H_2O、15.0 g 的 $ZnSO_4·7H_2O$ 置于 500 mL 高压反应釜中。密闭后，用 H_2 置换 4 次以排除釜内空气，于 3.0 MPa 的 H_2 下加热。升温至 423 K 后，调节 H_2 压力至 5.0 MPa，开启搅拌至转速为 1200 r/min，并开始计时，还原 3 h。还原结束后，停止搅拌。待高压釜冷却至室温后，取出催化剂并水洗至滤液中不含硫酸锌，保存在乙醇中以备表征。根据所用氧化锆的不同，制备的催化剂依次记为 Ru-Zn/ZrO_2(11.7)、Ru-Zn/ZrO_2(10.2)及 Ru-Zn/ZrO_2(3.2)。作为对比，又以 ZrO_2(11.7)为载体按上述步骤制备了催化剂前驱体，于 373 K 下干燥 5 h 后在管式炉里通 5%（体积分数）的 H_2/Ar 混合气还原。还原条件如下：气体流量 30 mL/min，还原温度 573 K，还原时间 4 h，升温速率 2 K/min。所得对比用催化剂标记为 Ru-Zn/ZrO_2(11.7)-H_2。

活性测试结果表明，在液相苯部分加氢制环己烯反应中，随 ZrO_2 孔径增大，Ru-Zn/ZrO_2 催化剂的苯加氢 TOF 值基本相同，但环己烯初始选择性及收率升高，Ru-Zn/ZrO_2(11.7)催化剂的环己烯收率最高。在温度为 413 K、H_2 压力为 5.0 MPa、硫酸锌浓度为 0.52 mol/L、搅拌速率为 1200 r/min 的反应条件下，Ru-Zn/ZrO_2(11.7)催化剂的环己烯初始选择性为 88%，收率为 54%。

TEM 测试表明 ZrO_2 孔径的不同对 Ru 的粒径基本无影响，因而催化剂的 TOF 值基本相同。根据文献结果，较大孔径的 ZrO_2 利于环己烯扩散及传质，使生成的环己烯容易从催化剂表面脱附，避免了深度加氢，因而有利于催化剂选择性的提高。

图 2.9 为催化剂的环己烯选择性（初始）与苯转化率的关系。由图可见在不同转化率下选择性顺序均为 Ru-Zn/ZrO_2(3.2)＜Ru-Zn/ZrO_2(10.2)＜Ru-Zn/ZrO_2(11.7)。这三种催化剂上 Ru 的粒径和电子性质相近，因此粒径效应和电子效应不应是引起选择性显著差异的根本原因。Zhao 等[45]发现在苯部分加氢反应中，Ru/Al_2O_3/堇青石催化剂中较大孔径的 Al_2O_3 有利于环己烯传质，使生成的环己烯容易从催化剂上脱附，避免深度加氢，因而环己烯的选择性较高。Liu 等[46]发现 Ru-Mn-Zn 催化剂的环己烯选择性高于二元 Ru-Mn 或 Ru-Zn 催化剂，这归因于前者较大的孔径，使环己烯更易扩散。据此推测，Ru-Zn/ZrO_2(3.2)、Ru-Zn/ZrO_2(10.2)和 Ru-Zn/ZrO_2(11.7)催化剂的环己烯选择性差异可能由载体孔径的不同所引起。苯部分加氢是氢气-苯-水-催化剂四相共存的

复杂催化体系，反应中生成的环己烯与水互不相溶，故以有机液滴的形式分散在水相中。当环己烯在催化剂活性位上生成并脱附后，应该首先以纳米液滴的形式悬浮于催化剂孔道中的水相里。催化剂的孔径越大，这些环己烯纳米液滴越容易及时离开催化剂，而不在孔中发生进一步加氢，因此孔径较大的 Ru-Zn/ZrO_2(11.7)催化剂上的环己烯选择性和收率最高。需要说明的是，大的催化剂孔径并不意味着水相中的环己烯也会更容易进入催化剂的孔道，这是因为环己烯纳米液滴离开催化剂后会聚集为更大的液滴，从而不容易再次进入催化剂孔道发生反应。

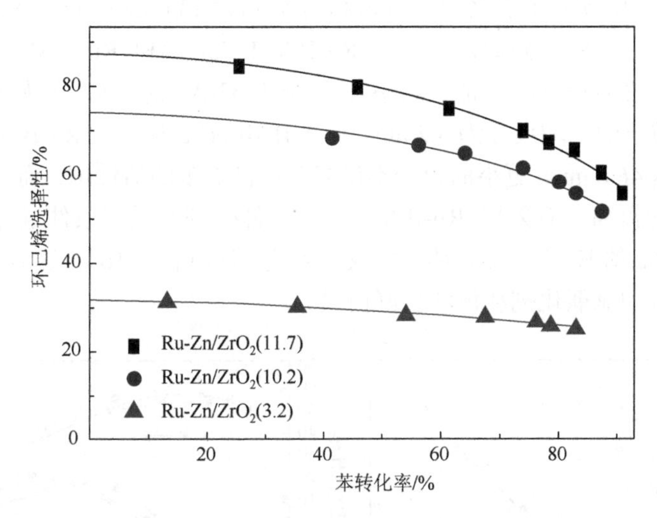

图 2.9　Ru-Zn/ZrO_2 催化剂上环己烯选择性与苯转化率之间的关系

5. 其他类型载体制备的苯部分加氢催化剂

已有的研究表明，在苯部分加氢反应中，催化剂载体的性质对环己烯选择性的影响很大。石科院研究人员采用不同类型的载体，制备 Ru 基苯部分加氢催化剂，对这些催化剂的物理化学性质及催化性能进行了详细的考察。

1）Ru-B/MOF 催化剂[47]

近年来，新型多孔复合材料——金属有机骨架（MOF）材料受到了人们的广泛关注。MOF 材料通过金属离子与有机配体自组装形成，具有拓扑结构多样、比表面积大、孔隙率高、孔道规则、孔道尺寸可调等优点，在气体储存与分离及催化等领域有着广阔的应用前景。在催化应用中，MOF 材料通常有不饱和配位的金属中心或功能化的有机配体，从而具有一定的 Lewis 酸性，使 MOF 材料本身显示出催化作用。MOF 材料的有序孔道也可以在特定反应中起到择形催化的作用。另外，MOF 材料的大比表面积和多孔性使其有可能成为优秀的加氢催化剂载体。

石科院研究人员制备了多种金属有机骨架材料，并以这些材料为载体采用浸渍-化学还原法制备了非晶态 Ru-B/MOF 催化剂，考察它们在苯部分加氢反应中的催化性能。

催化性能评价结果表明，这些催化剂的初始反应速率（r_0）顺序为 Ru-B/MIL-53(Al)＞Ru-B/MIL-53(Al)-NH_2＞Ru-B/UIO-66(Zr)＞Ru-B/UIO-66(Zr)-NH_2＞Ru-B/MIL-53(Cr)＞Ru-B/MIL-101(Cr)＞Ru-B/MIL-100(Fe)，环己烯初始选择性（S_0）的顺序则为 Ru-B/MIL-53(Al)≈Ru-B/MIL-53(Cr)＞Ru-B/UIO-66(Zr)-NH_2＞Ru-B/MIL-101(Cr)＞Ru-B/MIL-53(Al)-NH_2＞Ru-B/UIO-66(Zr)≈Ru-B/MIL-100(Fe)。催化性能最好的 Ru-B/MIL-53(Al)催化剂上的 r_0 和 S_0 分别为 23 mmol/(min·g)和 72%。采用多种手段对催化性能差异最为显著的 Ru-B/MIL-53(Al)和 Ru-B/MIL-100(Fe)催化剂的物理化学性质进行了表征。结果发现 MIL-53(Al)载体能够更好地分散 Ru-B 纳米粒子，粒子的平均尺寸为 3.2 nm，而 MIL-100(Fe)载体上 Ru-B 纳米粒子团聚严重，粒径达 46.6 nm。更小的粒径不仅能够提供更多的活性位，而且也有利于环己烯选择性的提高。对采用 Ru-B/MIL-53(Al)催化剂的反应条件进行了优化，在 180℃和 5 MPa 的 H_2 压力下，环己烯收率可达 24%（图 2.10），这展示了 MOF 材料用作苯部分加氢催化剂载体的良好前景。

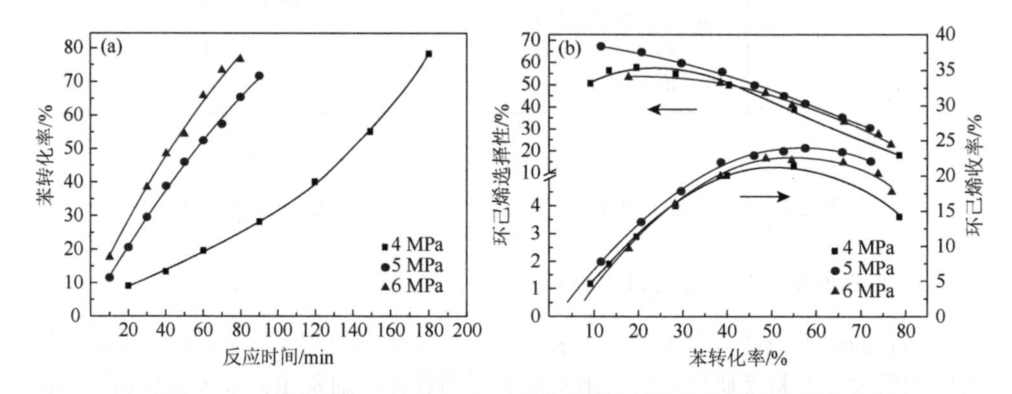

图 2.10　H_2 压力对 Ru-B/MIL-53(Al)催化剂苯部分加氢催化性能的影响

2）Ru/TiO_2 催化剂[48]

石科院研究人员采用浸渍-化学还原法制备了商业 P25（含质量分数为 80%的锐钛矿和 20%金红石的 TiO_2）、锐钛矿和金红石负载的 Ru 催化剂，考察了 TiO_2 的晶型对 Ru/TiO_2 催化剂性能的影响，见图 2.11。研究表明，Ru/P25、Ru/锐钛矿和 Ru/金红石催化剂上的 Ru 纳米粒子具有相同的粒径和化学组成。在温度为 413 K、H_2 压力为 5.0 MPa、硫酸锌浓度为 0.35 mol/L、搅拌速率为 1200 r/min 的反应条件下，Ru/P25 催化剂的环己烯收率最高，为 61%。Ru/P25 催化剂的 TOF 值（2.0 s^{-1}）和 S_0（90%）也高于 Ru/锐钛矿和 Ru/金红石催化剂。扫描电镜照片显示，Ru/P25 催化剂上的 Ru 纳米粒子处于锐钛矿/金红石界面上，而 Ru/锐钛矿和 Ru/金红石催化剂上的 Ru 纳米粒子在 TiO_2 晶粒的界面和单个 TiO_2 晶粒的表面都有分布。外延 X 射线吸收精细结构谱（EXAFS）以及 XPS 证实，Ru/P25 催化剂上锐钛矿/金红石界面处存在 $Ru^{\delta+}$物种。据推测，$Ru^{\delta+}$物种有利于苯吸附到催化剂上，同时能提高催化剂的亲水性，使环己烯容易从催化剂表面脱附且难以再吸附，因而 Ru/P25 催化剂的 TOF 值和 S_0 均高于其他两种催化剂；Ru/P25 催化剂的 γ_{40}（192 h^{-1}，γ_{40} 表示苯转化率为 40%时每小时每克催化剂转化的苯的克数）和 S_{40}（85%，S_{40} 表示苯转化率为 40%时环己烯的选择性）都达到了工业生产的标准，显示了 P25 应用于该反应的良好前景。

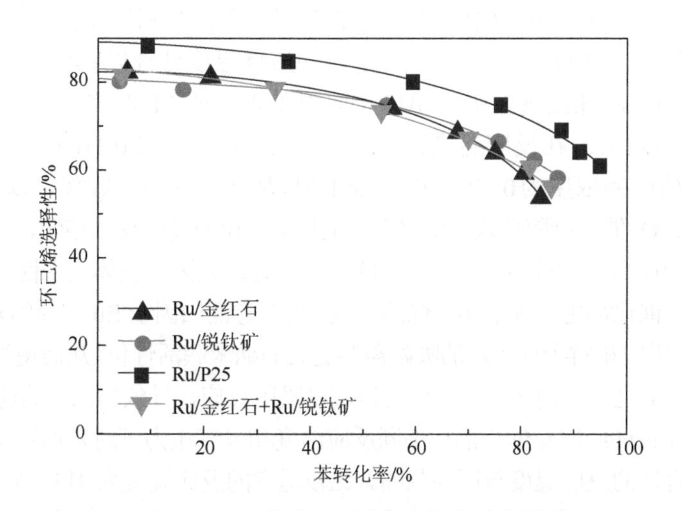

图 2.11　Ru/TiO_2 催化剂对苯部分加氢性能的影响

3）Ru/SBA-15 催化剂[49]

自从 1992 年美国 Mobil 公司的研究人员宣布合成了一类全新的介孔硅铝分子筛系列以来，介孔分子筛由于其较大的比表面积、较窄的孔径分布以及规整的孔道结构等特征而成为一种优良的载体，在催化加氢、氧化等领域显示了广泛的应用。但介孔分子筛作为载体来制备应用于苯部分加氢的催化剂则鲜有报道。同时，对于催化剂而言，通常需要添加助剂来抑制活性和提高环己烯的选择性。中国拥有丰富的稀土资源，而稀土元素在催化加氢反应中能够显示出很好的助剂效果。因而石科院研究人员首先研究了 La、Ce 修饰的 Ru/SBA-15 催化剂对苯加氢反应的影响，并对催化剂进行了一系列物性表征，结合苯加氢反应数据，得到如下结论。

通过双溶剂法制备的 RuLa/SBA-15、RuCe/SBA-15 催化剂在液相苯加氢反应中比 Ru/SBA-15 催化剂可获得更高的环己烯收率，La 修饰的催化剂显示了最好的效果。在反应温度为 413 K、氢气压力为 4.0 MPa、硫酸锌浓度为 0.42 mol/L、硫酸镉浓度为 1.56×10^{-3} mol/L 的条件下，环己烯收率可以达到 57.4%。

La、Ce 的修饰减少了暴露在催化剂表面的活性位数量，增加了金属 Ru 上的电子密度，提高了催化剂的亲水性，均有利于获得高的环己烯收率。

通过对 RuLa/SBA-15-0.8（0.8 为 La 与 Ru 添加量的摩尔比）催化剂在不同反应温度和氢气压力下的催化性能的研究，确立了合适的反应温度与氢气压力范围。反应温度的影响归因于对环己烯在催化剂表面的脱附和环己烯在薄水层中溶解度的影响，氢气压力的影响归因于氢分子与苯分子在催化剂表面的竞争吸附。

4）Ru/$MgAl_2O_4$ 催化剂[50]

$MgAl_2O_4$ 是一种化学和水热性能都非常稳定的材料，在合成氨、乙醇重整制氢、水煤气变换等催化反应中有着广泛的应用。因此石科院研究人员采用水热合成方法制备了 $MgAl_2O_4$ 材料，并经过不同的焙烧温度处理以获得尖晶石晶相。

液相苯加氢活性测试表明，1023 K 焙烧处理后的 $MgAl_2O_4$ 负载的 Ru 催化剂显示了最好的效果。在反应温度为 413 K、氢气压力为 4.0 MPa、硫酸锌浓度为 0.28 mol/L、硫酸镉浓度为 0.39×10^{-3} mol/L 时，环己烯的最高收率可以达到 38.5%。

Ru/$MgAl_2O_4$ 催化剂随着载体焙烧温度的提高，反应速率逐渐增快，这归因于活性组分分散度的提高。而对环己烯选择性的影响一方面归因于载体亲水性的不同，亲水性载体负载的催化剂更有利于环己烯的生成；另一方面归因于 Ru 粒径的减小，苯分子在 Ru 表面的吸附相对于环己烯的吸附需要更大的纳米簇活性位，从而使得苯分子被排斥在催化剂表面之外，而环己烯分子可以继续吸附反应，导致环己烯的选择性下降。

通过对 Ru/$MgAl_2O_4$ 催化剂在不同反应温度和氢气压力下对苯加氢反应性能的研究，确定了合适的反应温度与压力范围。比较适宜的反应温度为 413～423 K，氢气压力范围为 4～5 MPa。反应温度的影响归因于对环己烯在催化剂表面的脱附和环己烯在滞水层中溶解度的影响，氢气压力的影响归因于氢与苯分子在催化剂表面的竞争吸附。

相对于介孔材料 SBA-15 较低的水热稳定性而导致催化剂的稳定性较差的特点，Ru/$MgAl_2O_4$ 催化剂的稳定性得到明显提高，但是环己烯的最高收率低于修饰的 Ru/SBA-15 催化剂。

2.2.2　催化蒸馏用于环己烯与乙酸酯化反应过程

在传统的化工过程中，反应和精馏是两个彼此独立的过程，反应物在反应器中完成反应，生成的产物、过剩的原料以及副产物在下游设备中进行分离。反应精馏是将化学反应和分离过程集合在一起的特殊精馏过程，是过程强化的重要研究方向。1921 年，Bacchaus[51]最早提出了反应精馏的概念，早期的研究主要集中于针对某些特定体系的板式塔中的均相反应。20 世纪 70 年代中期，Eastman Kodak 公司将酯化与萃取精馏相结合，实现了乙酸甲酯的绿色化生产，该技术将传统工艺的 11 个步骤和 28 个设备集成于一个反应精馏塔中，节省了 80%的生产成本。80 年代，反应精馏技术成功应用于甲基叔丁基醚（MTBE）的大规模工业化生产，人们越来越多地关注于这一技术的开发利用。

与传统的工艺相比，反应精馏具有较多的优点：可以克服化学反应平衡的限制，获得更高收率的目标产物；反应热用于精馏过程，节约能量，同时避免反应体系中出现“热点”；高效利用催化剂，在反应精馏塔内既催化反应又提供气液接触界面；降低设备投资及操作费用。虽然反应精馏具有一系列的优点，但并非所有的反应体系都能适用于该技术。其限制条件主要包括：反应物和产物可以通过精馏分开；反应发生在液相体系下，催化剂可以得到充分的润湿；具有合适的停留时间；反应不能是强吸热反应；催化剂具有较长的使用寿命。

对于环己烯酯化加氢制备环己酮新路线，酯化反应是流程的关键步骤，如何提高反应转化率，尤其是环己烯的转化率，是降低分离能耗、提高路线经济性的重要因素。采用反应精馏模式，将酯化反应的热力学平衡打破，向着产物端移动是研究的最终目标。石科院研究人员以此为核心开展了系统研究，包括对酯化反应的基础数据测量、Aspen 软件计算及中试研究等。

1. 乙酸与环己烯酯化反应的热力学研究

反应精馏的数学模拟过程中需要考虑反应的热效应、反应速率以及物料衡算过程中化学反应体系中组分的生成或者消失。反应过程使模型方程组的非线性程度增加，计算难度增大，迭代过程不易收敛[52]。乙酸和环己烯反应生成乙酸环己酯是一个相对较新的反应，Aspen 软件系统本身缺乏乙酸环己酯的基础物理化学数据，而采用 Aspen 软件系统自带的物理化学数据计算可能产生误差，因此需要补充相应的动力学参数及计算模型。首先进行了乙酸环己烯酯化的热力学研究工作。

实验操作如下：在 500 mL 反应釜中进行不同温度下平衡常数的测量，称取 30 g 干燥后的催化剂放入 500 mL 反应釜中，密封后用氮气置换釜内空气，最终保持釜内压力为 0.3 MPa。在设定温度下，按照设定的酸烯比（摩尔比）用平流泵将乙酸、环己烯打入反应釜，搅拌并使反应达到化学平衡，然后取样分析其平衡组成。连续两次分析组成不变时，可认为已达到化学平衡。按照类似的方法得到不同操作条件下的数据。按照组分摩尔分数的化学平衡表达式 $K_x = x_{\mathrm{CHE}} / x_{\mathrm{HAc}}x_{\mathrm{C_6}}$，使用活度系数后的表达式为 $K_\gamma = \gamma_{\mathrm{CHE}} / \gamma_{\mathrm{HAc}}\gamma_{\mathrm{C_6}}$，活度系数采用 UNIFAC 法进行估算（HAc、C_6、CHE 分别代表乙酸、环己烯、乙酸环己酯）。测量数据见表 2.4。

表 2.4　实验条件及平衡常数

温度/K	酸烯比	x_{HAc}	$x_{\mathrm{C_6}}$	x_{CHE}	K_x	γ_{HAc}	$\gamma_{\mathrm{C_6}}$	γ_{CHE}	K_γ	K
323.15	2	0.518	0.035	0.447	24.66	1.172	2.297	1.212	0.45	11.10
	1.7	0.442	0.051	0.508	22.54	1.248	1.988	1.152	0.464	10.46

续表

温度/K	酸烯比	x_{HAc}	x_{C_6}	x_{CHE}	K_x	γ_{HAc}	γ_{C_6}	γ_{CHE}	K_γ	K
323.15	1.4	0.343	0.08	0.578	21.06	1.391	1.681	1.087	0.465	9.79
	1.1	0.208	0.129	0.663	24.71	1.701	1.394	1.027	0.433	10.70
333.15	2	0.524	0.047	0.429	17.42	1.181	2.261	1.203	0.451	7.86
	1.7	0.45	0.064	0.486	16.88	1.257	1.965	1.145	0.464	7.83
	1.4	0.354	0.096	0.55	16.18	1.394	1.673	1.083	0.464	7.51
	1.1	0.225	0.148	0.627	18.83	1.68	1.397	1.026	0.437	8.23
343.15	2	0.53	0.061	0.409	12.65	1.189	2.229	1.192	0.45	5.65
	1.7	0.46	0.082	0.458	12.14	1.265	1.949	1.136	0.461	5.60
	1.4	0.367	0.114	0.518	12.38	1.396	1.668	1.078	0.463	5.73
	1.1	0.253	0.178	0.57	12.66	1.652	1.41	1.025	0.44	5.57
353.15	2	0.54	0.08	0.381	8.82	1.198	2.204	1.178	0.446	3.93
	1.7	0.473	0.104	0.423	8.60	1.273	1.938	1.125	0.456	3.92
	1.4	0.389	0.145	0.465	8.24	1.398	1.676	1.07	0.457	3.77
	1.1	0.28	0.208	0.512	8.79	1.63	1.425	1.021	0.44	3.87
363.15	2	0.553	0.106	0.342	5.83	1.209	2.186	1.159	0.439	2.56
	1.7	0.492	0.136	0.372	5.56	1.282	1.936	1.108	0.446	2.48
	1.4	0.411	0.176	0.413	5.71	1.4	1.683	1.058	0.449	2.56
	1.1	0.318	0.25	0.431	5.42	1.608	1.451	1.012	0.434	2.35
373.15	2	0.569	0.138	0.294	3.74	1.221	2.172	1.132	0.427	1.60
	1.7	0.512	0.171	0.316	3.61	1.292	1.936	1.085	0.434	1.57
	1.4	0.44	0.216	0.344	3.62	1.404	1.698	1.04	0.436	1.58
	1.1	0.346	0.281	0.373	3.84	1.594	1.466	1.001	0.428	1.64

按照热力学平衡常数理论，乙酸与环己烯酯化反应的热力学推导过程如下。

C_p(l)为液相摩尔定压热容，其非线性表达式如下：

$$C_p(\mathrm{l})_i = a_i + b_i T + c_i T^2 + d_i T^3 \tag{2-1}$$

对式（2-1）进行积分得到：

$$\Delta H^\circ(\mathrm{l}) = I_\mathrm{K} + aT + (b/2)T^2 + (c/3)T^3 + (d/4)T^4 \tag{2-2}$$

式中，I_K为Kirchoff方程积分常数，J/mol。

van't Hoff方程的表达形式为

$$\mathrm{d}\ln K/\mathrm{dT} = \Delta H^\circ / RT^2 \tag{2-3}$$

将式（2-2）代入式（2-3）进行积分得到如下方程：

$$\ln K = I_\mathrm{H} - I_\mathrm{K}/RT + (a/R)\ln T + (b/2)RT + (c/6)RT^2 + (d/12)RT^3 \tag{2-4}$$

式中，I_H为van't Hoff方程积分常数，J/mol。

如果将焓变简化为与温度无关的常数，由式（2-3）和式（2-4）可以推出平衡常数 K 的简化公式：

$$\ln K = \Delta S°/R - (\Delta H°/R)(1/T) \tag{2-5}$$

当反应的酸烯比小于 0.5 时，环己烯会发生叠合反应，生成一定量的副产物环己基环己烯，大于 1 时生成的副产物可以忽略。因此在实验过程中，反应压力控制在 0.3 MPa 的同时酸烯比应大于 1，反应温度范围为 50～100℃。

$\ln K$ 与 $1/T$ 的一级拟合结果见表 2.5。

表 2.5　热力学数据拟合结果

截距 ($\Delta S°/R$)	截距误差	斜率 ($-\Delta H°/R$)	斜率误差	系统残差
−11.59	0.82	4538.8	284.2	0.98

通过数据拟合可以得到：

$$\ln K = -11.59 + 4538.8/T$$

$$\Delta S° = -96.4 \pm 6.8[\text{J/(mol·K)}]$$

$$\Delta H° = -37700 \pm 2360(\text{J/mol})$$

同时又用幂指数形式进行多级拟合，三元体系的热力学液相摩尔定压热容表达式中的参数见表 2.6。

表 2.6　热力学液相摩尔定压热容 $C_p(\text{l})_i[\text{J/(mol·K)}]=a_i + b_iT + c_iT^2 + d_iT^3$ 中的参数

热容参数	乙酸	环己烯	乙酸环己酯
a_i/[J/(mol·K)]	153.4	142.6	225.3
b_i/[J/(mol·K^2)]	−0.714	−0.562	−0.439
c_i/[J/(mol·K^3)]	2.746×10^{-3}	2.602×10^{-3}	2.045×10^{-3}
d_i/[J/(mol·K^4)]	2.752×10^{-6}	2.478×10^{-6}	-1.573×10^{-6}

$$\ln K = I_\text{H} - I_\text{K}/RT + (a/R)\ln T + (b/2)RT + (c/6)RT^2 + (d/12)RT^3$$

令

$$f(T) = (a/R)/\ln T + (b/2)RT + (c/6)RT^2 + (d/12)RT^3 \tag{2-6}$$

将式（2-6）代入式（2-4），则有

$$\ln K - f(T) = I_\text{H} - I_\text{K}/RT$$

不同温度下的 $\ln K - f(T)$ 的计算过程数据见表 2.7，以 $1/T$ 为横坐标，$\ln K - f(T)$ 为纵坐标进行数据拟合，截距为 I_H，斜率为 $-I_\text{K}/R$，数据拟合结果见表 2.8。

表 2.7　不同温度下的 ln*K*–*f*(*T*)的计算过程数据

T	$1/T$	$\ln K$	$f(T)$	$\ln K-f(T)$
323.15	3.095×10^{-3}	2.35	1102.60	−1100.25
333.15	3.002×10^{-3}	2.07	1141.68	−1139.61
343.15	2.914×10^{-3}	1.74	1181.17	−1179.43
353.15	2.832×10^{-3}	1.36	1221.08	−1219.72
363.15	2.754×10^{-3}	0.94	1261.42	−1260.48
373.15	2.680×10^{-3}	0.48	1302.21	−1301.73

表 2.8　数据拟合参数

截距（I_H）	截距误差	斜率（$-I_K/R$）	斜率误差	系统残差
−2597.6	35.4	485344	12277	0.997

$$\ln K=-2597.6+485344/T-8.51\ln T+3.48T-4.58\times10^{-3}T^2+2.535\times10^{-6}T^3$$

$$\Delta H^\circ(T)=-4033208-70.7T+0.419T^2-1.1\times10^{-3}T^3+9.14\times10^{-7}T^4(\text{J/mol})$$

$$\Delta S^\circ(T)=-21515-70.7\ln T+29.31T+0.0392T^2+2.197\times10^{-5}T^3[\text{J/(mol·K)}]$$

$$\Delta G^\circ(T)=-4033208+21444.3T+70.7T\ln T-28.9T^2-0.0403T^3-2.106\times10^{-5}T^4(\text{J/mol})$$

相对于一级拟合结果，多级拟合的系统残差更小，主要原因在于：一级拟合的方程推导及参数拟合过程中忽略了温度对热容参数的影响，将 ΔH° 和 ΔS° 设为常数进行计算，而多级拟合则考虑到温度对上述参数的影响，因此精确度更高一些。

2. *动力学模型的选择和计算*

得到热力学公式后，就可以对乙酸与环己烯的酯化反应进行动力学修正。选用不同的理论模型会对最终结果产生影响，合适的吸附及反应模型可以得到更准确的结果。本工作选择了 LHHW 和 ER 两种模型进行了计算并对比，以期得到合理的模型。

LHHW 型模型的基本假设：①催化剂表面具有均匀单一的活性中心，每个活性位只能吸附一个分子，每个分子只能吸附在一个活性位上；②吸附分子之间没有相互作用；③吸附与脱附过程可以建立动态平衡；④表面反应为速率控制步骤；⑤传质过程中，内外扩散限制的影响已消除，组分在液相中的活度即为在催化剂表面的活度。

用 HAc、C_6、CHE 分别代表乙酸、环己烯、乙酸环己酯，对所述的动力学过程进行推导。

反应模型为 LHHW 型机理，以表面反应作为速率控制步骤，则有

$$r_{\text{HAc}} = k^{+}\theta_{\text{HAc}}^{*}\theta_{\text{C}_6} - k^{-}\theta_{\text{CHE}}^{*}\theta_{\text{v}}$$

式中，θ_{v}为吸附分子在催化剂表面的覆盖分率。将组分的活度及平衡常数代入后，得到

$$\theta_{\text{v}} = \frac{1}{1 + K_{\text{HAc}}a_{\text{HAc}} + K_{\text{C}_6}a_{\text{C}_6} + K_{\text{CHE}}a_{\text{CHE}}}$$

$$r_{\text{CHE}} = \frac{k^{+}K_{\text{HAc}}K_{\text{C}_6}a_{\text{HAc}}a_{\text{C}_6} - k^{-}K_{\text{CHE}}a_{\text{CHE}}}{\left(1 + \sum_{i=1}^{n}K_i a_i\right)^2}$$

在实际反应过程中，在有乙酸存在的条件下，环己烯的吸附忽略，同时反应的温度变化不大，可将反应体系中各组分的吸附平衡常数视为常数，在计算过程中对模型进行简化。将上式整理后，则速率方程变为

$$r_{\text{CHE}} = k_0\exp(-E_{\text{a}}/RT)\frac{a_{\text{HAc}}a_{\text{C}_6} - a_{\text{CHE}}/K_{\text{eq}}}{(1 + K_{\text{HAc}}a_{\text{HAc}} + K_{\text{CHE}}a_{\text{CHE}})^2}$$

$$K_{\text{eq}} = \exp(-2597.6 + 485344/T - 8.51\ln T + 3.48T - 4.58\times10^{-3}T^2 + 2.535\times10^{-6}T^3)$$

ER 型反应过程的基本假设与前者基本相似，不同之处在于：认为在反应过程中，反应物只有乙酸吸附在活性位上，表面反应为速率控制步骤，推出反应速率方程为

$$r_{\text{CHE}} = m_{\text{cat}}k_0\exp(-E_{\text{a}}/RT)\frac{a_{\text{HAc}}a_{\text{C}_6} - a_{\text{CHE}}/K_{\text{eq}}}{1 + K_{\text{HAc}}a_{\text{HAc}} + K_{\text{CHE}}a_{\text{CHE}}}$$

$$K_{\text{eq}} = \exp(-2597.6 + 485344/T - 8.51\ln T + 3.48T - 4.58\times10^{-3}T^2 + 2.535\times10^{-6}T^3)$$

由拟合结果可以看出，两种模型的反应活化能比较接近，LHHW 型为 63.5 kJ/mol，ER 型为 62.3 kJ/mol。而吸附平衡常数有较大的差异，对于 LHHW 型，K_{HAc}为 18.05，K_{CHE}为 2.98，而 ER 型分别为 32.1、4.03。吸附平衡常数从比值上来看都是乙酸为乙酸环己酯的 6～8 倍，考虑到催化剂表面状况与被吸附化合物的极性，该数据也能从一定程度上反映两种物质在催化剂上吸附的真实情况。对比两者的拟合度，LHHW 型明显高于 ER 型。拟合的 LHHW 型动力学参数能较好地反映乙酸与环己烯酯化反应的动力学行为。

3. 综合热力学和动力学参数的 Aspen 计算平台的搭建

基于热力学和动力学研究得到的模型公式，建立了 Visual Studio-Aspen Plus（VS-AP）的复合平台，用 Fortran 语言对拟合的 LHHW 本征动力学方程进行了编译，将自编 user subroutine 嵌入 VS-AP 复合平台，完成过程程序的二次开发，该

程序顺利通过了模拟计算测试。

将开发程序嵌入 Aspen 计算平台中，经过调试后可以正常运行。为验证方法的可靠性，对嵌入 Fortran 子程序前后的 Aspen 计算结果进行了比较。

模拟计算过程中以纯物质的饱和蒸气压为标准测试一元物系基础物性的可靠性，以混合物料的泡点、露点为标准测试多元物系的基础物性的可靠性。从表 2.9 和表 2.10 中可以看出，嵌入 Fortran 程序之后计算完全一致。这表明，嵌入子程序之后对物质的基础物性的计算结果是准确可靠的。

表 2.9　两种平台基础物性计算结果对比

物料	温度/K	饱和蒸气压/kPa	
		嵌入 Fortran 程序	Aspen 原始计算结果
乙酸	393	108	108
环己烯	353	93	93
乙酸环己酯	423	51	51

表 2.10　泡点和露点计算结果对比

物系及摩尔组成（酸：烯：酯）	嵌入 Fortran 程序		Aspen 原始计算结果	
	泡点/K	露点/K	泡点/K	露点/K
2：1：1	385.5	413.4	385.5	413.4
1：2：1	374.6	410.9	374.6	410.9
1：1：2	392.4	428.1	392.4	428.1

在复合平台下对乙酸与环己烯的反应精馏过程进行模拟计算，并对运行工况参数进行了优化。所得的优选工况条件为：反应精馏塔的总理论板数为 17；反应段为第 2 层理论板到第 11 层理论板；提馏段为第 12 层理论板到第 16 层理论板；再沸器的热负荷为 1050W；塔内采用常压、全回流操作；乙酸从第 2 层理论板进料，进料量为 2.59 kg/h；环己烯从第 6 层理论板进料，进料量为 3.54 kg/h。在此工况下进行反应精馏过程模拟，环己烯的转化率为 99.98%。

4. 中试试验结果

石科院在 2014 年 4 月在湖南巴陵石化己内酰胺事业部建成了乙酸与环己烯酯化加氢模式试验装置，如图 2.12 所示。随后调试装置并成功运行，后续一年试验中，考察了多种条件，对比了固定床反应器及反应精馏单元的酯化效果，并用 Aspen 软件进行了模拟计算，具体工作进展如下所述。

图2.12　乙酸与环己烯酯化加氢模式试验装置

1）酸烯比的影响及计算对比

不同酸烯比的试验评价结果与Aspen模拟计算结果对比见表2.11。

表2.11　不同酸烯比条件下试验数据与模拟数据的对比

塔参数	工况1		工况2		工况3	
	试验值	模拟值	试验值	模拟值	试验值	模拟值
环己烯进料量/(mol/h)	43	43	43	43	43	43
酸烯比	0.9	0.9	1	1	1.1	1.1
再沸器热负荷/W	1000	1000	1000	1000	1000	1000
酸/烯进料位置（理论板层数）	2/6	2/6	2/6	2/6	2/6	2/6
环己烯转化率/%	89.7	89.1	99.46	99.14	99.98	≈100
塔釜产品摩尔组成						
乙酸/%	0.91	0.92	0.91	0.86	9.24	9.1
环己烯/%	10.2	10.82	0.54	0.86	0.02	0.0023
乙酸环己酯/%	88.39	88.26	98.13	98.28	90.45	90.89
其他/%	0.5	—	0.42	—	0.29	—

由表2.11可以看出试验结果与模拟数据基本匹配，两者的差异主要体现在副物品上。由于反应精馏的模拟过程中没有计算副反应的模型，模拟计算结果的选择性为100%；试验过程中，会发生副反应生成一定量的叠合产物，副产物的量随酸烯比的增加而降低。在实际的操作过程中，如果酸烯比过高，虽然在一定程度

上可以抑制副反应的发生，但后续的分离过程需要消耗大量的能量来脱除乙酸，再进行后续的加氢反应。因此，在优选工况时应将酸烯比设为1。

2）再沸器热负荷的影响

不同再沸器热负荷条件下试验评价结果与Aspen模拟计算结果对比见表2.12。

表2.12　不同再沸器热负荷条件下试验数据与模拟数据的对比

塔参数	工况4		工况5		工况6	
	试验值	模拟值	试验值	模拟值	试验值	模拟值
环己烯进料量/(mol/h)	43	43	43	43	43	43
酸烯比	1	1	1	1	1	1
再沸器热负荷/W	750	750	1050	1050	1300	1300
酸/烯进料位置	2/6	2/6	2/6	2/6	2/6	2/6
环己烯转化率/%	93.45	93.19	≈100	99.98	≈100	≈100
塔釜产品摩尔组成						
乙酸/%	6.84	6.81	0.09	0.015	0.05	0.01
环己烯/%	6.55	6.81	0.01	0.015	0.01	0.01
乙酸环己酯/%	86.29	86.38	99.49	99.97	99.43	99.98
其他/%	0.32	—	0.41	—	0.51	—

由表2.12可以看出试验结果与模拟数据基本匹配。在试验结果中，叠合副产物的量随再沸器热负荷的增加而升高，因此，在优选反应工况时，不宜将再沸器热负荷选得过高，一方面造成能量浪费，另一方面会促进副反应的发生。中试的顺利进行为己内酰胺高效绿色生产提供了技术支撑。

2.2.3　乙酸环己酯加氢反应制备环己醇和乙醇

在工业生产中，酯加氢的工艺设计已比较成熟，生产的关键在于具有高效的酯加氢催化剂，催化剂的制备和改性对于乙酸环己酯的高效加氢将会是一个关键支撑。

铜系催化剂是目前最常用的酯加氢催化剂，根据载体的不同可以分为Cu-Si型[53-56]和Cu-Al型[57-60]。一般来看，氧化铝作为载体时与金属的作用更强，同时具有比较强的酸性，可能诱导加氢产物发生分子内、分子间脱水反应；氧化硅作为载体时对活性金属的作用相对较弱，催化剂活性会略高，但是其稳定性会差一些。下面以石科院研发催化剂的过程和应用结果为例，介绍其在乙酸环己酯方面的应用。

1. Cu-Si 催化剂的制备和表征

1）Cu-Si 催化剂的制备

根据载体的不同以及制备方法的不同合成 Cu/SiO_2、Cu/SiO_2-N、Cu/SiO_2-H 三种 Cu-Si 型催化剂。

浸渍法制备 Cu/SiO_2，过程如下：采用市售的商业二氧化硅为载体，将其浸入硝酸铜溶液中，在室温下搅拌一定时间，加热蒸干水分，所得的固体在 350～550℃的温度下焙烧 4～5 h。冷却至室温，压片成型后破碎至 40～60 目备用。

蒸氨法制备 Cu/SiO_2-N，过程如下：往硝酸铜溶液中滴加氨水，使其形成铜氨溶液，硅溶胶作为硅源，将其滴加至铜氨溶液中，搅拌一定时间，快速升温蒸去氨使 Cu 沉淀到催化剂上。pH 降至中性时停止蒸氨，经过过滤、洗涤、干燥、焙烧得到催化剂原粉，压片成型后破碎至 40～60 目备用。

柠檬酸络合法制备 Cu/SiO_2-H，过程如下：硝酸铜与柠檬酸配制成络合溶液，硅酸钠溶于水中作为硅源，将两者混合，络合液中的氢离子使硅形成沉淀，硅酸钠溶液中的碱离子使铜形成沉淀。搅拌老化一段时间后，经过过滤、洗涤、干燥、焙烧得到催化剂原粉，压片成型并破碎至 40～60 目备用。

表 2.13 列出了经过 H_2 还原活化之后的三种催化剂的形貌特征。从表中可以看出，采用蒸氨法及柠檬酸络合法制备的催化剂比直接浸渍法制备的催化剂具有更高的比表面积及表面铜分布，但其平均孔径有所降低。

表 2.13　催化剂的物理化学性质

催化剂	Cu 含量（质量分数）/%	$S_{BET}/(m^2/g)$	孔体积/(cm^3/g)	孔径/nm	Cu 比表面积/(m^2/g)
Cu/SiO_2	15.5	264	0.29	10.2	21.1
Cu/SiO_2-N	15.7	335	0.38	8.2	23.6
Cu/SiO_2-H	16.1	342	0.41	7.8	26.9

2）催化剂的物相结构

图 2.13 为催化剂在 673 K 的温度下焙烧 4 h 的 XRD 谱图，图 2.14 为 H_2 还原之后的谱图。可以看出，在 $2\theta = 22°$的位置检测到无定形 SiO_2 的衍射峰；浸渍法制备的 Cu/SiO_2 和蒸氨法制备的催化剂前驱体焙烧后在 $2\theta = 35.6°$和 38.7°的位置检测到 CuO 的衍射峰（JCPDS 05-0661），采用柠檬酸络合法制备的催化剂 CuO 的衍射峰不明显，表明采用柠檬酸络合法制备的催化剂前驱体铜的分散更为均匀。经过还原之后的 Cu/SiO_2 在 $2\theta = 43.3°$、50.4°处出现了 Cu 的衍射峰（JCPDS 04-386），经 Scherrer 公式计算得到铜的颗粒大小约为 9 nm。采用蒸氨法和柠檬酸络合法制备的催化剂铜的粒径尺寸分别为 7 nm 和 5.5 nm。

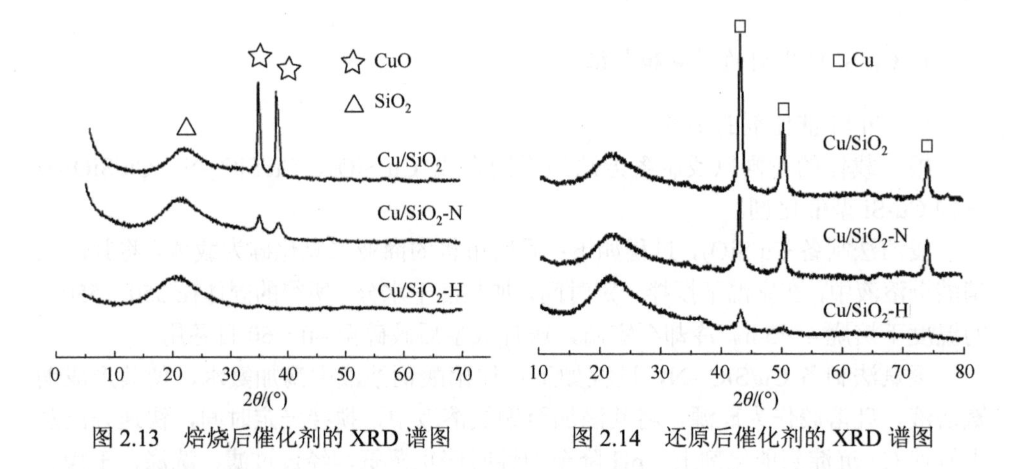

图 2.13　焙烧后催化剂的 XRD 谱图　　图 2.14　还原后催化剂的 XRD 谱图

3）催化剂的红外表征

图 2.15 为焙烧后三种制备方法合成催化剂的 FTIR 谱图，可以看出，1120 cm^{-1} 及 800 cm^{-1} 为对称性的 Si—O—Si 特征吸收峰。当在硅骨架中引入组分 Cu 时，由于 Si—O—Si 和 Si—O—Cu 具有不同的键长和键角，会导致骨架发生变化。化学键的振动可以近似简化为谐振子的振动，其量子力学表达式为

$$E=(n+1/2)\frac{h}{2\pi}\sqrt{\frac{k}{u}}$$

式中，n 为振动量子数；h 为普朗克常量；k 为化学键力常数；$u=\frac{m_1m_2}{m_1+m_2}$，为所关联的原子的折合质量。

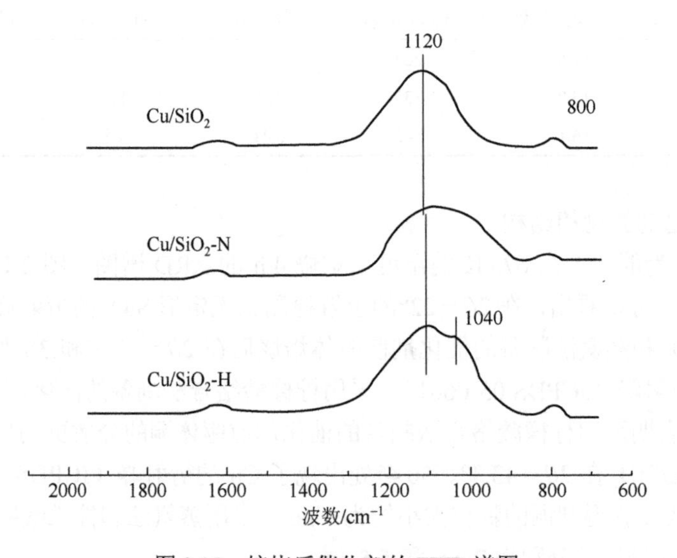

图 2.15　焙烧后催化剂的 FTIR 谱图

柠檬酸络合法制备的催化剂在 1040 cm^{-1} 处产生了红移肩峰，Cu^{2+}比 Si^{4+}半径大，Cu—O 的键长比 Si—O 大，从而导致 Cu—O—Si 中化学键力常数（k）的减小；由于 Cu 的原子量比 Si 大，折合质量（u）增加，根据红外吸收的量子力学公式可知振动能量降低，吸收波长变长，波数变小，从而产生了红移吸收峰。采用柠檬酸络合法制备的催化剂，其氧化物种更容易进入载体二氧化硅的骨架内部。蒸氨法制备的催化剂在 1120 cm^{-1} 处有一个比较宽的吸收峰，推测红移峰的量较少，Si—O—Cu 与 Si—O—Si 的吸收峰有所重叠，导致了峰的变宽。

4）催化剂的氧化还原性能

催化剂的制备方法不同，活性组分在载体上的分散情况有所不同，进而会影响其氧化还原性能。图 2.16 为 3 种催化剂的 H_2-TPR 谱图，从图中可以看出，浸渍法制备的催化剂还原峰对应 525 K，可将其归属为 CuO 物种还原峰[61, 62]。采用蒸氨法制备的催化剂还原峰对应 538 K，柠檬酸络合法制备的 Cu/SiO_2-H 的还原峰对应 544 K，这两种方法的还原温度都较浸渍法有了提高，推测蒸氨法及柠檬酸络合法制备的催化剂活性组分与载体间具有更强的相互作用力，导致氧化铜还原难度加大。

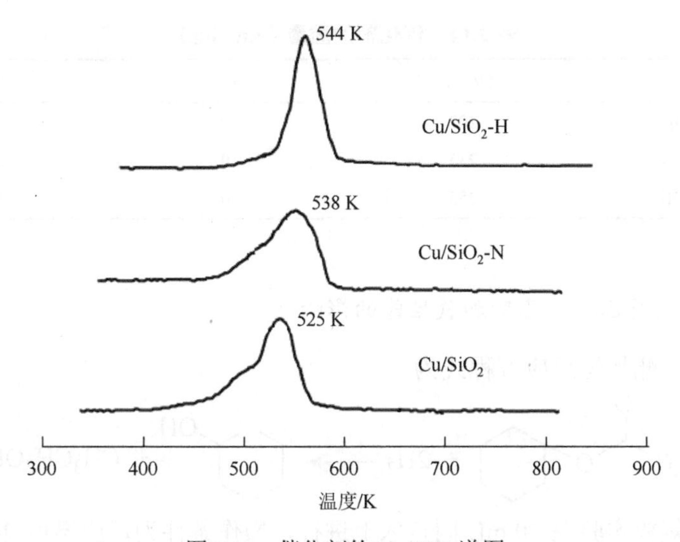

图 2.16　催化剂的 H_2-TPR 谱图

5）催化剂的酸性特征

催化剂表面的酸性是诱导酯加氢发生副反应的重要因素，酸量的高低将会影响到加氢产物的选择性，采用吡啶吸附红外光谱法对催化剂的酸性位进行了分析测试，结果见图 2.17。从图中可以看出，3 种催化剂均在 1445 cm^{-1}、1490 cm^{-1}、1580 cm^{-1} 和 1617 cm^{-1} 处检测到了吡啶红外的 L 酸特征吸收峰，并没有发现 Brönsted 酸（B 酸）的特征吸收峰（1540 cm^{-1}）。催化剂的酸量分布统计见表 2.14，采用浸渍法制备的催化剂，其表面酸量为 202 μmol/g，蒸氨法和柠檬酸络合法制备的催化剂酸量分别为 235 μmol/g 和 255 μmol/g。

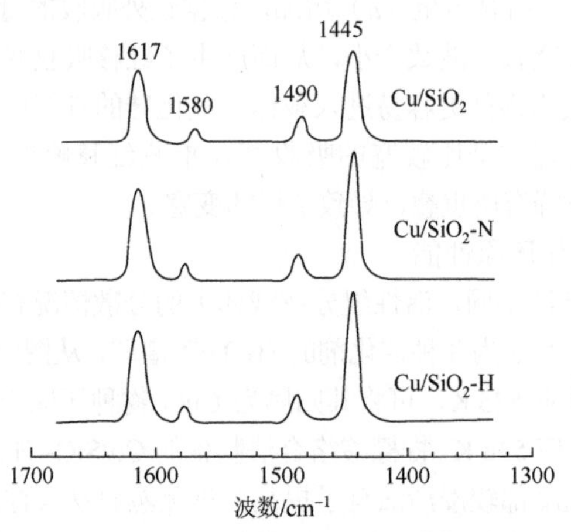

图 2.17　催化剂的吡啶吸附红外光谱图

表 2.14　催化剂的酸量（μmol/g）

催化剂	B 酸 + L 酸	B 酸	L 酸
Cu/SiO_2	202	0	202
Cu/SiO_2-N	235	0	235
Cu/SiO_2-H	255	0	255

2. 催化剂对乙酸环己酯加氢性能的影响

乙酸环己酯加氢反应方程式为

$$CH_3COOC_6H_{11} + 2H_2 \longrightarrow C_6H_{11}OH + CH_3CH_2OH$$

实验室规模实验在 20 mL 固定床上进行，操作条件为反应温度 200℃、反应压力 5 MPa、酯进料空速 0.8 h^{-1}，氢酯进料摩尔比 40，反应结果见表 2.15。

表 2.15　催化剂的活性评价结果

催化剂	乙酸乙酯产量/(μg/g)	环己烷产量/(μg/g)	醚化产物产量/(μg/g)	乙酸环己酯转化率/%
Cu/SiO_2	3400	900	800	84.8
Cu/SiO_2-N	1800	1300	1500	92.2
Cu/SiO_2-H	1100	1900	1800	95.1

从表2.15中可以看出，采用浸渍法制备的催化剂活性最低，乙酸环己酯转化率为84.8%；采用蒸氨法制备的催化剂，乙酸环己酯转化率为92.2%；柠檬酸络合法制备的催化剂活性最高，乙酸环己酯转化率为95.1%。

结合催化剂的表征结果可知，浸渍法制备的催化剂，其铜负载量、比表面积以及表面铜含量都是最低的，因而其催化效率低。对于蒸氨法和柠檬酸络合法合成的催化剂，ICP的分析结果表明系列催化剂的铜负载量都非常接近。但催化剂的形貌特征却有较大差异，采用柠檬酸络合法制备的催化剂具有更大的比表面积及铜表面分布，该催化剂具有更高效的催化活性。

铜系加氢催化剂经过还原后主要存在两种形式的活性铜物种Cu^0和Cu^+，两者起协同作用，完成乙酸环己酯的加氢反应。其中Cu^0主要用于氢气的活化，Cu^+主要用于羰基的活化。对比三种不同方法制备的催化剂，浸渍法制备的Cu/SiO_2，两者的摩尔比为1.61；Cu/SiO_2-N为1.32。结合实际反应情况，当Cu^0含量高时，催化剂的活性位主要用于H_2的活化，而羰基活化活性位的缺失抑制了反应效率。Cu/SiO_2-H为1.19，相对来说，该催化剂具有比较合适的活性中心位点分布，因而具有比较高的催化活性。

3. 乙酸环己酯加氢试验条件的初步优化

在催化剂装填量为20 g的小型固定床催化剂评价装置中，考察了反应压力、温度等对加氢反应的影响规律。

1）反应压力的影响

不同压力条件下的反应数据见表2.16。从表2.16可知，随着反应压力的提高，乙酸环己酯的转化率逐渐提高，而环己醇选择性的变化不明显；当反应压力增加到5.0 MPa后，乙酸环己酯的转化率接近99%，继续提高反应压力，乙酸环己酯转化率提高不明显，因此适宜的反应压力为5.0～6.0 MPa。

表2.16　反应压力对乙酸环己酯加氢结果的影响

温度/℃	压力/MPa	氢酯进料摩尔比	酯进料空速/h^{-1}	乙酸环己酯转化率/%	环己醇选择性/%
230	2.5	40	0.5	95.2	94.2
230	4.0	40	0.5	98.0	93.7
230	5.0	40	0.5	98.8	91.2
230	6.0	40	0.5	98.8	94.0
230	8.0	40	0.5	99.3	93.4
230	9.5	40	0.5	99.4	93.9

2）反应温度的影响

在试验过程中，分别考察了乙酸环己酯在 230℃、240℃、250℃时的加氢效果，结果见表 2.17。从表 2.17 可以看出，在考察的温度范围内，温度变化对乙酸环己酯的转化率影响不大，但对环己醇的选择性有较大影响，环己醇选择性随温度的升高而降低，因此在保证一定转化率的前提下，应尽量降低反应温度，以提高环己醇选择性。

表 2.17　反应温度对乙酸环己酯加氢反应结果的影响

温度/℃	压力/MPa	氢酯进料摩尔比	酯进料空速/h^{-1}	乙酸环己酯转化率/%	环己醇选择性/%
230	5.0	40	0.5	97.8	96.5
240	5.0	40	0.5	98.8	91.2
250	5.0	40	0.5	98.5	90.7

3）自制酯加氢催化剂在模式装置上的性能评价

基于实验室和小试研究结果，在中国石化催化剂有限公司长岭分公司制备了成型催化剂，放大规模生产的催化剂与实验室制备催化剂性能相当，乙酸环己酯转化率超过 99.2%，环己醇的选择性超过 97.5%。

随后在巴陵石化己内酰胺事业部建立的环己烯酯化加氢模式装置上进行了催化剂评价试验，装置如图 2.12 所示。连续操作时间达到 1000 h。评价过程数据整理见表 2.18。从表 2.18 可以看出，在模式装置上评价的结果比较优异，乙酸环己酯转化率超过 99%，环己醇选择性超过 99%，而且运转 1000 h 后仍然保持较好的性能，表明所制备的催化剂对于乙酸环己酯加氢反应具有较好的应用效果。

表 2.18　乙酸环己酯加氢催化剂在模式装置上的评价效果

时间/h	反应温度/℃	反应压力/MPa	H_2 流量/（L/min）	进酯量/（g/h）	乙酸环己酯转化率/%	环己醇选择性/%
48	218.82	6.08	100	870.94	99.92	97.35
96	218.79	6.05	100	872.81	99.91	99.37
144	218.75	6.07	100	865.94	99.90	99.39
192	218.55	6.05	100	868.75	99.90	99.39
240	218.75	6.12	100	870.00	99.90	99.40
288	219.06	6.14	100	870.94	99.88	99.45
336	219.37	6.15	100	873.75	99.89	99.36
384	219.06	6.14	100	875.00	99.87	99.35
432	219.37	6.18	100	875.94	99.86	99.38

续表

时间/h	反应温度/℃	反应压力/MPa	H_2 流量/（L/min）	进酯量/（g/h）	乙酸环己酯转化率/%	环己醇选择性/%
480	219.37	6.16	100	875.94	99.84	99.45
528	219.78	6.17	100	871.88	99.71	99.62
576	220.80	6.14	100	870.94	99.71	99.66
624	220.60	6.15	100	870.00	99.70	99.68
672	220.70	6.21	100	875.94	99.80	99.55
720	220.60	6.21	100	872.81	99.80	99.52
768	220.39	6.21	100	875.94	99.74	99.53
816	220.08	6.23	100	868.75	99.77	99.55
864	220.19	6.22	100	873.75	99.79	99.44
912	220.47	6.22	100	858.75	99.72	99.28
960	220.35	6.20	100	876.88	99.71	99.22
1008	220.25	6.21	100	877.81	99.76	99.21

参考文献

[1] 刘小秦. 环己酮生产工艺的发展及研究进展[J]. 化工进展，2003，22（3）：306-309.

[2] 肖藻生. 一种制备环己醇和环己酮的方法：中国，98112730.4[P]. 2000-05-24.

[3] Wang L，Zhu M Q，Lu J G，et al. Uncatalyzed oxidation of cyclohexane in the microchannels[J]. Key Engineering Materials，2013，562-565：1542-1547.

[4] BASF 公司. 以逆流方式制备环己烷氧化产物的方法：中国，97180723.X[P]. 2000-01-05.

[5] 肖藻生. 一种烃类氧化的络合催化剂：中国，88105772.X[P]. 1989-10-04.

[6] 田永华，魏廷贤，陈兴权. $Cu(phen)_2L$/MCM-41（L＝丁二酸）催化环己烷合成环己酮的研究[J]. 天然气化工，2010，35（6）：22-26.

[7] 高丽娟，焦帅斌，葛春花，等. SAPO-5 分子筛固载铜双核金属配合物的结构及催化性能[J]. 石油化工高等学校学报，2009，22（3）：55-59.

[8] Silva G C，Parrilha G L，Carvalho N M F，et al. A bio-inspired Fe（Ⅲ）complex and its use in the cyclohexane oxidation[J]. Catalysis Today，2008，133：684-688.

[9] 兰婉，束晟，伏再辉. 六齿配位的 8-羟基喹啉铁催化过氧化氢氧化环己烷的研究[J]. 工业催化，2008，16（7）：52-56.

[10] 高丽娟，李瑞丰，田永华. 固载于 SBA-15 分子筛中的同双核金属配合物催化剂[J]. 石油化工，2006，35（11）：1038-1043.

[11] 李德华，周继承，赵虹，等. 负载型纳米金催化剂在环己烷氧化中的催化性能[J]. 石油学报（石油加工），2008，24（5）：575-580.

[12] Xu L X，He C H，Zhu M Q，et al. Surface stabilization of gold by sol-gel post-modification of alumina support with silica for cyclohexane oxidation[J]. Catalysis Communications，2008，9（5）：816-820.

[13] Huang C L，Zhang H Y，Sun Z Y，et al. Chitosan-mediated synthesis of mesoporous α-Fe_2O_3 nanoparticles and

their applications in catalyzing selective oxidation of cyclohexane[J]. Science China Chemistry，2010，53（7）：1502-1508.

[14] 仇念海，史运国，宋华. 改性 VPO 催化剂及其环己烷液相氧化反应性能[J]. 化工进展，2010(8)：1474-1478.

[15] 何笃贵，纪红兵，罗思睿，等. 铋改性的钒磷氧化物液相催化氧化环己烷的反应机理[J]. 催化学报，2006，27（4）：365-368.

[16] Selvam P，Mohapatra S K. Synthesis and characterization of divalent cobalt-substituted mesoporous aluminophosphate molecular sieves and their application as novel heterogeneous catalysts for the oxidation of cycloalkanes[J]. Journal of Catalysis，2005，233（2）：276-287.

[17] Qian G，Ji D，Lu G M，et al. Bismuth-containing MCM-41：synthesis，characterization，and catalytic behavior in liquid-phase oxidation of cyclohexane[J]. Journal of Catalysis，2005，232（2）：378-385.

[18] Zhan W C，Lu G Z，Guo Y L. Synthesis of cerium-doped MCM-48 molecular sieves and its catalytic performance for selective oxidation of cyclohexane[J]. Journal of Rare Earths，2008，26（4）：515-522.

[19] 刘少友，梁海军，吴林冬. 钴锆掺杂磷酸铝纳米材料的合成及其对环己烷非均相的氧化性能[J]. 湖南师范大学自然科学学报，2010，33（3）：50-56.

[20] Hepp H J. Hydration of cyclic olefins：USA，US 2414646[P]. 1947-01-21.

[21] Nagahara H，Ono M，Konishi M，et al. Partial hydrogenation of benzene to cyclohexene[J]. Applied Surface Science，1997，121（6）：448-451.

[22] Ronchin L，Toniolo L. Selective hydrogenation of benzene to cyclohexene catalyzed by Ru supported catalysts：influence of the alkali promoters on kinetics，selectivity and yield[J]. Catalysis Today，2001，66（2-4）：363-369.

[23] Sun H J，Chen Z H，Guo W，et al. Effect of organic additives on the performance of nano-sized Ru-Zn catalyst[J]. Chinese Journal of Chemistry，2011，29（2）：369-373.

[24] Spinace E V，Vaz J M. Liquid-phase hydrogenation of benzene to cyclohexene catalyzed by Ru/SiO_2 in the presence of water-organic mixtures[J]. Catalysis Communications，2003，4（3）：91-96.

[25] 景国耀，于新功，李海涛. 环己烯水合催化剂消耗大的原因分析及对策[J]. 河南化工，2006，23（6）：37-38.

[26] Scirè S，Minicò S，Crisafulli C. Selective hydrogenation of phenol to cyclohexanone over supported Pd and Pd-Ca catalysts：an investigation on the influence of different supports and Pd precursors[J]. Applied Catalysis A：General，2002，235（1-2）：21-31.

[27] Shore S G，Ding E，Park C，et al. Vapor phase hydrogenation of phenol over silica supported Pd and Pd-Yb catalysts[J]. Catalysis Communications，2002，3（2）：77-84.

[28] Chary K V R，Naresh D，Vishwanathan V，et al. Vapour phase hydrogenation of phenol over Pd/C catalysts：a relationship between dispersion，metal area and hydrogenation activity[J]. Catalysis Communications，2007，8（3）：471-477.

[29] Mahata N，Vishwanathan V. Influence of palladium precursors on structural properties and phenol hydrogenation characteristics of supported palladium catalysts[J]. Journal of Catalysis，2000，196（2）：262-270.

[30] Liu H Z，Jiang T，Han B X，et al. Selective phenol hydrogenation to cyclohexanone over a dual supported Pd-Lewis acid catalyst[J]. Science，2009，326（5957）：1250-1252.

[31] 项益智，李小年. 苯酚液相原位加氢合成环己酮和环己醇[J]. 化工学报，2007，58（12）：3041-3045.

[32] 王鸿静，项益智，徐铁勇，等. Ba 修饰的 Pd/Al_2O_3 对苯酚液相原位加氢制环己酮反应的催化性能[J]. 催化学报，2009，30（9）：933-938.

[33] Sabatier P，Senderens J B. Direct hydrogenations realised in the presence of reduced nickel-preparation of hexahydrobenzene [J]. Comptes Rendus Hebdomadaires des Séances de I'Académie des Sciences. D，Sciences Naturelles，1901，132：210-212.

[34] Bull R T. Catalytic hydrogenation of aromatic hydrocarbons in liquid media in the presence of nickel black and phosphoric anhydride[J]. Journal of the American Chemical Society，1934，1（5）：391-406.

[35] Anderson J R. The catalytic hydrogenation of benzene and toluene over evaporated films of nickel and tungsten[J]. Australian Journal of Chemistry，1957，10（4）：409-416.

[36] Haretog F，Zwietering P. Olefins as intermediates in the hydrogenation of aromatic hydrocarbons[J]. Journal of Catalysis，1963，2（1）：79-81.

[37] Frits H. Preparation of cyclic alkenes：USA，US 3391206[P]. 1968-07-02.

[38] Stamicarbon N V. Preparation of cyclic alkenes：Belgium，BE 660742[P]. 1965-07-01.

[39] Drinkard W C. Selective hydrogenation of aromatic compounds to cycloolefinic compounds：Germany，2221137[P]. 1972-11-09.

[40] Nagahara H，Konishi M. Process for producing cycloolefins：USA，US 4734536[P]. 1988-03-29.

[41] 周功兵，谭晓荷，窦镕飞，等. Ru/ZrO_2催化剂在苯部分加氢反应中的粒径效应[J]. 中国科学：化学，2014，44（1）：121-130.

[42] Zhou G B，Tan X H，Pei Y，et al. Structural and catalytic properties of alkaline post-treated Ru/ZrO_2 catalysts for partial hydrogenation of benzene to cyclohexene[J]. ChemCatChem，2013，5（8）：2425-2435.

[43] Zhou G B，Pei Y，Jiang Z，et al. Doping effects of B in ZrO_2 on structural and catalytic properties of Ru/B-ZrO_2 catalysts for benzene partial hydrogenation[J]. Journal of Catalysis，2014，311：393-403.

[44] 周功兵，王浩，裴燕，等. Ru-Zn/ZrO_2催化剂在苯部分加氢反应中的孔径效应[J]. 化学学报，2017，75（3）：321-328.

[45] Zhao Y J，Zhou J，Zhang J G，et al. Preparation and characterization of Ru/Al_2O_3/cordierite monolithic catalysts for selective hydrogenation of benzene to cyclohexene[J]. Catalysis Letters，2009，131（3-4）：597-605.

[46] Zhou X L，Sun H J，Guo W，et al. Selective hydrogenation of benzene to cyclohexene on Ru-based catalysts promoted with Mn and Zn[J]. Journal of Natural Gas Chemistry，2011，20（1）：53-59.

[47] 谭晓荷，周功兵，窦镕飞，等. 苯部分加氢制环己烯新型 Ru-B/MOF 催化剂[J]. 物理化学学报，2014，30（5）：932-942.

[48] Zhou G B，Dou R F，Bi H Z，et al. Ru nanoparticles on rutile/anatase junction of P25 TiO_2：controlled deposition and synergy in partial hydrogenation of benzene to cyclohexene[J]. Journal of Catalysis，2015，332：119-126.

[49] Liu J L，Zhu L J，Pei Y，et al. Ce-promoted Ru/SBA-15 catalysts prepared by a “two solvents” impregnation method for selective hydrogenation of benzene to cyclohexene[J]. Applied Catalysis A：General，2009，353（2）：282-287.

[50] 周功兵，刘建良，许可，等. 载体焙烧温度对 Ru/$MgAl_2O_4$催化剂液相苯部分加氢性能的影响[J]. 催化学报，2011，32（9）：1537-1544.

[51] Bacchaus A A. Method for the production of esters：USA，US 1400852[P]. 1921-12-20.

[52] 刘兆凯，吴嘉. 乙酸乙酯反应精馏新工艺的模拟研究[D]. 杭州：浙江大学，2006.

[53] Yin A，Guo X，Dai W L，et al. Effect of initial precipitation temperature on the structural evolution and catalytic behavior of Cu/SiO_2 catalyst in the hydrogenation of dimethyloxalate[J]. Catalysis Communications，2011，12（6）：412-416.

[54] Brands D S，Poels E K，Bliek A. The relation between pre-treatment of promoted copper catalysts and their activity in hydrogenation reactions[J]. Studies in Surface Science & Catalysis，1996，101（5）：1085-1094.

[55] Brands D S，Poels E K，Bliek A. Ester hydrogenolysis over promoted Cu/SiO_2 catalysts[J]. Applied Catalysis A：General，1999，184（2）：279-289.

[56] Zhu Y M，Shi X W L. Hydrogenation of ethyl acetate to ethanol over bimetallic Cu-Zn/SiO_2 catalysts prepared by means of coprecipitation[J]. Bulletin of the Korean Chemical Society，2014，35（1）：141-146.

[57] Mokhtar M，Ohlinger C，Schlander J H，et al. Hydrogenolysis of dimethyl maleate on Cu/ZnO/Al_2O_3 catalysts[J]. Chemical Engineering & Technology，2001，24（4）：423-426.

[58] Zhu Y M，Shi L. Zn promoted Cu-Al catalyst for hydrogenation of ethyl acetate to alcohol[J]. Journal of Industrial and Engineering Chemistry，2014，20（4）：2341-2347.

[59] Kowalik P，Konkol M，Kondracka M，et al. The CuZnZrAl hydroxycarbonates as copper catalyst precursors—structure，thermal decomposition and reduction studies[J]. Applied Catalysis A：General，2013，452：139-146.

[60] Kowalik P，Konkol M，Kondracka M，et al. Memory effect of the CuZnAl-LDH derived catalyst precursor—*in situ* XRD studies[J]. Applied Catalysis A：General，2013，464：339-347.

[61] Yamamoto T，Tanaka T，Matsuyama T，et al. Alumina-supported rare-earth oxides characterized by acid-catalyzed reactions and spectroscopic methods[J]. The Journal of Physical Chemistry B，2001，105（9）：1908-1916.

[62] Yamamoto T，Matsuyama T，Tanaka T，et al. Generation of acid sites on silica-supported rare earth oxide catalysts：structural characterization and catalysis for α-pinene isomerization[J]. Physical Chemistry Chemical Physics，1999，1（11）：2841-2849.

第3章　环己酮氨肟化制备环己酮肟

烃类及其衍生物的选择性催化氧化技术在大宗化学品生产和精细化工领域中都占据极其重要的地位[1-5]。据统计，催化氧化反应产品占了全部催化过程产生的有机化学品的25%以上。催化氧化反应产品由于具有附加值高、种类繁多、能够满足多层次需要等性质，越来越受到人们的重视。然而，传统的催化氧化反应通常采用高污染性的化学计量氧化试剂和强酸强碱性均相催化剂，存在反应条件苛刻、选择性差、产品分离困难、污染环境和危害人类健康等问题。因此，在全球性资源和能源逐渐短缺的背景下，如何实现烃类及其衍生物的清洁高效选择性催化氧化就成为全球化学工作者亟须解决的难题。

3.1　钛硅分子筛（TS-1）的合成、结构表征及对双氧水的活化作用

分子筛是指由硅氧四面体和铝氧四面体以共用氧桥方式连接起来的具有规则骨架结构、孔道结构和笼结构的多孔硅铝酸盐。由于其具有特定尺寸孔口结构，对不同大小的流体分子具有较强的筛分功能；同时分子筛中铝氧四面体的存在导致骨架电荷不平衡，形成丰富的Brönsted和Lewis酸性位。自20世纪50年代首次合成以来，分子筛的合成、改性和应用开发研究一直处于十分活跃的状态。1961年Barrer和Denny创造性地将有机季铵盐阳离子作为模板剂引入分子筛合成体系，采用不同种类有机季铵盐阳离子模板剂可合成出多种新型高硅甚至全硅分子筛。同时Y型、ZSM-5型、β型、TS-1型和MOR型等分子筛作为催化剂或者吸附剂在石油炼制、精细化工等多个工业部门发挥了重要作用，创造了良好的社会和经济效益。而且借助同晶取代方法将Ga、Ti、V、Fe和B等杂原子插入分子筛骨架中部分取代Si原子或者Al原子，这类分子筛通常被称为杂原子分子筛。插入分子筛骨架的杂原子与Si和Al原子在电负性、离子半径、配位环境等诸多方面存在显著差异，因此分子筛的结构、表面酸碱性、吸附性质、亲油或亲水性能、稳定性以及空间电场性能等物理化学性质获得了极大改变。

钛硅酸盐多孔材料的合成最早可追溯到1967年，Young[6]在碱性环境中合成了多种含钛的分子筛材料。但由于受无机杂质影响，钛物种的催化活性较差，加上表征方法有限，该类材料并没有引起人们的广泛关注。1983年，意大利埃尼

（Enichem）公司 Taramasso 等[7]合成了 TS-1 分子筛材料并用于催化氧化反应，将分子筛的应用从传统的 Brönsted 酸催化扩展到了 Lewis 酸（氧化-还原）催化，受到了学术界和产业界前所未有的重视。因此，TS-1 分子筛被誉为分子筛催化领域的第三个里程碑。TS-1 分子筛是由基本四面体单元 SiO_4 和 TiO_4 沿着特定的 MFI 拓扑结构排列组装而成的三维晶体材料。它具有两种类型的孔道结构，分别是沿着[100]方向的十元环直通孔道（0.55 nm×0.51 nm）和沿着[010]方向的十元环正弦型孔道（0.56 nm×0.53 nm），如图 3.1 所示。部分骨架 Si 原子被 Ti 原子同晶取代，TS-1 分子筛显示出了独特的 Lewis 酸性质，能够在有机物氧化反应中高效催化活化低浓度 H_2O_2 分子。这是由于骨架 Ti 物种的 3d 空轨道能够接受 H_2O_2 中 O 原子的孤对电子，从而生成亲核进攻能力更强的 Ti-OOH 物种，加速氧化反应的进行。这就从源头上避免有毒有害试剂的使用和污染物的产生，从而克服了传统催化氧化工艺的弊端。另外，TS-1 分子筛不产生 Brönsted 酸中心，减少了副反应的发生，所以具有良好的定向氧化反应选择性。目前，TS-1 分子筛在以 H_2O_2 为氧化剂的工业催化氧化过程中获得广泛应用，如环己酮氨肟化、丙烯环氧化和苯酚羟基化等，取得了良好的经济和环境效益。

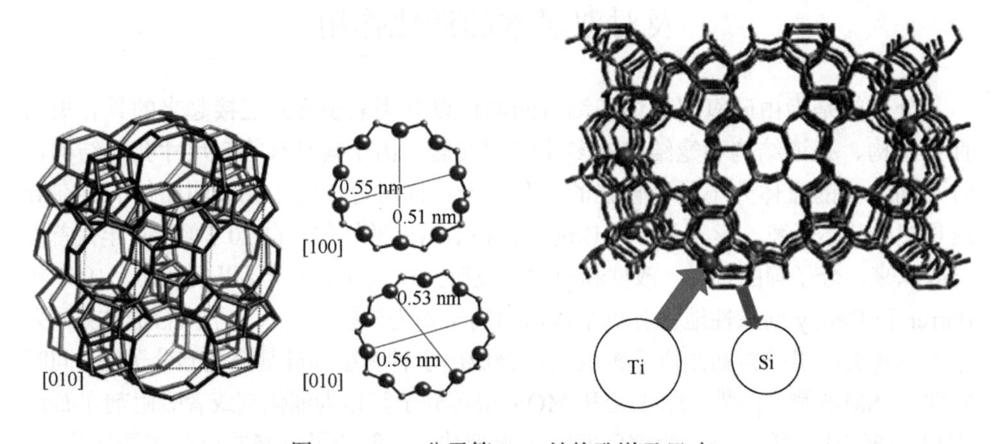

图 3.1　TS-1 分子筛 MFI 结构孔道及尺寸

TS-1 分子筛的成功开发和应用直接推动了其他拓扑结构含钛分子筛的合成与应用研究，含钛分子筛家族成员不断增多。随后，人们先后合成出了 MEL 结构的 TS-2 分子筛、钛磷铝分子筛 TAPO 系列分子筛、BEA 结构的 Ti-β 分子筛、MWW 结构的 Ti-MWW 分子筛、FAU 结构的 Ti-Y 分子筛以及介孔含钛分子筛 Ti-MCM-41、Ti-MMM、Ti-SBA-15 和 Ti-HMS 等，且这些分子筛在某些特定大分子有机反应中具有一定的催化性能。同时，受含钛分子筛研究的启示，人们设计和开发了一系列含其他杂原子的分子筛，其除了具有与 TS-1 分子筛类似的活化低浓度双氧水功能外，还具有活化其他种类氧化剂和反应底物的性质。其中比较典型的案例包括 A. Corma 等合成的 Sn-β 分子筛可以有效活化酮醛分子内的羰基碳原子，从而有利于较弱亲核试剂的“定向”进攻，实现高效的选择性催化氧化生成目的产物；Fe-ZSM-5 分子筛可以催化以 N_2O 为氧化剂的烃类选择性氧化反应，在该体系中 N_2O 可以氧化分子筛表面的 $[Fe\text{-}O\text{-}Fe]^{2+}$物种而产生具有强氧化活性的“$\alpha$-氧原子”物种[8]。

3.1.1　常规 TS-1 分子筛合成技术

1. 水热合成方法

尽管钛硅分子筛展现出了良好的催化氧化应用前景，但是在 20 世纪末除了 Enichem 外，TS-1 分子筛的商业化进展十分缓慢。这是由于 TS-1 分子筛合成难度非常大，带来了催化活性低、合成重现性差和稳定性差等问题，严重制约了其工业大规模使用。根据 Pauling 规则，Ti 原子同晶取代骨架 Si 原子是不容易发生的，一方面是由于骨架 Ti 和骨架 Si 的离子半径差异较大，骨架中 TiO_4 的 χ 值为 0.515，严重偏离了四面体可以稳定存在的范围（$0.225<\chi<0.414$），其中 $\chi=r_c/r_o$，r_c 和 r_o 分别为骨架 Ti 和 O 的离子半径；另一方面，从热力学上讲，Ti 原子更倾向于以六配位形式存在。然而，MFI 结构分子筛骨架的灵活性（如在单斜晶系和正交晶系之间的转变，如图 3.2 所示）使得 Ti 原子可以插入分子筛阵列中。但是 Ti 原子并不能以完美的四配位状态存在，而是发生一定的扭曲。同时，产生的分子筛骨架缺陷（Si—OH 和 Ti—OH）会在一定程度上缓解 Ti 原子插入所引起的张力。另外，从动力学角度讲，在水解、成核和晶体生长过程中，Si 与 Ti 前驱体的反应速率也很难匹配，Ti 物种容易自聚生产锐钛矿等非骨架钛。

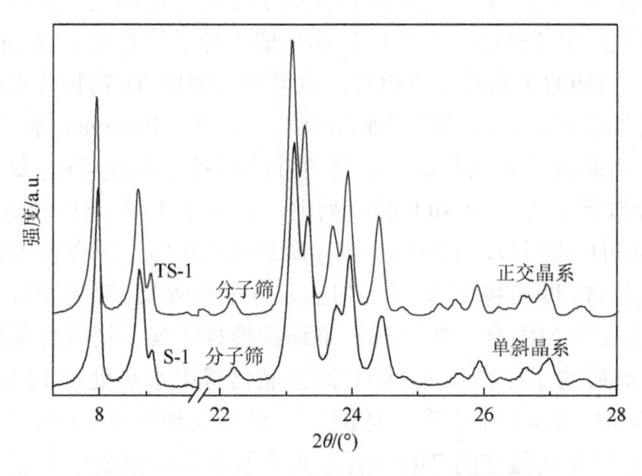

图 3.2　TS-1 与 S-1 分子筛的 XRD 谱图对比

TS-1 分子筛的制备主要采用 Taramasso 等报道的经典水热合成法，具体合成路线如图 3.3 所示。首先，将硅酸四乙酯（TEOS）、钛酸四乙酯（TEOT）、模板剂四丙基氢氧化铵（TPAOH）和助剂按照一定比例在低温（＜5℃）下连续搅拌一段时间，使其均匀混合，形成均匀透明的液体；然后，在 50～100℃温度下加热一段时间，直至硅源和钛源水解所产生的醇蒸气全部挥发干净；最后，将得到的澄清碱性钛硅溶胶转移到带聚四氟乙烯内衬的高压釜中，于 150～200℃水热晶化处理 1～10 天，即可获得白色 TS-1 分子筛产品。该方法过程看似简单，实际上合成影响因素多，条件十分苛刻，每一步的细小误差都会影响最终产品的催化活性，且存在模板剂 TPAOH 用量大等问题（TPAOH/SiO_2 摩尔比＞0.4），限制了 TS-1 的工业放大生产。

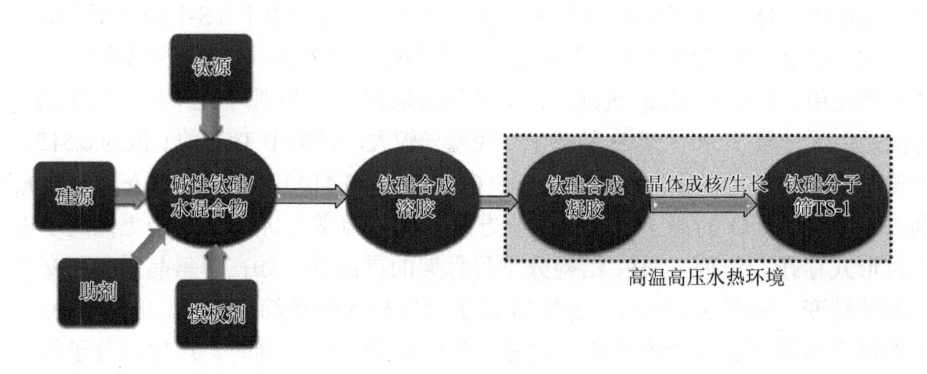

图 3.3 TS-1 分子筛的水热法合成路线

为了使 Ti 与 Si 前驱体的水解和成核速率更加匹配，Taramasso 等[7]在合成体系中加入了 H_2O_2，使其与 Ti 物种配位生成了相对稳定的过氧化钛络合物，该物种的水解速率远低于 TEOT，有助于 Ti 物种插入分子筛骨架。Thangaraj 等[9]则采用钛酸四丁酯（TBOT）代替了 TEOT，也可有效降低 Ti 物种的水解速率，从而使操作条件更加缓和，不需要隔绝水和空气。另外，Padovan 等[10]和 Sanz 等[11]分别采用微波辅助沉淀方法和等体积浸渍方法制备了 SiO_2-TiO_2 复合氧化物，将 Ti 原子均匀分散到了无定形 SiO_2 的阵列中，避免了 Ti 前驱体的快速水解自聚，且降低了 TPAOH 的用量（TPAOH/SiO_2 摩尔比＜0.1）；再在含模板剂的水热环境中进行晶化处理，即可将 Ti 原子均匀插入分子筛骨架。研究发现，先将 TBOT、TEOS 和 TPAOH 均匀混合，再于 80℃下连续搅拌干燥，制得含模板剂的干胶固体；然后将研磨后的干胶粉加入 180℃高温晶化釜中水热处理 12 h，即可合成富含介孔的高结晶度 TS-1 分子筛。夏长久[12]研究发现在 TS-1 水热合成过程中，只有将 Ti 物种以高度孤立的 $Ti(OSi)_4$ 形式分散到合成溶胶中才能制备出高骨架 Ti 含量的 TS-1 分子筛。在晶化过程中，对于 Ti 原子进入骨架的时机，Tamura

等[13]认为钛硅分子筛上Ti含量随晶化时间的延长而提高，晶化前期形成的晶核部分Ti含量低，经过溶解-重结晶过程部分Ti物种进入分子筛晶核区骨架，使分子筛整体骨架Ti含量提高。但也有研究者[14]认为Ti的进入与分子筛晶化同步，不同晶化周期合成的钛硅分子筛TS-1骨架Ti含量变化不大。造成这种差异的原因可能是合成体系、研究手段不同。另外，在晶化过程中加入晶种能加快晶化，缩短晶化时间，且晶种与模板剂之间还存在协同作用，可以降低模板剂的用量[15-18]。针对高活性TS-1分子筛的合成，Tatsumi等[19-22]发现在常规的TS-1分子筛合成体系中加入$(NH_4)_2CO_3$、NH_4Cl等铵盐可以在一定程度上降低反应体系的pH，同时铵盐能够与Ti原子发生络合反应，减缓Ti源的水解速率，这样不仅可以有效增加骨架Ti的含量，而且可以提高TS-1分子筛骨架的亲油性，从而提高催化氧化活性。

制约TS-1分子筛工业生产的另一重要因素在于原料成本较高，特别是模板剂TPAOH价格昂贵。而降低模板剂成本，主要有以下两种方案：①采用廉价模板剂［如四丙基溴化铵（TPABr）、四乙基氢氧化铵（TEAOH）和三正丙胺］；②降低分子筛合成体系中TPAOH用量。由于TPABr与TPAOH具有相同的阳离子基团，且其价格远低于后者，人们陆续开发出了TPABr＋己二胺、TPABr＋氨水、TPABr＋正丁胺、TPABr＋甲胺、TPABr＋乙二胺和TPABr＋TEAOH等体系用于合成TS-1分子筛。1996年，A.Tuel[23]采用TPABr替代TPAOH作为导向MFI型分子筛生成的结构导向剂，己二胺作为碱源调节材料晶化所需的pH。研究发现，当每个MFI结构分子筛晶胞中嵌入两个Ti原子［Ti含量（质量分数）约2%］条件下，也未产生非骨架Ti物种。Xia等[14]采用四烷基卤化铵［如四乙基氯化铵（TEACl）、四丁基氯化铵（TBACl），以及二者混合物］为结构导向剂，优选氨水作为碱源和添加晶种的情况下，合成出了高纯度TS-1分子筛；而且，他们发现含Cl^-体系中合成母液的凝胶化速率低于Br^-体系，从而更有利于Ti原子插入分子筛骨架位置。为了获得对上述体系的理性认识，林民等采用^1H-^{13}C CP/MAS NMR技术对“季铵盐＋碱源”体系进行了深入的研究，确定了季铵盐阳离子与碱性基团对分子筛生成的作用机理。结果表明，所有合成样品在核磁共振谱图δ(ppm)＝62.9、16.4、11.4和10.4处均具有可归属为TPA^+丙基链的三个C原子的特征峰，且上述特征峰均发生宽化，这说明TPA^+离子的中心N原子被嵌入MFI结构的孔道交叉点。当$TPABr/SiO_2$摩尔比＜0.05时，TS-1分子筛的结晶度与收率随着TPABr用量的降低而减小；而当$TPABr/SiO_2$摩尔比足够大时，^1H-^{13}C CP/MAS NMR谱图中无法检测到碱性胺分子的^{13}C核磁共振信号。由此推测，己二胺、甲胺和正丁胺等分子无法起到结构导向和模板作用，仅用来调节合成体系pH。

在相对廉价的有机季铵盐作为模板剂被引入TS-1分子筛合成的体系中，研究比较多的是四丙基溴化铵（TPABr）与有机胺混合物的组合模板剂。其中采用TPABr和哌嗪或羟胺等为模板剂，可以合成出结晶度较好的全硅S-1分子筛，这显示了有机季铵盐具有取代TPAOH的巨大潜力，但合成S-1分子筛的颗粒尺寸接近25 μm，其远大于TPAOH合成的样品，且催化活性非常低。Tuel以己二胺和TPABr为模板剂合成了TS-1分子筛，他发现采用该法可以使Ti原子高效插入分子筛的拓扑结构中，每个晶胞中可以插进两个Ti原子，且几乎没有非骨架Ti物种产生[23]。将该结果归因于TPABr可以作为模板剂导向生成MFI结构分子筛骨架，而己二胺（$pK_a = 11.85$）可以保证晶化环境所需要的碱性环境。王祥生等详细考察了有机胺物性、TPABr用量和晶化条件等因素对Ti原子插入分子筛骨架过程的影响，他们发现在优化条件下，$TPABr/SiO_2$摩尔比可降至0.05；而在TPA^+存在环境中，有机胺分子不能够起到结构导向作用，它们仅作为碱源来调节晶化体系的碱度。对合成TS-1分子筛而言，各种模板剂的结构导向作用强弱依次为：TPA^+＞TBA^+＞TEA^+≥有机胺。尽管采用有机季铵盐合成的TS-1分子筛无法具有与TPAOH为模板剂合成样品相当的催化活性，现有的工业TS-1分子筛生产仍采用TPAOH作为结构导向剂，但该法为深入理解Ti原子在分子筛骨架的插入机理提供了宝贵的理论佐证[24]。

2. 二次插入法合成

二次插入法是制备钛硅分子筛的另一重要手段，其主要可以分为气相同晶取代法和液相同晶取代法[25]。气相同晶取代法制备TS-1最早由Kraushaar等[26]提出，他们采用ZSM-5分子筛为母体，先经酸洗脱铝，制造出足够多的“羟基窝”；再在400～500℃下处理一段时间，用氮气带入$TiCl_4$蒸气，使其与骨架羟基缺陷发生键合生成Ti—O—Si键，从而使钛原子插入分子筛骨架位置。该制备方法又被称作“原子植入”法[27-29]或“筑窝植钛”法[30, 31]，其作用机理如图3.4所示。

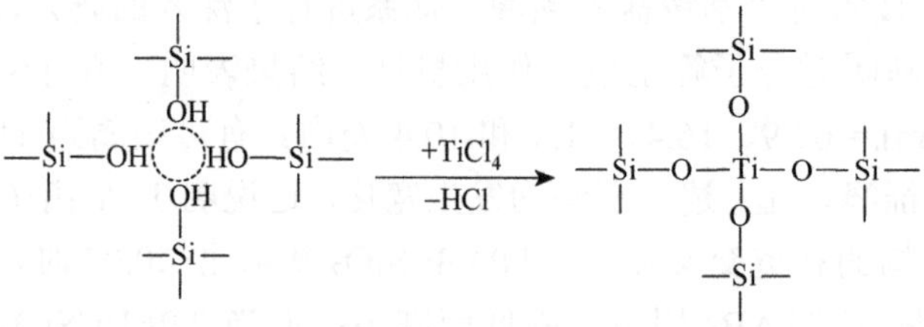

—Si—OH　OH　HO—Si—　OH　(4 Si—OH) $\xrightarrow[-HCl]{+TiCl_4}$ —Si—O—Ti—O—Si— (Ti(O—Si)$_4$)

图3.4　“筑窝植钛”法制备钛硅分子筛的机理示意图

另一种气相制备机理是在气固相反应时，钛原子与骨架硅、铝或硼原子直接发生置换反应，即“同晶取代”机理[32, 33]。二次合成的气相同晶取代制备钛硅分子筛过程中往往同时发生“原子植入”与“同晶取代”。张术栋等[34]以 HZSM-5 为母体，以四氯化钛为钛源进行气固相反应制备钛硅分子筛，发现钛原子通过同晶取代骨架铝原子的比例很小，主要还是与分子筛的“羟基窝”反应而进入分子筛骨架。Schultz 等[35]利用外延 X 射线吸收精细结构谱（EXAFS）研究证实，采用气相同晶取代法与水热合成法所合成的含钛分子筛中的钛原子配位状态相似。二次合成法制备钛硅分子筛 TS-1 的催化性能受多种因素影响，如分子筛母体选择、制备条件等。含硼的 ZSM-5 分子筛具有酸性相对较弱、骨架硼原子易于脱除等特点，用作气相反应母体有一定的优势，因此，以 B-ZSM-5 为母体制备含钛 ZSM-5 的研究比较多[36, 37]。

郭新闻等[38-40]系统地研究了二次合成母体对合成钛硅分子筛性能的影响。他们认为母体分子筛的拓扑结构是决定钛进入骨架难易程度和非骨架钛多少的关键。硼容易从骨架脱除，所以选用 B-ZSM-5 作为母体优于 Al-ZSM-5。对 ZSM-5 质量影响最大的是模板剂，以 TPAOH + 己二胺（HDA）为模板剂合成 ZSM-5 时结构缺陷位浓度较大。Na^+交换度直接影响钛进入骨架的难易，交换度高有利于钛进入骨架。硅铝比越高越有利于钛进入骨架而不利于非骨架钛的生成。较高的母体结晶度、合适的晶粒大小（1～3 μm）均有利于同晶取代反应的进行。

气固相二次合成钛硅分子筛 TS-1 的缺点在于母体本身存在杂质以及 $TiCl_4$ 不易进入分子筛孔道，致使进入骨架的钛含量较低，易于生成非骨架钛，因而难以获得催化性能良好的钛硅分子筛 TS-1。但也有研究者[41]在憎水溶剂或无活性溶剂条件下，用含 Si-Ti-B（或 Te、Ge）分子筛与液相或气相钛化合物接触，使 Ti 取代其中的 B（或 Te、Ge），合成出含钛摩尔分数达 4%～10%的钛硅分子筛，能有效催化烯烃环氧化反应过程。由 Mobil 公司最先开发的 MCM-68 分子筛[42, 43]是具有 12×10×10 元环孔道系统的分子筛，同时含有 18×12 元环的超笼结构，因而在烷基化、烃类捕集上有着潜在的应用价值[44, 45]。若能合成含钛的 MCM-68，则可能应用于受限于钛硅分子筛 TS-1 孔道结构的体积更大的有机物催化氧化。但是，目前直接合成含钛的 MCM-68 仍然困难。Kubota 等[46]则用二次合成法成功合成出了 Ti-MCM-68，其在苯酚羟基化、环己烯氧化反应中的性能优于 TS-1 和 Ti-BEA。由此可见，对二次合成开展深入研究不但有助于加深对含钛分子筛合成机理的认识，具有一定的理论意义，而且也存在潜在的应用价值。

3.1.2　TS-1 的孔结构与钛的存在状态表征

钛硅分子筛（TS-1）独特的催化氧化性能与骨架四配位钛物种具有密切的联系。对于钛进入骨架与否，主要的表征手段有 X 射线衍射光谱（XRD）、傅里叶变换红外光谱（FTIR）、紫外-可见光谱（UV-Vis）、X 射线光电子能谱（XPS）、^{29}Si 魔角旋转核磁共振（^{29}Si MAS NMR）、拉曼光谱（Raman）、X 射线吸收近边结构谱（XANES）、外延 X 射线吸收精细结构谱（EXAFS）、电子自旋共振谱（ESR）、循环伏安法（cyclic voltammetry）等。

钛硅分子筛 TS-1 与 ZSM-5 同属 MFI 结构，但钛硅分子筛 TS-1 在 XRD 谱图上 $2\theta = 24.4°$、$29.3°$处的衍射峰呈单衍射峰，这是由二者结构对称性不同所致。合成中，随着分子筛中钛含量的增加，分子筛结构对称性从单斜晶系向正交晶系转变。钛进入分子筛骨架也使得分子筛晶胞参数发生变化，用全谱拟合法分析发现其晶胞体积的增加与骨架钛含量存在线性关系，且分子筛骨架上钛含量上限约为 2.5%，超出的钛只能以非骨架钛形式存在[5]，如图 3.5 所示。钛硅分子筛红外光谱在 400～1400 cm^{-1} 范围内出现 6 个红外吸收峰[47]，如图 3.6 所示。其中 1230 cm^{-1} 归属于分子筛外部连接的振动，由 Si—O 键反对称伸缩振动引起；1110 cm^{-1} 与 805 cm^{-1} 分别归属于内部[SiO_4]四面体单元的反对称和对称伸缩振动；550 cm^{-1} 归属于分子筛骨架的二级结构单元五元环的特征吸收峰；455 cm^{-1} 归属于 Si—O 键的弯曲振动。上述 5 个吸收峰表明钛硅分子筛具有 MFI 拓扑结构。除上述 5 个吸收峰外，钛硅分子筛的红外光谱上在 960 cm^{-1} 处还出现一个中等强度的吸收峰，此峰强度随分子筛钛含量的增加而增加，因此，该峰被视为是钛进入骨架的特征吸收峰[5, 48]。但也有研究者在含其他金属的杂原子分子筛以及无定形 SiO_2-TiO_2 的共胶的红外谱图中发现同样存在 960 cm^{-1} 处的吸收峰[49, 50]。Bordiga 等[51, 52]则将其归属于受相邻钛原子影响的 Si—O 键伸缩振动，因此，960 cm^{-1} 处吸收峰成为钛进入骨架的必要证据。

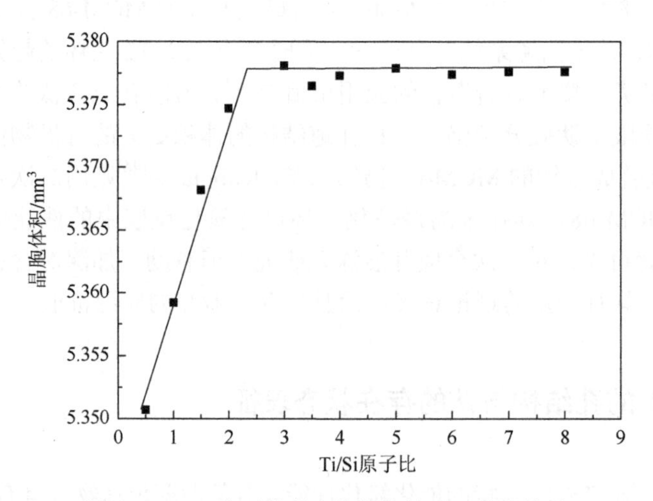

图 3.5　TS-1 分子筛晶胞体积与钛引入量的关系

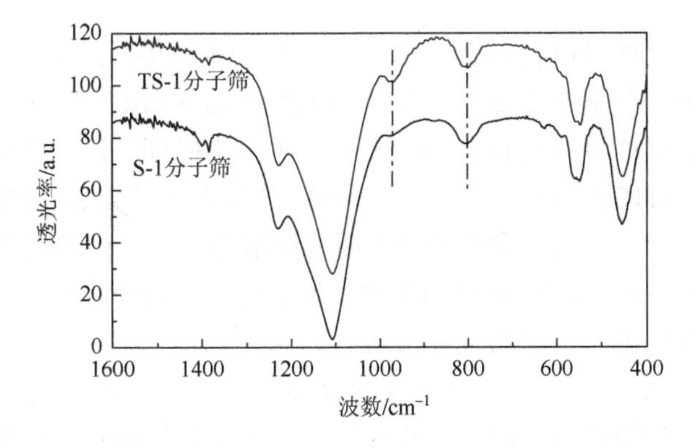

图 3.6　TS-1 与 S-1 的红外光谱图

紫外-可见漫反射光谱分析技术是表征钛物种状态最简单和常用的方法，这是由于紫外-可见漫反射光谱对非骨架钛比拉曼光谱更加敏感。在紫外-可见漫反射光谱图中，处于 210 nm 处的吸收峰被认为是处于骨架位置孤立的钛物种存在的证据，而处于 330 nm 处的吸收峰则表明有非骨架钛存在，如图 3.7 所示。XPS 是一种较少用于分析表征钛硅分子筛上钛的配位状态的技术。XPS 能够给出分子筛表层 4～5 nm 厚度范围内的元素组成及其状态等信息。在用于分析钛硅分子筛时，主要关注 Ti 2p、Si 2p 等的光电子跃迁。一般认为，Ti $2p^{3/2}$ 结合能 458 eV 对应六配位钛物种，而 Ti $2p^{3/2}$ 结合能 460 eV 对应四配位骨架钛物种，Ti^{3+}的 Ti $2p^{3/2}$ 结合能为 457 eV[53, 54]。但 Blasco 等[55]发现一些天然钛硅物质中存在 TiO_6 物种，在其第二配位环境内具有高密度的 Si。这意味着不能把 Ti $2p^{3/2}$ 结合能 460 eV 当作 Ti^{IV} 进入四面体骨架的直接依据。在钛硅分子筛 TS-1 的 ^{29}Si MAS NMR 上

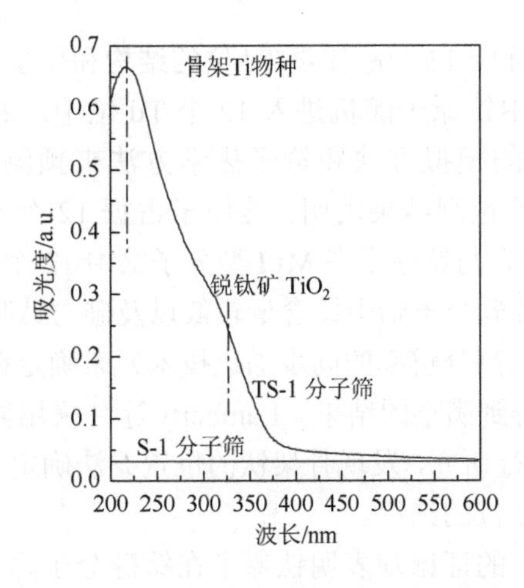

图 3.7　TS-1 与 S-1 的紫外-可见漫反射光谱分析谱图

最强峰位于化学位移–113 ppm 处，这对应于[$Si(OSi)_4$]共振，在化学位移–103 ppm 处有一个归属于硅羟基的小峰。在 ^1H-^{29}Si CP/MAS NMR 中，化学位移–103 ppm 处峰强度比化学位移–113 ppm 处显著提高，进一步确证了硅羟基的存在[56-59]。在化学位移–115～–116 ppm 处还存在一个肩峰，被认为是硅受邻近骨架钛影响所致，其相对强度随分子筛骨架钛含量的增加而逐渐增强[60, 61]。但也有研究者[62]在缺陷浓度较高的 silicalite-1 的 MAS NMR 谱上观察到了此肩峰，因此，在此处的肩峰也许并不能作为钛进入骨架的直接依据。

晶内扩散是所有分子筛在用于吸附分离与催化反应时所面临的一个共性问题。钛硅分子筛骨架结构、晶体尺寸与形貌以及非骨架物种的存在等都对晶内扩散造成直接影响，并最终导致分子筛催化活性、选择性等性能发生改变。扫描电子显微镜（SEM）和透射电子显微镜（TEM）能够直观给出分子筛晶体形貌和晶粒大小，结合 EDX（能量色散 X 射线分析）还能找出混杂在钛硅分子筛中的锐钛矿物种。静态低温 N_2 吸附容量法用于比表面积与孔分布分析测试（BET）能够获取分子筛比表面积、孔体积等数据。

由于钛硅分子筛 TS-1 是一种高选择性、高活性的微孔晶体材料，其独特的化学性质激发了人们对其活性位本质的研究兴趣，研究的主要目标在于探寻其具有独特催化性能的原因，即获取骨架钛的分布、结构形式和成键方式等信息[60, 63]。一般认为钛硅分子筛 TS-1 钛含量低，催化活性中心是孤立的钛中心。多种表征结果证实钛硅分子筛 TS-1 中钛通过同晶取代进入了 MFI 型分子筛骨架，而不是通过嫁接的方式与骨架相连或者以离子交换的方式存在于孔道内，在无反应物和其他配体存在时，钛以四面体结构形式存在[64, 65]。非骨架的无定形或高度分散的 TiO_2 粒子能促进 H_2O_2 的分解，而结晶完好的锐钛矿与金红石型 TiO_2 基本无分解 H_2O_2 活性[66]。

由于 MFI 型分子筛中 12 个晶体学 Td 位的结构和化学性质被认为相似，早期的观点是在合成过程中钛原子随机进入 12 个 Td 位中。20 世纪 80～90 年代，理论研究均采用经典的模拟方法和量子化学方法来预测钛原子在分子筛骨架中的晶体学位置。理论预测结果表明，钛原子占据 12 个不同 Td 位的能量差异很小（约为 20 kJ/mol），与钛原子在 MFI 型分子筛中 12 个不同 Td 位随机分布的结论一致[67-70]。由于钛硅分子筛中钛含量较低以及硅与钛吸收对比性能差，采用 X 射线衍射方法（包括高分辨率的同步加速技术）来确定钛原子在钛硅分子筛中所处的位置时，未能得到满意的结果。Lamberti 等[71]采用同步加速技术对 5 个钛硅分子筛 TS-1 样品进行研究，发现骨架钛的位置无法确定，因而也得出钛原子是随机地分布于 12 个 Td 位的结论。

近年来，越来越多的证据却表明钛原子在钛硅分子筛 TS-1 骨架上并非随机分布。中子粉末衍射技术利用钛和硅的中子散射长度存在较大差异

[bc(Ti) = –3.438fm，bc(Si) = 4.1491fm]的特性，为确定过渡金属在 MFI 型分子筛中的位置提供了可能。Hijar 等[72]、Lamberti 等[73]和 Henry 等[74]几个研究团队几乎在同一时期采用中子粉末衍射技术对钛在钛硅分子筛 TS-1 中所处的位置进行了研究。与之前研究结果不同的是，中子粉末衍射技术研究表明，钛原子在钛硅分子筛 TS-1 中为非随机分布，存在着 4～5 个优先的 Td 位。Yuan 等[75]的研究也进一步证实了上述结果。Hijar 等[72]还推测骨架形成动力学对骨架钛的分布起着重要的作用，钛原子实际所处的位置并非热力学稳定的结果。Lamberti 等[76]发现钛原子所进入的位置与 silicalite-1 的硅缺陷位相同，骨架钛是由于钛进入分子筛骨架的硅缺陷位而形成，钛对 MFI 型分子筛骨架存在矿化作用。由于 TS-1 分子筛中钛含量较低以及 ^{47,49}Ti 固体核磁共振本征灵敏度低，^{47,49}Ti 固体核磁共振不适于分析钛硅分子筛 TS-1 中钛物种的配位状态。而 ^{29}Si MAS NMR 也不能分辨钛硅分子筛中 Si—O—Ti 结构[77]。与焙烧后的钛硅分子筛 TS-1 不同，含模板剂的钛硅分子筛 TS-1 中的钛物种在 IR 上显示为五配位或者六配位状态[78]，而采用 XANES 分析则显示分子筛中钛物种主要以六配位形式存在[79]，而且存在着杂质对表征结果干扰的问题，因此，未能准确给出分子筛中钛物种的存在状态及其数量。Milanesio 等[80]采用原位 X 射线粉末衍射（XRPD）研究了脱除模板剂所引起的结构变化，但仍未得到钛物种的配位信息。

Parker 等[81]利用 ^{1}H MAS NMR 和 ^{29}Si MAS NMR 对含模板剂 TPAOH 的钛硅分子筛 TS-1 进行分析表征，认为钛进入靠近模板剂附近的硅缺陷位并带负电荷，需要 TPA^+来中和其电性。钛进入分子筛骨架的机理见图 3.8。由于钛原子靠近 TPA^+的氮原子，那么骨架钛在分子筛中就不可能随机分布。

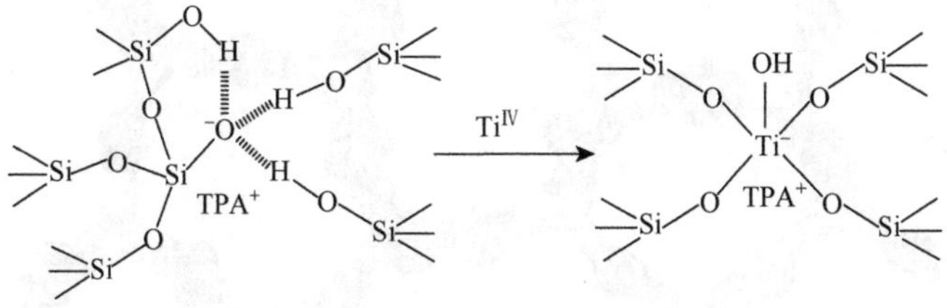

图 3.8　钛进入 TS-1 分子筛骨架过程中模板剂的作用机理图

由于钛硅分子筛中能通过取代进入分子筛骨架的钛物种数量很少，并且合成过程影响因素复杂，难以合成完好的分子筛，钛硅分子筛被认为是含骨架钛物种的分子筛与非骨架钛物种组成的混合物[63]，因而给解析分析表征信息带来了困难[82]。因此，在实际的研究工作中，常常需要几种表征手段结合使用，表征结果相互佐证，以便得到准确、可靠的信息。

3.1.3　TS-1 对双氧水分子的吸附和活化作用

TS-1 分子筛的催化本质与其他分子筛的酸碱催化机理有所不同，但是越来越多的研究表明，TS-1 分子筛催化低浓度双氧水氧化有机物的反应可以归属为 Lewis 酸催化[83, 84]。TS-1 分子筛的骨架四配位钛（Ti^{IV}）能够与双氧水形成酸-碱加合产物，从而提高双氧水的亲电能力。目前比较被广泛接受的过氧化钛活性物种的结构主要有单原子螯合配体（η^1）和双原子螯合配体（η^2）两种形式[85-89]。前者主要是由完整骨架的[Ti—(O—Si)$_4$]活性位断裂一个 Ti—O—Si 结构单元或者分子筛的缺陷[(H—O)—Ti—(O—Si)$_3$]脱除一分子水而形成的，且 Bonino 等研究发现在含水条件下，单原子螯合配体（η^1）结构可以转化为双原子螯合配体（η^2）结构[90]。

以下将分别讨论两种反应物与 TS-1 分子筛的四配位骨架 Ti 分子簇吸附以及活化作用，从而探索基本反应机理。吸附计算使用的是 Adsorption Locator 模块，双氧水在 TS-1 分子筛上的吸附构象如图 3.9 所示。

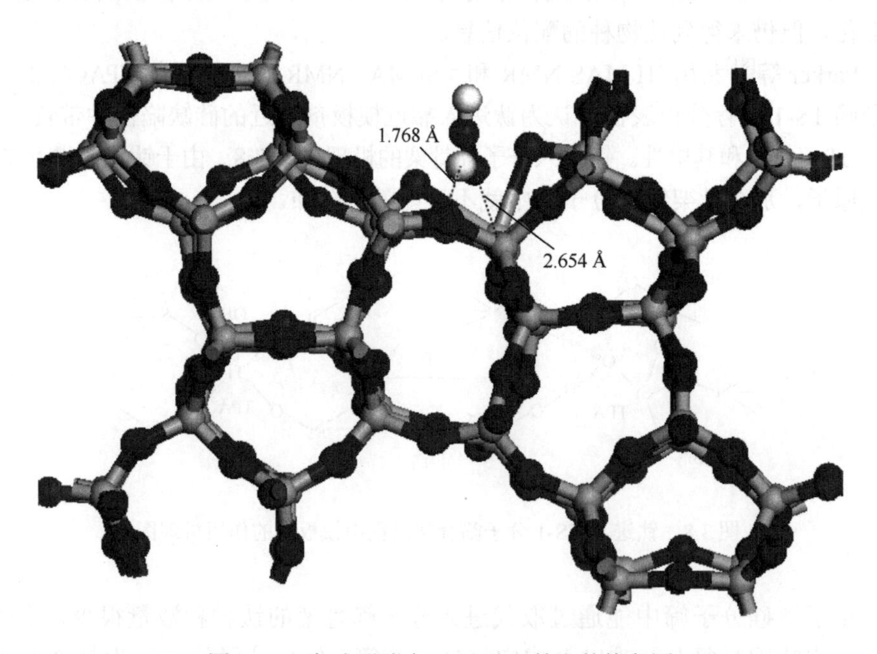

图 3.9　双氧水吸附在 TS-1 分子筛上的构象图

TS-1 分子筛吸附双氧水后的优化模型与电荷数变化分别如图 3.10 和表 3.1 所示。

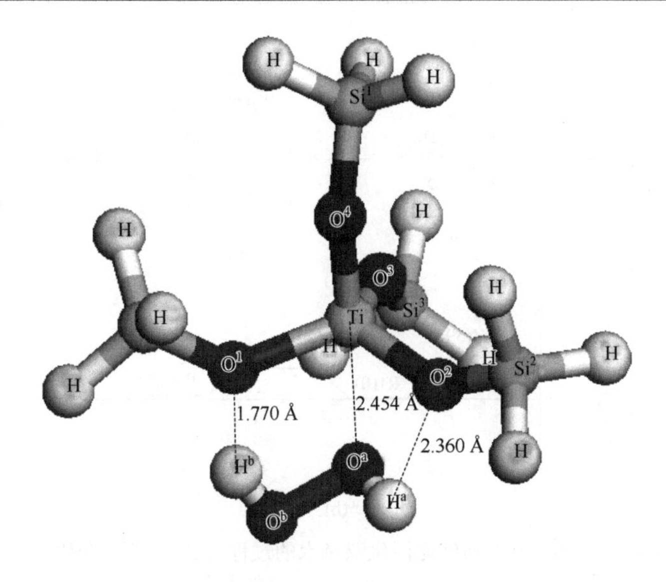

图 3.10　TS-1 分子筛四配位骨架 Ti 分子簇吸附 H_2O_2 优化模型

表 3.1　四配位骨架 Ti 分子簇吸附 H_2O_2 前后电荷变化

	原子	吸附 H_2O_2 前电荷/e	吸附 H_2O_2 后电荷/e	电荷变化/e
分子簇	Ti	1.693	1.599	−0.094
	O^1	−0.845	−0.901	−0.056
	O^2	−0.850	−0.857	−0.007
	O^3	−0.847	−0.826	0.021
	O^4	−0.849	−0.836	0.013
H_2O_2	O^a	−0.426	−0.46	−0.034
	O^b	−0.426	−0.476	−0.050
	H^a	0.426	0.41	−0.016
	H^b	0.426	0.469	0.043

由表 3.1 可以看出，模型中各原子的电荷数变化较大，这说明双氧水在 TS-1 分子筛的四配位骨架 Ti 分子簇上发生了化学吸附。四配位骨架 Ti 分子簇中的 Ti 原子和 O 原子与双氧水中 H 原子和 O 原子的电荷变化较大，其中双氧水上 O^a 和 O^b 原子上的负电荷数增加，说明吸附后其电负性增加而导致双氧水的亲核进攻能力增强。具体的双氧水活化机理和能量变化如图 3.11 所示。

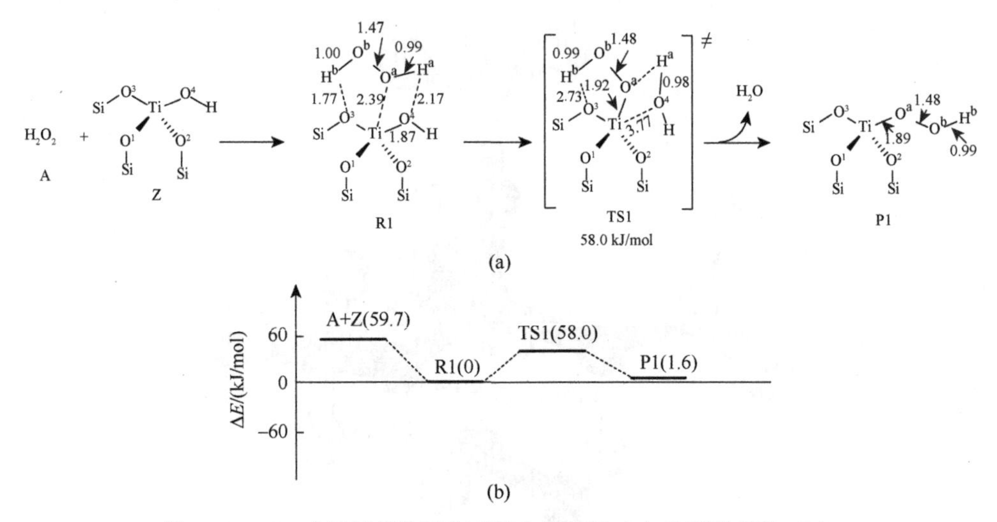

图 3.11　TS-1 分子筛催化活化双氧水的过程（a）和能量变化（b）

（a）中数据单位为 Å

3.2　空心钛硅分子筛的关键制备技术

3.2.1　重排处理方法制备空心钛硅分子筛

尽管 TS-1 分子筛具有很多独特的优势，但由于金属钛原子与硅原子在结构尺寸、电子云密度、电负性等方面存在显著差异，钛原子不易插入全硅分子筛的骨架晶格网络。大量研究表明[7, 91]，原料组成配比和工艺参数对钛原子能否进入骨架以及进入骨架钛量的多少均具有重要影响。不仅相同条件下合成的 TS-1 分子筛催化氧化活性差异较大，而且普遍存在使用寿命短、稳定性差和活性偏低等问题，因而很难适用于工业过程。因此，意大利 Enichem 公司实现 TS-1 分子筛工业化生产后很长一段时间内，没有其他公司实现工业化的报道。石科院研究人员在传统 TS-1 分子筛合成基础上，通过重排处理工艺合成了新型中空钛硅分子筛（hollow titanium silicalite zeolite，HTS）[92, 93]。HTS 分子筛不仅较 TS-1 具有更高的反应活性，其稳定性和重现性也大大提高，且避开了国外专利的知识产权限制[94]。从 2000 年开始，中国石化先后完成了 HTS 分子筛产品的工业化生产，并成功应用到 140 kt/a 环己酮氨肟化和 100 kt/a 丙烯环氧化制备环氧丙烷等工业大宗化学品绿色生产过程[95-97]。另有多种有机物氧化反应仍在开发之中。

HTS 分子筛的合成包括 TS-1 分子筛的合成和 TS-1 分子筛的重排改性两个步骤。TS-1 分子筛合成采用经典的 Taramasso 报道的方法，在此基础上采用均匀设计方法，对所包含的硅酯、钛酯、模板剂 TPAOH、助剂和水等影响因素进行实验设计，并以最终合成的 TS-1 分子筛催化苯酚羟基化活性为优化目标，建立了 TS-1 分子筛合成的模糊配方模型，其理论值与实测值（$n_{苯酚}$ ∶ $n_{双氧水}$ = 3 ∶ 1）吻合较好。^{29}Si MAS NMR 表征结果表明，TEOS 在 TPAOH 水溶液中会发生逐步水解而产生单体硅羟基 Q^0、二聚硅羟基 Q^1，以及 Q^2、Q^3 和 Q^4 等一系列多聚硅羟基物种[98]。相比于硅酯，钛酯的水解速度更快，易产生 TiO_2 沉淀，造成合成的 TS-1 分子筛活性和重现性较差，且硅酯和钛酯的水解反应均为强放热反应，温度的骤升也会加剧水解沉淀。为了避免上述问题，林民等[72]提出了“晶体重排”理念，即先把硅酯在 TPAOH 溶液中预水解一段时间，再加入钛酯与保护剂继续水解而得到合成 TS-1 的导向溶胶，接着于 170℃在烘箱中晶化 3 天，苯酚羟基化转化率达到最大值 23.8%。

采用制备的 TS-1 分子筛焙烧样品为原料，加入二次晶化助剂进行重排改性处理一段时间，就可以制备出相应的 HTS 分子筛，其具体制备过程如图 3.12 所示。与 TS-1 分子筛相比，HTS 分子筛的优势主要体现在如下三方面：①形成了独特的空心结构。在复合助剂作用下，晶内外结晶速率与溶解速率的差异使晶内形成空心结构，避免了硅的无效流失。②分子筛表面硅羟基与钛羟基缩合产生了更多的骨架四配位钛活性中心，使分子筛的晶型更加完美，增强了分子筛骨架的稳定性。③打破了国外专利知识产权的限制，在传统微孔 TS-1 分子筛合成基础上，创造性地引入了二次介孔特征，使 TS-1 分子筛的合成进入了一个崭新的阶段。同时，分子筛的重排处理——二次合成改性处理不仅是一种方法的改进，更是一种理念的创新，在后续研究中，重排处理的理念推广到了硅铝和全硅分子筛的改性处理，成功制备了具有介孔空心结构的 ZSM-5 和 S-1 分子筛，促进了分子筛孔内传质扩散，分子筛催化活性显著增强[99, 100]。

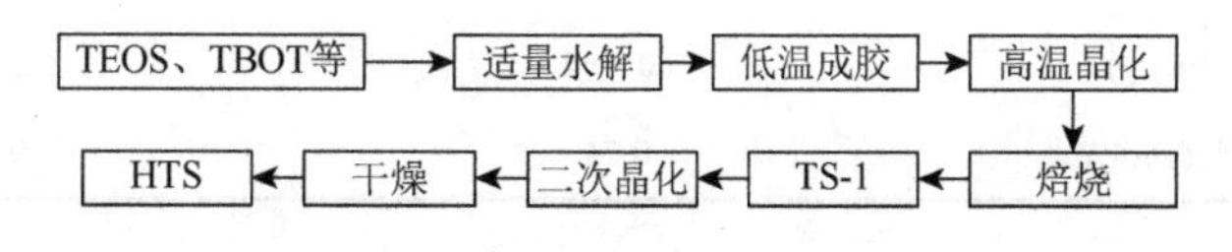

图 3.12　HTS 分子筛合成路线示意图

然而，HTS 分子筛晶内空心的形成机理仍未被认识清楚，“溶解-再结晶”的过程追踪也仍缺乏深入研究。Ivanova 等将硅铝分子筛部分或者全部溶解到碱溶液中，再于十六烷基三乙基溴化铵（CTAB）的碱性溶液中进行“再晶化”处理，仅能获得微孔材料和介孔材料的混合物，无法获得晶内空腔[101, 102]。Kegnæs 等采用 CTAB 和氨水溶液对 TS-1 分子筛进行后处理，获得了晶内空心结构[103]。他们认为，在碱溶液中 TS-1 分子筛首先发生溶解，然后 CTAB 胶团填充到溶解位置，进一步溶解的硅物种围绕上述胶团发生再结晶，从而产生了封闭孔道。然而上述晶内空腔为不规则形状，且短链模板剂（TPAOH、TEAOH）也可以导致空腔的产生，所以该假说不能够完全解释空心结构分子筛生成机理。由此林民等首次提出了“晶内选择性溶解”和“晶体表面再结晶”的模型来阐释 HTS 分子筛晶内空心的形成机理，为材料的精细设计和调变起到指导作用。

3.2.2 晶内三维空心结构的确定

从表 3.2 所示的 BET 结果可以发现，与 TS-1 分子筛相比，重排处理得到 HTS 分子筛的比表面积和微孔体积变化不大，但介孔体积明显增大，为原来的 2～3 倍；且结合苯吸附量表征结果，可以进一步发现 HTS 的吸附量比 TS-1 高。由此可以推断分子筛内有二次孔的生成，且二次孔提升了分子筛在催化有机反应中的传质性能，苯酚羟基化反应达到最大苯酚转化率的时间缩短；同样从催化实验角度证实了形成二次孔存在优势[104]。

表 3.2　TS-1 和 HTS 分子筛的主要技术参数指标对比

项目	TS-1 分子筛	HTS 分子筛
拓扑结构	MFI	MFI
钛含量/%	1.5～2.5	＞3.5
比表面积/(m^2/g)	430～448	432～450
微孔体积/(mL/g)	0.170～0.188	0.172～0.190
介孔体积/(mL/g)	0.105～0.115	0.200～0.320
苯吸附量/(mg/g)	60～64	72～75
分子筛堆比/(g/mL)	0.74	0.55

为了确定重排处理所产生的二次孔类型，图 3.13 中给出了 TS-1 分子筛与 HTS 分子筛的低温氮吸附-脱附曲线的对比情况。由图 3.13 可以发现，HTS 分子筛的低温氮吸附-脱附谱图中 $p/p_0 = 0.45$ 处具有滞后环，且滞后环的类型为Ⅳ型，即在较高 p/p_0 区，氮气分子在 HTS 分子筛中发生毛细管凝聚，吸附饱和后脱附得到的等温线与吸附等温线不能够重合，通常认为该种吸附-脱附曲线对应的为“墨水瓶”结构二次孔。从图 3.14 中可以发现，HTS 分子筛具有明显的空心结构特征，通过 HTS 分子筛的单晶 TEM 照片统计结果，可以确定 HTS 分子筛的单个晶粒的尺寸约为 200 nm，而空心结构的尺寸为若干纳米到几百纳米[16]。

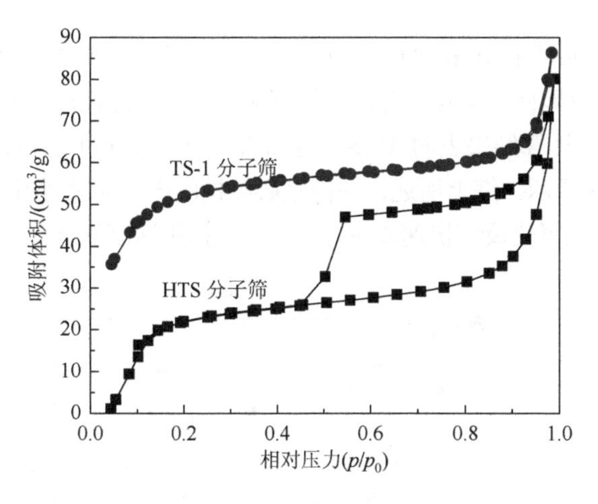

图 3.13　HTS 与 TS-1 分子筛的低温氮吸附-脱附曲线

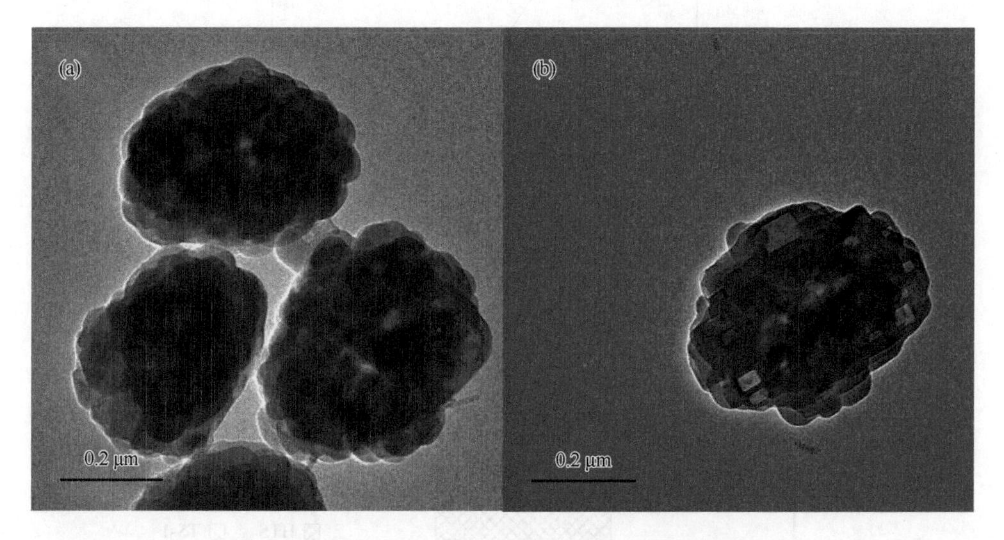

图 3.14　TS-1（a）与 HTS（b）分子筛的 TEM 照片

此外，采用 XRD 的 TOPAS 全谱拟合方法计算 TS-1 和 HTS 分子筛的晶胞参数可以发现，在钛含量为 0%～2.5%的范围内，TS-1 分子筛的晶胞体积随着钛含量的增大而线性增加且达到最大，由此可推断 TS-1 分子筛中进入骨架的钛的最大含量为 2.5%[105]。而相同含钛量（≥2.5%）的不同批次 HTS 分子筛的晶胞体积明显比 TS-1 分子筛的晶胞体积大 0.01～0.02 nm^3，即 TS-1 分子筛的晶胞体积为 5.377～5.379 nm^3，而 HTS 分子筛的晶胞体积为 5.389～5.397 nm^3，这说明重排改性处理不仅形成了空心二次孔结构，而且在微观上也有效增大了晶胞体积。为了定量计算扩孔对分子筛晶内传质扩散性能的影响，以环己烷为探针分子，采用脉冲梯度场核磁共振技术对 TS-1 和 HTS 分子筛进行了研究。由图 3.15 可以看出，HTS 分子筛较 TS-1 分子筛具有更大的拟合直线的斜率，说明环己烷在 HTS 分子筛中更容易扩散。而对应的定量计算结果表明，HTS 分子筛晶内环己烷分子的自扩散系数约为 TS-1 的 4 倍，如图 3.16 所示。综上所述，晶内空心结构的产生显著提升了分子筛的传质性能，从而有利于催化氧化反应快速发生，并可有效抑制深度氧化副反应和积炭的发生。

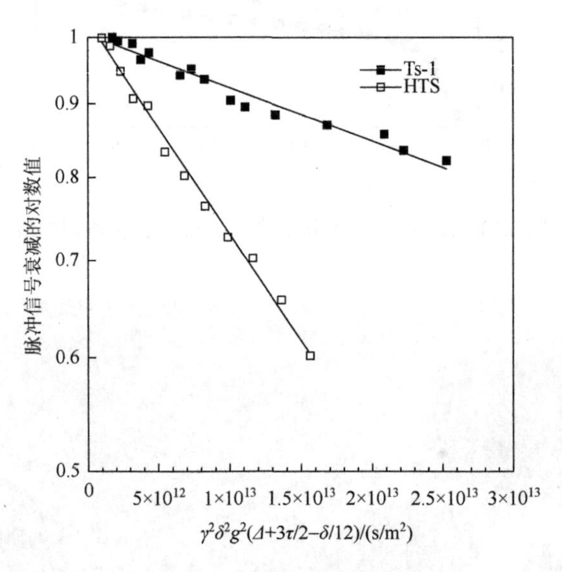

图 3.15　TS-1 和 HTS 分子筛的脉冲梯度场核磁共振分析结果

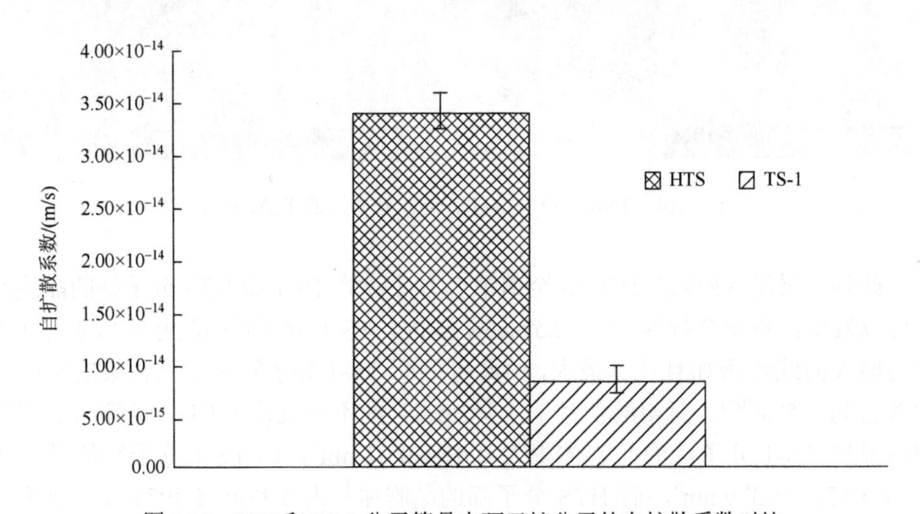

图 3.16　HTS 和 TS-1 分子筛晶内环己烷分子的自扩散系数对比

3.2.3 骨架钛化学状态

图 3.17 给出了 TS-1 和 HTS 分子筛的 ^{29}Si MAS NMR 谱图。可以看出，HTS 分子筛中 Q^4 硅物种的含量显著提升，且明显大于 TS-1 中 Q^4 硅物种的含量，但 Q^3 硅物种的含量明显降低。由此推断，随着溶解再结晶反应的进行，预先溶解的硅钛物种重新嵌入了 MFI 结构分子筛的骨架位置，从而引起分子筛骨架钛活性中心的增加[106]。另外，与 TS-1 相比，HTS 分子筛在化学位移–116ppm 处肩峰的强度明显增加，直接证明了更多钛物种插入到分子筛骨架位置。这是由于该峰可反映嵌入分子筛骨架的钛物种对周围 Q^4 硅物种的诱导极化作用，从而间接给出骨架钛含量的信息。

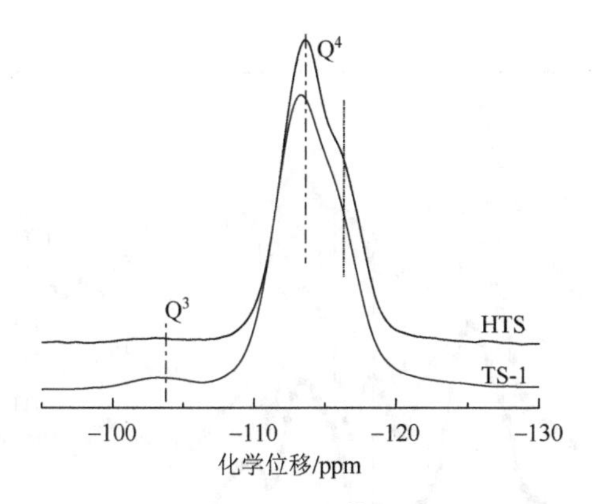

图 3.17　TS-1 与 HTS 分子筛的 ^{29}Si MAS NMR 分析谱图

图 3.18 给出了重排改性处理前后分子筛的 ^{1}H MAS NMR 分析谱图。由此可以看出，在相同的脱水处理操作下，重排改性得到的 HTS 分子筛较 TS-1 分子筛具有更弱的化学位移 $\delta = 2.0$ ppm 左右的 Si—OH 吸收峰和化学位移 $\delta = 1.7$ ppm 左右的 Ti—OH

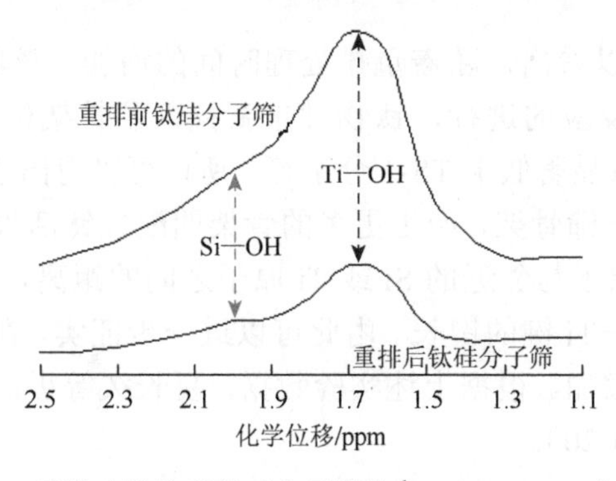

图 3.18　重排改性处理前后分子筛的 ^{1}H MAS NMR 分析谱图

吸收峰，这说明经过重排改性处理，分子筛表面的 Ti—OH 和 Si—OH 数量明显下降，结合 ^{29}Si MAS NMR 表征结果和前述的表征结果，印证了 Si—OH 与 Ti—OH 缩合产生更多骨架四配位钛的结论。

采用 EXAFS 研究了重排过程中钛物种状态的直观变化过程，如图 3.19 所示。可以看出 $R = 1.3$ Å 处，Ti—O 键的键长分布在重排处理初期（1 h）发生显著的宽化，这是由于骨架原子的溶解造成了钛物种配位类型的增多，即钛物种配位环境的无序度增加。根据文献报道，$R = 2.2$ Å 附近的吸收峰可归属为

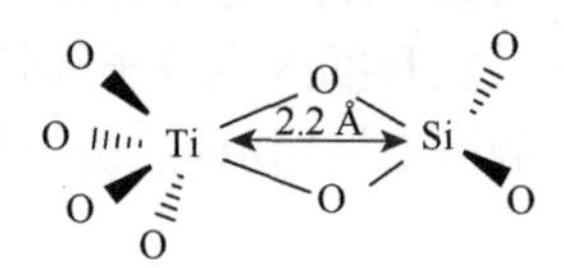

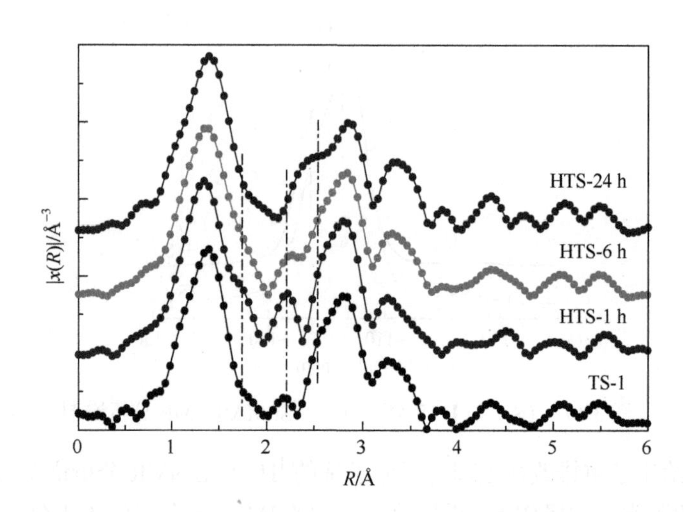

图 3.19　不同重排时间 HTS 与 TS-1 分子筛样品的 EXAFS 谱图

从图 3.19 中可以看出，随着重排处理时间的增加，该物种先增加后减少，这说明随着再结晶反应的进行，钛物种重新插入了骨架位置。并且 HTS-24 h 样品中该物种的含量显著低于 TS-1 分子筛，所以可以得出重排处理过程有利于促进钛物种插入分子筛骨架，产生更多的骨架四配位钛活性中心。而 $R = 2.4$～3.1 Å 可归属为 Ti 原子与邻近的 Si 或 Ti 原子之间的距离，其中 $R = 2.6$ Å 通常认为是锐钛矿中 Ti—Ti 键的键长。由此可以进一步证实，在重排处理过程中锐钛矿的含量进一步增加。根据上述实验数据，夏长久等提出了重排过程中钛物种衍变示意图（图 3.20）。

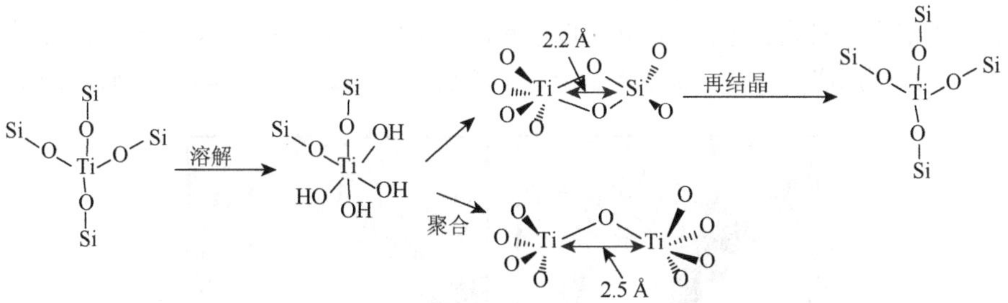

图 3.20　重排处理过程中钛物种衍变的机理示意图

3.2.4　HTS 分子筛晶内空心结构的形成机理

为了确定晶内空心的立体结构，采用旋转电子衍射（RED）和三维电子断层成像技术（ET）对 HTS 分子筛的晶面取向和三维空心结构进行了分析，如图 3.21 所示。结合上述两种技术，可以实现在确定了晶面取向的前提下观察某一断面上分子筛的晶内空心形状和尺寸，如图 3.22 所示。如图 3.21（b）所示，在 HTS 分子筛晶内存在着相对规则和无序条带状两种形状的空心结构。其中较规则的矩形空心的截面与相应 MFI 结构分子筛中原子密度较低的截面有较好的对应性，这说明分子筛的溶解倾向于

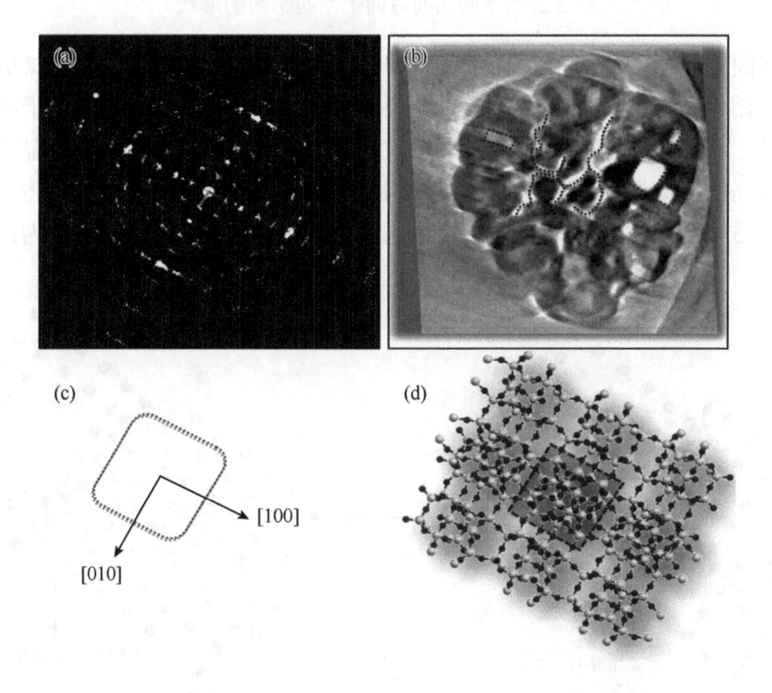

图 3.21　HTS 分子筛样品的电子衍射照片（a）、三维电子断层成像照片（b）及其 MFI 结构分子筛空心结构取向示意图（c）和（d）

沿着原子密度低的截面进行。由此可以推断，规则空心结构是由 TS-1 分子筛晶内的点缺陷逐渐溶解形成，而条带状空穴是由分子筛晶内的线缺陷（晶界）的溶解所产生的。

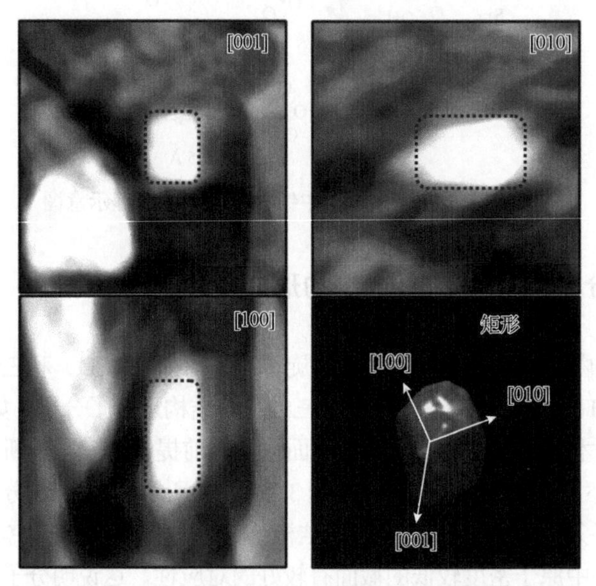

图 3.22 不同晶面方向上空心结构的形状

由前面的结果讨论，可以确定在重排处理 TS-1 分子筛过程中，骨架硅和钛原子发生了溶解-再结晶反应，溶解的低聚态硅和钛物种再重新插入分子筛骨架位置。同时，重排处理引起了两种类型空心结构的形成，分别可归属为晶内吉布斯自由能较高的点缺陷和线缺陷溶解所产生，如图 3.23 所示。根据上述结果，提出了如图 3.24 所示的晶内空心结构产生机理示意图，其过程可描述为：①由于

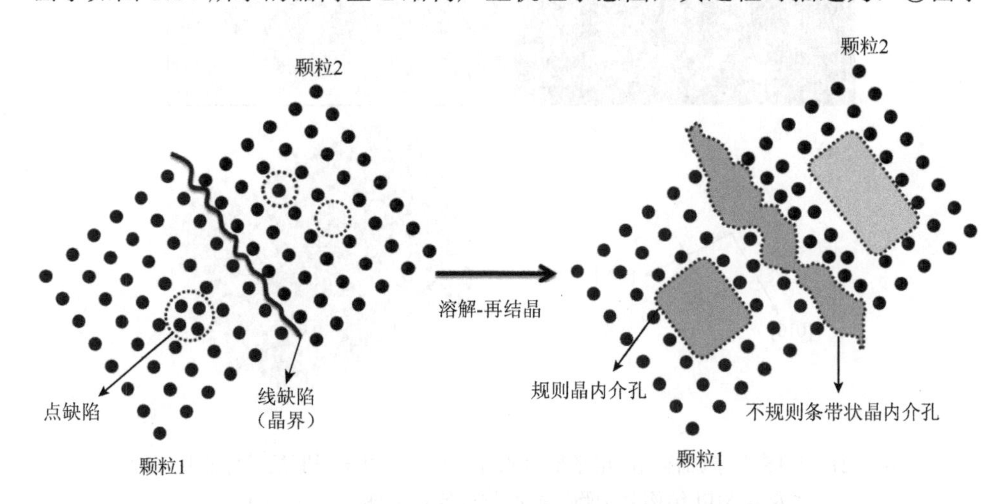

图 3.23 HTS 分子筛晶内点缺陷和线缺陷溶解-再结晶过程

TPA^+阳离子尺寸大于MFI结构分子筛孔径，无法进入分子筛内部，而OH^-阴离子会在浓度梯度的驱动下逐渐扩散进入分子筛内部；②扩散进入的OH^-阴离子会在吉布斯自由能较高的缺陷位置（包括点缺陷和线缺陷）催化Si—O—Si键和Ti—O—Si键的水解断裂，造成骨架原子选择性溶解，从而产生相对规则和无序条带状的空心结构；③骨架原子解聚生成的低聚态硅钛物种，在浓度梯度的驱动下沿着分子筛微孔扩散出分子筛晶粒；④由于晶体内部无模板剂TPAOH分子进入，晶内空心中无新的分子筛晶体产生，所以对应的空心体积随重排时间延长而增大；⑤外表面或内表面溶解产生的低聚态硅钛物种会在TPAOH的结构导向作用下，沿着分子筛晶体外表面重新转化为骨架原子，且造成了分子筛形貌的变化。

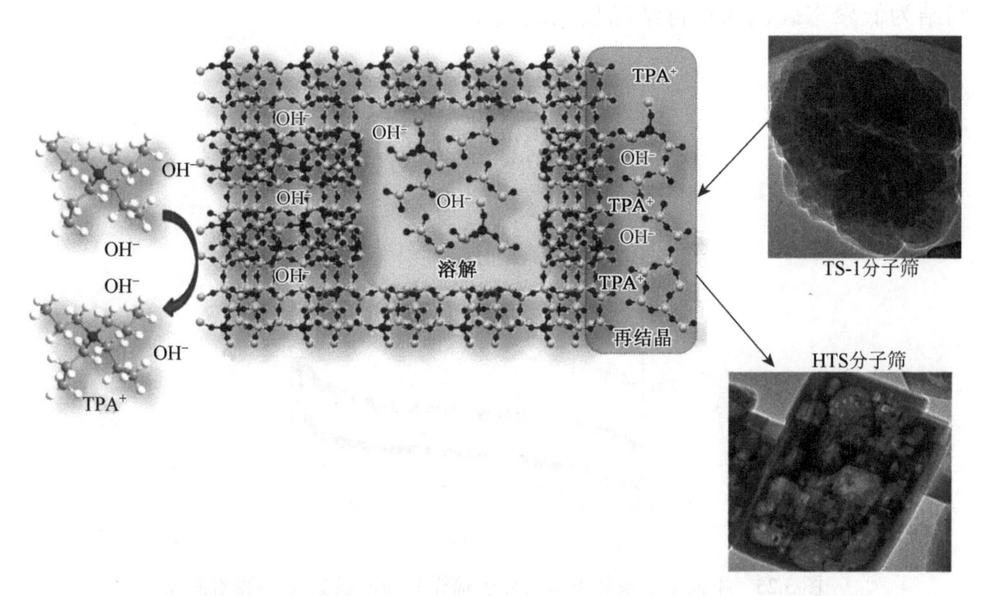

图3.24　HTS分子筛晶内空心结构产生机理示意图

3.2.5　重排处理机理的验证

为了验证所提出机理的可靠性，分别设计了含模板剂TS-1分子筛在高温下水热重排、脱模板剂TS-1分子筛在开放体系中TPAOH处理和脱模板剂TS-1分子筛在水热条件下重排处理实验。从图3.25所示的低温氮吸附-脱附结果可以看出，仅有脱模板剂TS-1分子筛在高温水热环境处理可产生晶内封闭空心结构。结合图3.26所示的TEM照片，可以看出含模板剂TS-1分子筛为实心结构，这说明模板剂填充分子筛微孔阻挡了OH^-阴离子向分子筛晶内的扩散，因此无法产生空心结构。而在开放的80℃环境中，TS-1分子筛发生了显著的溶解，分子筛晶体的规则度下降，但无再结晶反应发生，所以该条件下无空心结构产生。龙立华[107]研究了焙烧和未焙烧 S-1 分子筛和 TS-1 分子筛骨架钛原子插入影响因素和催化性能，发现对未脱模板剂的 S-1 分子筛进行二次合成后处理，不能生成空心结构，也不能在骨架上插入钛原子；而二次合成中补加一定的硅物种可以将钛引入分子筛骨架，同时分子筛粒径显著增大。脱除模板剂的 S-1 分子筛经过二次合成可以形成空心结构，并且钛原子可插入分子筛骨架中。TS-1 分子筛进行二次合成后处理，可以形成一定数量的空心结构介孔，能够使一部分非骨架钛物种通过重排作用而插入分子筛骨架中，且能够使分子筛相对结晶度提高，如图 3.27 所示。因此可以得出，仅有 OH^-阴离子扩散进入分子筛晶内造成骨架原子选择性溶解才能形成空心结构；而分子筛形貌的改变可归结为低聚态硅钛物种再结晶反应的发生。

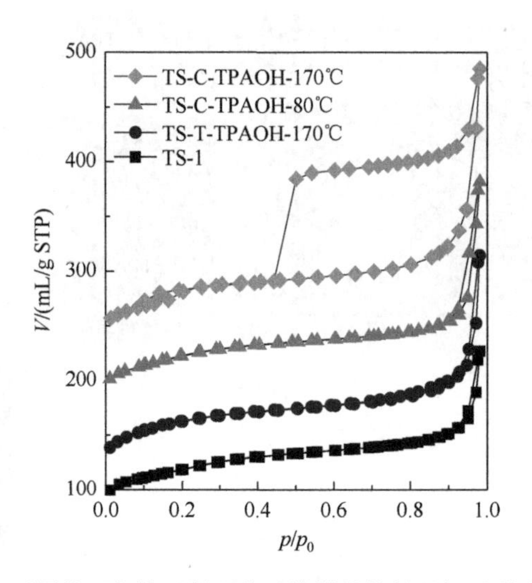

图 3.25 不同处理条件下得到分子筛样品的低温氮吸附-脱附曲线

TS-C-TPAOH-170℃代表 TS-1 焙烧后在 TPAOH 作用下 170℃晶化处理 24 h；TS-C-TPAOH-80℃代表 TS-1 焙烧后在 TPAOH 作用下 80℃晶化处理 24 h；TS-T-TPAOH-170℃代表晶化后未焙烧的含模板剂 TS-1 在 TPAOH 作用下 170℃晶化处理 24 h

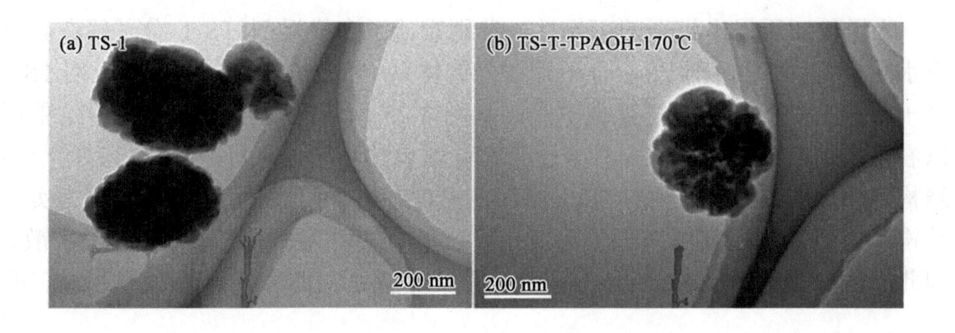

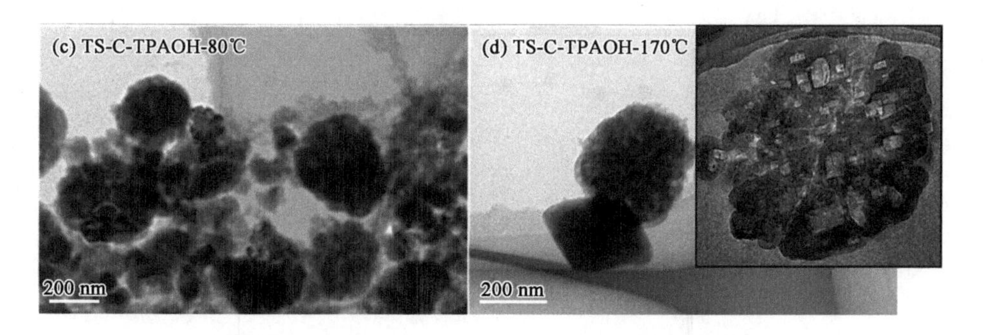

图 3.26　不同处理条件下得到分子筛样品的 TEM 照片

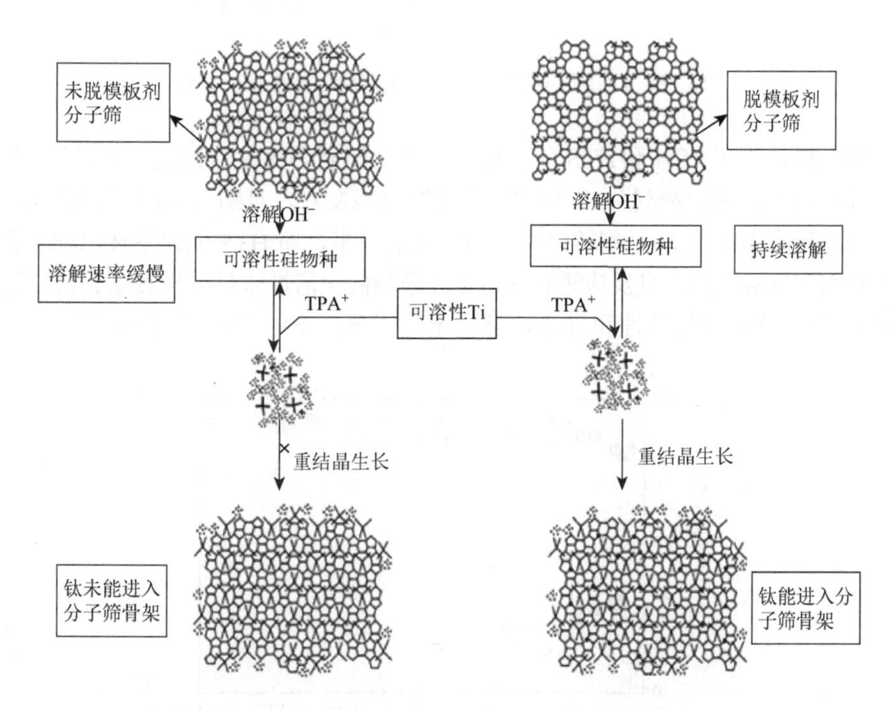

图 3.27　钛原子插入焙烧和未焙烧 S-1 分子筛骨架的机理

3.2.6　催化氧化性能对比

图 3.28 给出了 TS-1 与 HTS 分子筛的催化稳定性和活性差别，可以看出不同批次的 HTS 分子筛催化苯酚羟基化活性稳定性较好，而 TS-1 分子筛催化苯酚羟基化活性波动较大，且活性均低于 HTS 分子筛。从图 3.28 中可以看出，在苯酚羟基化评价实验中，HTS 分子筛 3 h 之内就达到了苯酚最大转化率，而 TS-1 分子筛达到最大苯酚转化率需要的反应时间约为 6 h。由此可说明 HTS 分子筛二次孔的生成和表面硅羟基与钛羟基缩合成骨架钛活性中心促进了苯酚羟基化反应的进行[23]。

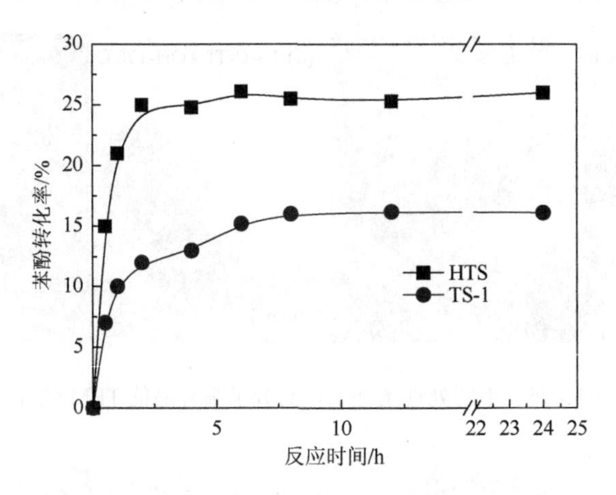

图 3.28 TS-1 与 HTS 分子筛催化苯酚羟基化性能比较

图3.29给出了TS-1和HTS分子筛催化环己酮氨肟化性能比较，可以发现TS-1分子筛催化下的环己酮转化率初始阶段仅为60%左右，且随着反应时间延长而急剧下降，反应10 h后环己酮转化率仅为原来的一半，而HTS催化下环己酮转化率介于96%～99%之间，且反应进行140 h分子筛催化活性未显示出衰减趋势，这说明HTS分子筛的催化活性和寿命显著优于同样条件下的TS-1分子筛[108]。

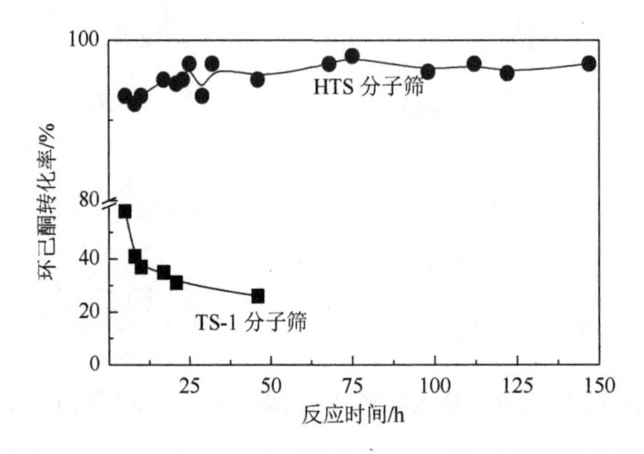

图 3.29 TS-1 和 HTS 分子筛催化环己酮氨肟化性能比较

3.2.7 小结

TG-DSC结果表明，少量模板剂通过重排处理而嵌入了分子筛孔道内；同时，^{29}Si MAS NMR显示Q^4状态硅物种先减少后增加，确定了分子筛原位“溶解-再结晶”过程的发生。低温氮吸附脱附曲线结果表明，随着重排时间延长，分子筛总孔体积逐渐增大，孔结构呈现出“墨水瓶”形特征，3～4 nm范围内介孔的数量逐渐增加。由

TEM 照片可以观察到晶内空心结构尺寸逐渐增大；结合三维电子断层成像可以确定产生了较规则的矩形和条带状两种形貌的空心结构，它们分别是由分子筛内部点缺陷和线缺陷逐渐溶解所得到的。XANES 和 EXAFS 结果显示，骨架钛物种先发生溶解，再通过再结晶重新插入骨架，这也与 ^{29}Si MAS NMR 谱图中检测到受钛诱导的扭曲 Q^4 状态硅物种的含量先保持不变再逐渐增加的趋势相吻合。由此推测，晶内空心的形成是由 OH^-扩散进入晶粒内部选择性溶解分子筛骨架所造成。有机模板剂阳离子则会在分子筛外表面导向分子筛重新生长，从而引起了晶体形貌的改变。同时，分别抑制分子筛的溶解和再结晶步骤，都无法合成出 HTS 分子筛，进一步验证了上述机理的可靠性。

3.3　环己酮氨肟化制备环己酮肟催化反应化学

目前，TS-1 催化环己酮液相氨肟化制备环己酮肟过程主要存在亚胺机理和羟胺机理，如图 3.30 所示。亚胺路线主要包含如下两个反应步骤：①环己酮与氨首先发生非催化反应生成不稳定的环己亚胺中间物种，这与环己酮气相氨肟化过程类似。Dreoni 等采用 FTIR 确定了催化剂表面吸附的亚胺物种的存在，且理论计算结果表明，水分子在亚胺生成过程中起到了重要的质子传递作用。②在 TS-1 分子筛骨架钛活性中心的催化下，环己亚胺被双氧水氧化为环己酮肟，这是由于骨架钛活性中心能够高效活化双氧水。然而，亚胺分子的尺寸（5.0～5.5 Å）与 TS-1 分子筛孔径（5.4～5.6 Å）非常接近，限制了亚胺分子在孔道中的自由扩散。同时，亚胺分子与分子筛骨架间存在明显的斥力，扩散自由能高达 32.2 kJ/mol，可以推测在分子筛孔道内发生亚胺机理的反应概率非常低。因此，人们普遍认为，TS-1 催化高效生成环己酮肟的反应遵循的是羟胺机理。

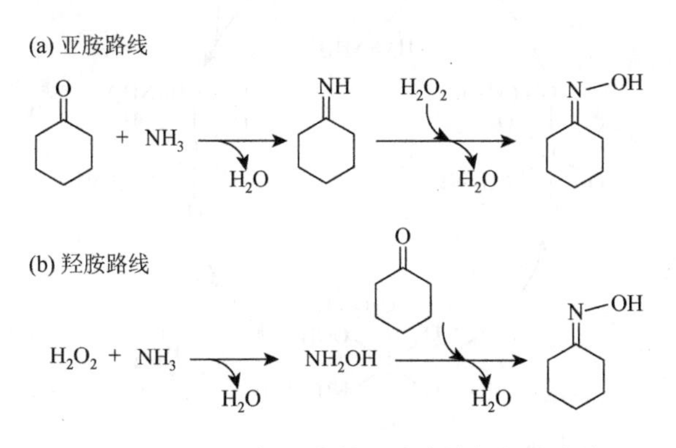

图 3.30　环己酮氨肟化的亚胺路线与羟胺路线

与亚胺机理截然不同，羟胺机理认为氨气分子与双氧水分子首先在骨架钛催化下生成羟胺分子，然后羟胺分子再与环己酮分子发生非催化肟化反应，从而获得环己酮肟产品，如图3.31所示。由于环己酮分子尺寸较大，很难扩散进入分子筛孔道，环己酮肟化反应通常优先发生在溶液中。现代物理化学表征研究表明，TS-1分子筛骨架完美四配位钛[Ti(SiO_4)$_4$]物种部分水解产生的骨架缺陷位[Ti(SiO_4)$_3$OH]是催化活化双氧水分子的活性中心，其中Ti原子仍处于四配位状态。当H_2O_2水溶液滴加到TS-1分子筛上，粉末的颜色会从白色瞬间变为黄色，同时在紫外-可见漫反射光谱的26000 cm^{-1}波数（波长385 nm）处发现了新的吸收峰。Bordiga等结合X射线吸收光谱、拉曼光谱和理论计算等手段对H_2O_2、H_2O和NH_3等在骨架钛上的吸附和反应过程进行了深入研究。他们发现，H_2O_2与完美四配位Ti中心配位不仅破坏了其对称性结构，而且使Ti原子周围的电子云密度分布和配位结构发生了显著变化，这说明完美骨架钛中的一个Ti—O—Si键发生了可逆水解断裂。因此，在氨肟化体系中，骨架钛物种会以六配位形式与H_2O_2、H_2O和NH_3等发生络合，拉曼光谱检测到该过程产生了[TiOH(H_2O)$_2$(SiO_4)$_3$]和[TiOH(NH_3)$_2$(SiO_4)$_3$]等配合物。进一步，双氧水的O—O基团获得活化，与骨架钛物种反应生成过氧化钛物种（如η^1 Ti—OOH和η^2 Ti—OOH等），从而导致了分子筛的颜色发生变化。Sankar等结合EXAFS分析和分子模拟计算，确定了具有双齿结构的η^2 Ti—OOH物种是最稳定的，并且该物种曾经被Frei等采用红外光谱方法所证明。另外，理论计算结果表明，[Ti(SiO_4)$_3$OH]物种活化双氧水的能量（54.8 kJ/mol）远低于[Ti(SiO_4)$_4$]物种（106.3 kJ/mol），验证了水解的骨架钛物种是反应的活性中心。

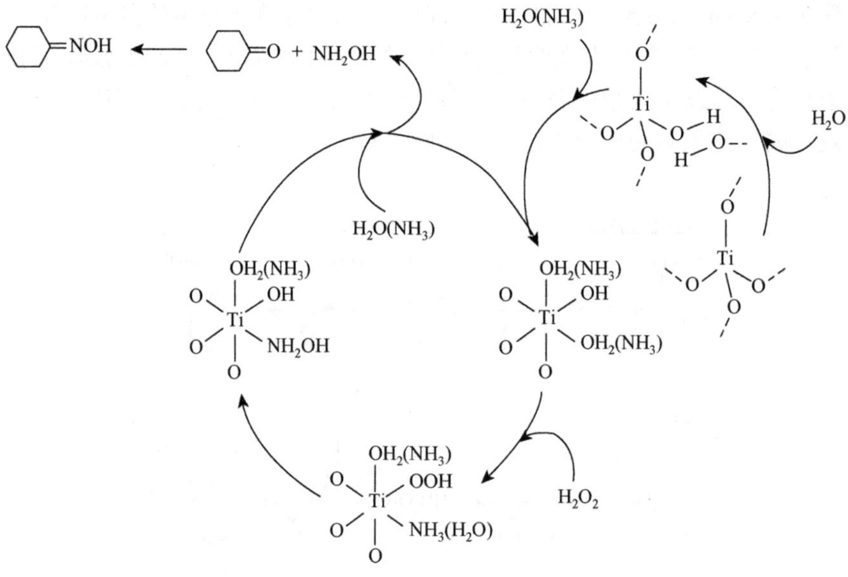

图3.31　骨架钛参与催化的羟胺路线

由于 η² Ti—OOH 物种具有极强的亲核进攻能力，其会与氨气分子反应生成羟胺分子。随后，羟胺分子会与环己酮分子快速发生反应生成环己酮肟分子。颜卫等发现，在肟化过程中分子筛的电子特征和结构参数几乎未发生变化；同时他们还考察了有无分子筛参与条件下的能量变化，发现分子筛的作用可以忽略，说明肟化反应过程是非催化的。另外，使用叔丁醇作为溶剂，既可以增加环己酮、氨水和双氧水的溶解性，同时还可以提高中间产物羟胺的稳定性。

除此之外，湘潭大学罗和安团队根据液体原位傅里叶变换衰减全反射红外光谱（ATR-FTIR）表征结果，提出了 TS-1 催化环己酮氨肟化的新路径，如图 3.32 所示。首先，η² Ti—OOH 物种将一个 O 原子插入环己酮羰基上，形成过氧化物中间体 1；随后中间体 1 与 NH_3 反应生成中间体 2，再经过分子内重排和脱水而获得产物环己酮肟分子。然而该反应发生较快，无法捕捉到全部中间态物种，因此该路线还未获得广泛认可，具体的验证工作仍需要大量的物理化学表征和理论计算研究。

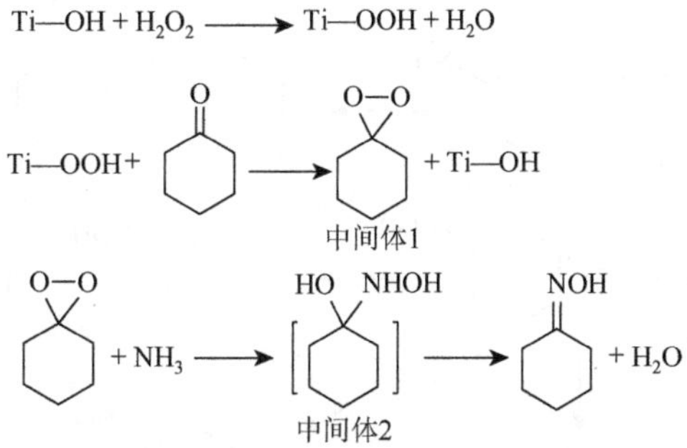

$$\text{Ti—OH} + H_2O_2 \longrightarrow \text{Ti—OOH} + H_2O$$

中间体1

中间体2

图 3.32　环己酮氨肟化新路径

另外，人们采用气相色谱-质谱等手段对环己酮氨肟化过程的副产物类型与反应网络也做了深入研究，并依此来验证上述反应机理，如图 3.33 所示。可以看出，副反应的类型比较复杂，既有催化反应也有非催化反应，主要可归属为以下三种类型：①环己酮与反应物、中间产物、溶剂和产物发生加成反应，生成带有六元环的产物。其中检测到了环己亚胺与环己酮的加成产物，说明环己酮氨肟化反应部分遵循亚胺机理。②环己酮肟的氧化和还原反应，生成烯烃、硝基化合物和环己酮等。③双氧水的氨氧化和自分解反应，生成氧气、羟胺、氮气、一氧化二氮和水等产物，造成整个氨肟化过程双氧水的有效利用率低于 95%。需要指出的是，副产物的类型和含量与环己酮肟产品的纯度和技术经济性密切相关，更是直接影响到装置操作的安全性，因此需要深入优化反应工艺条件。其中，双氧水的分解反应是最值得关注的副反应，这不仅是由于双氧水价格昂贵，无效分解会增加该路线的成本，且释放出的活性氧物种引起深度氧化产物的生成，影响产品质量。更重要的是，产生的氧气在装置内部累积，若与有机物蒸气混合，可能造成燃烧和爆炸等危险。

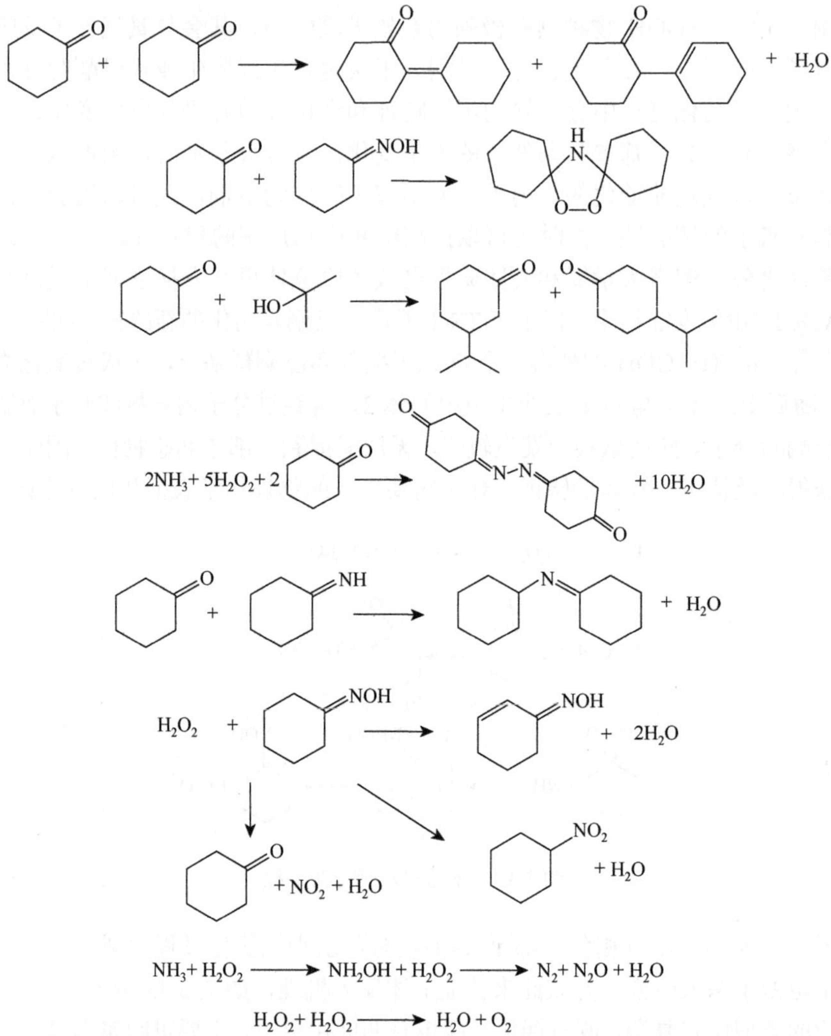

$NH_3 + H_2O_2 \longrightarrow NH_2OH + H_2O_2 \longrightarrow N_2 + N_2O + H_2O$

$H_2O_2 + H_2O_2 \longrightarrow H_2O + O_2$

图 3.33　TS-1 催化环己酮氨肟化工艺过程中存在的副反应

研究发现，双氧水的分解速率与 TS-1 分子筛骨架钛含量、氨水浓度和溶剂类型等参数直接相关。李永祥等研究了反应温度、氨浓度和 TS-1 催化剂浓度等对双氧水分解过程的影响。结果表明，氨水对双氧水分解存在极大的促进作用，浓度高于 3%的氨水溶液即可在 30 min 内将双氧水浓度降低到 2%以下，该趋势与等浓度的 NaOH 溶液的催化效果几乎相同。由此推测，催化双氧水无效分解的是 OH^- 基团，这是由于在碱性环境中弱酸性的双氧水分子容易异裂生成过氧羟基阴离子（OOH^-），从而产生氧气和水。相比而言，反应温度和催化剂含量的影响较低，所以降低氨水/双氧水比例是提升双氧水有效利用率的最有效方法。

3.4　单釜连续淤浆床环己酮氨肟化制备环己酮肟工艺技术

环己酮氨肟化工业示范装置最初由意大利 Enichem 公司于 1995 年完成，该装置的规模为 1.2 万 t/a，其流程如图 3.34 所示。环己酮氨肟化工艺采用液相连续搅拌反应器，反应物料、成型 TS-1 催化剂和叔丁醇溶剂连续注入氨肟化反应器中，其中环己酮∶氨气∶双氧水的摩尔比为 1.0∶2.0∶1.1，反应浆液中催化剂含量为 2%～3%（质量分数）。反应操作温度为 80～90℃，操作压力为自生压力，反应物的停留时间约为 1.5 h。在此反应条件下，环己酮可以接近完全转化（99.9%），环己酮肟的选择性＞98%，双氧水的有效利用率约为 94%。产物中副产物的种类和含量非常低，因此采用该法生产的己内酰胺产品质量优于常规路线。少量的无机副产物，如 N_2、N_2O、O_2 和硝酸盐等，来自氨气氧化和双氧水分解。反应产物采用过滤方法与催化剂浆液获得分离，然而 TS-1 分子筛原粉颗粒尺寸较小（粒径 200～300 nm，呈现出“黑莓状”形貌），在反应器中难以分离，因此该工艺使用的催化剂需要进行喷雾成型处理。由图 3.35 可以看出，微球状催化剂的颗粒尺寸非常均匀，粒径 20～30 μm，且具有较高的机械强度。尽管成型催化剂解决了分离问题，但是显著增加了反应物分子的内扩散阻力，减弱了 TS-1 分子筛骨架钛活性中心的可接近性。由于成型催化剂活性无法满足工艺要求，因此不得不采用两釜或多釜淤浆床串联形式的反应器。而且在反应过程中催化剂容易破碎、流失严重，造成再生困难和成本较高。上述问题阻碍了 TS-1 催化环己酮氨肟化工艺的工业推广，因此随后一段时间鲜有工业化放大报道。

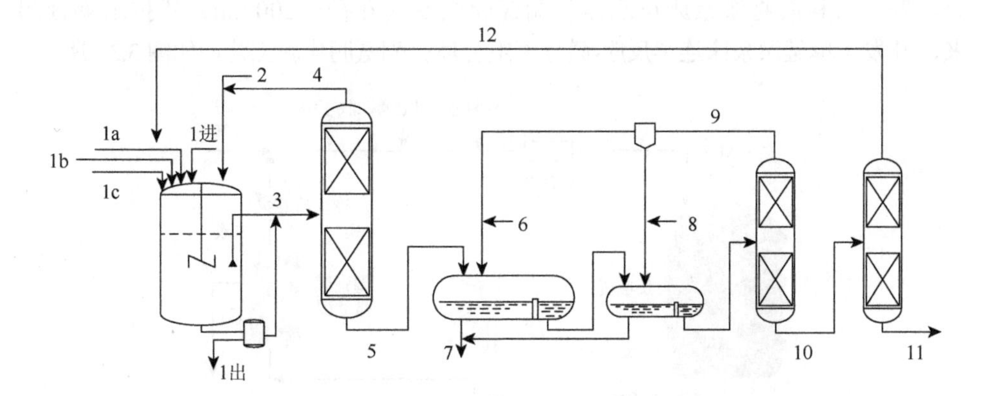

图 3.34　TS-1 催化环己酮氨肟化流程示意图

1. a. 环己酮，b. 氨气，c. 双氧水；2. 叔丁醇；3. 反应溶剂；4. 叔丁醇/水/氨气循环；5. 肟水溶液送萃取；6. 甲苯；7. 水处理；8. 水；9. 甲苯/水循环；10. 粗产物；11. 产物；12. 环己酮循环

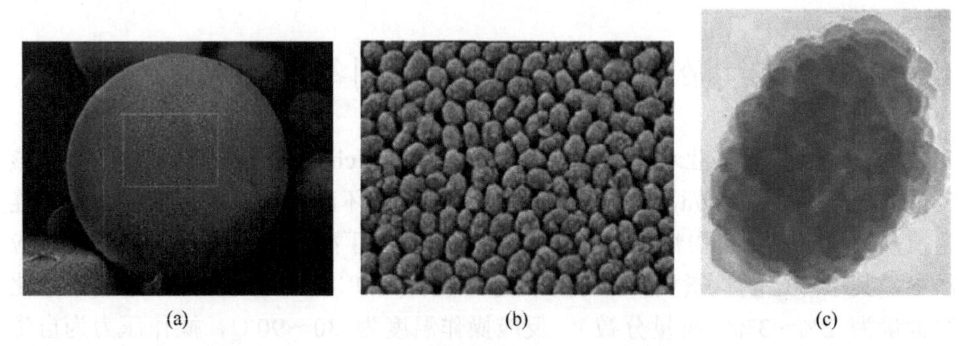

图 3.35（a）TS-1 微球催化剂；（b）微球表面的 TS-1 分子筛晶体；（c）“黑莓状”形貌的 TS-1 分子筛 TEM 照片

为了满足国内市场对己内酰胺单体的需求和扭转长期依赖进口的局面，中国石化于 1994 年斥巨资从荷兰帝斯曼公司引进了两套以苯为原料的 HPO 法生产己内酰胺技术，先后在南京东方化工厂和巴陵石化建成了两套 50 kt/a 己内酰胺装置，总投资高达 100 亿元。随后中国石化石家庄化纤有限责任公司引进了以甲苯为原料的意大利 SNIA 技术，并于 1999 年建成了 50 kt/a 己内酰胺装置。然而，引进技术相对落后造成生产成本高、污染严重的问题，从而导致上述企业亏损严重。为了实现己内酰胺生产技术的国产化和绿色化，石科院从 1995 年开始对环己酮氨肟化新工艺和新催化剂展开了技术攻关。首先开发了具有自主知识产权的 HTS 分子筛，该催化剂不仅具有更高的催化性能，更重要的是其寿命稳定性获得显著提升，达到了工业应用的要求。为了充分利用 HTS 分子筛的高活性，石科院首创了直接以分子筛原粉为催化剂的淤浆床反应器新工艺。为了解决 HTS 分子筛颗粒尺寸较小（粒径 200～300 nm）、密度低、无法通过常规的过滤方法使其获得分离和循环使用等难题，石科院将淤浆床反应器与陶瓷膜微滤（孔径＜200 nm）新技术耦合起来，开发了单釜淤浆床连续反应-膜分离组合环己酮氨肟化新工艺，如图 3.36 所示。

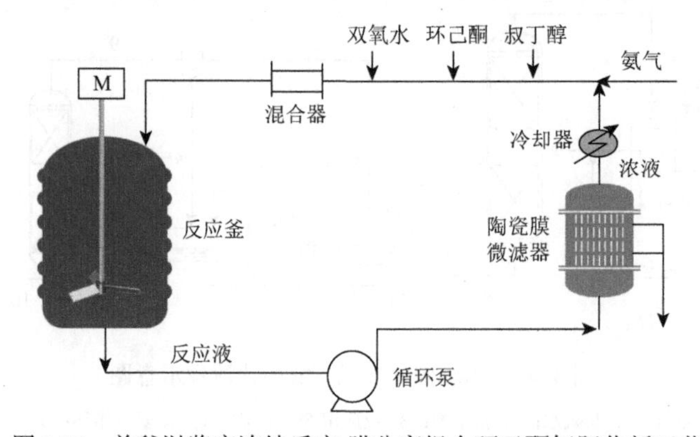

图 3.36　单釜淤浆床连续反应-膜分离组合环己酮氨肟化新工艺

其核心在于，反应后的物料与催化剂混合物经循环泵进入陶瓷膜微滤器中，液体有机物清液从膜管中流出并进入分离单元中，而含分子筛的浓液继续与反应物和溶剂混合，循环到淤浆床反应釜中。该工艺从源头上克服了 EniChem 公司成型 TS-1 分子筛内扩散差的弊端。

2003 年巴陵石化成功实现 70 kt/a 环己酮氨肟化工业装置的稳定运行，其流程如图 3.37 所示。新工艺过程包括了氨肟化单元、膜分离单元、催化剂卸出单元、溶剂回收单元、甲苯萃取单元、甲苯/肟分馏单元、甲苯分离单元和污水处理单元等。经过膜分离后，生成的环己酮肟随着叔丁醇水溶液进入溶剂回收单元，叔丁醇通过蒸馏的方式分离并回流到反应器中；以甲苯作为萃取剂，将环己酮肟从水相转移到有机相中，剩余的水相经过汽提塔分离出溶解的甲苯后进入污水处理系统，而汽提出的甲苯继续用于萃取分离。有机相中的甲苯和环己酮肟经过蒸馏处理而获得分离，得到最终的环己酮肟产品；而可能存在的醇和酮等杂质会和甲苯经过再次蒸馏而获得分离。在优化条件下，环己酮转化率＞99.6%，环己酮肟选择性＞99.5%，这说明 HTS 分子筛原粉的性能显著优于成型 TS-1 催化剂。研究表明，各种工艺参数（反应温度、催化剂含量、物料配比等）均会对环己酮氨肟化体系的主副反应产生影响。因此，可以通过优化协同各个变量，达到强化目的产物选择性、降低物耗和延长催化剂寿命等目标。环己酮氨肟化反应优选叔丁醇作为溶剂，这是由于叔丁醇可以使环己酮、双氧水和 HTS 分子筛高效互溶，强化反应物分子在分子筛孔道内的传质；而且叔丁醇还可以减弱氨水对分子筛的腐蚀，抑制催化剂的溶解流失和失活，延长催化剂的使用寿命。

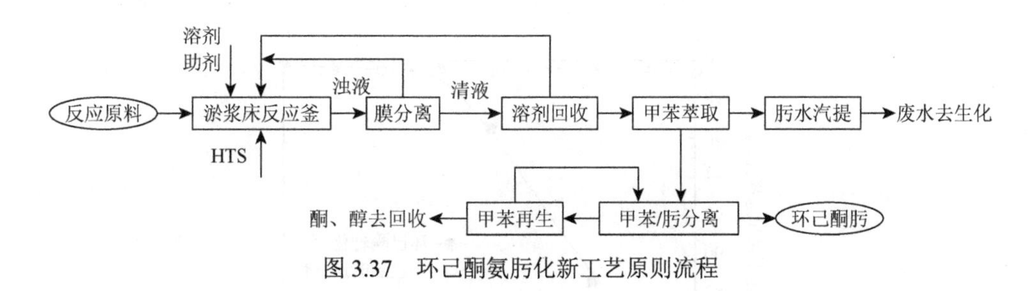

图 3.37 环己酮氨肟化新工艺原则流程

在实际工业生产过程中，为确保氨肟化装置的平稳运行，需要首先调控好体系中催化剂的浓度。这主要是通过调整反应釜液位高度、及时补充新鲜催化剂和实时分析催化剂浓度等手段实现的。从图 3.38 中可以看出，在氨肟化过程中环己酮转化率和目的产物选择性均随着催化剂浓度的提高而增加。当催化剂浓度高于 2.5%（质量分数）后，转化率和选择性二者均达到最高值（＞99%）。这说明骨架 Ti 活性中心的数量对生成羟胺的主反应具有重要促进作用，同时抑制了亚胺路线所产生的副产物。从工艺控制角度来看，HTS 催化剂浓度应控制在 3%～6%（质量分数）范围

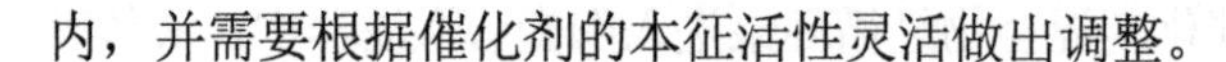

内，并需要根据催化剂的本征活性灵活做出调整。

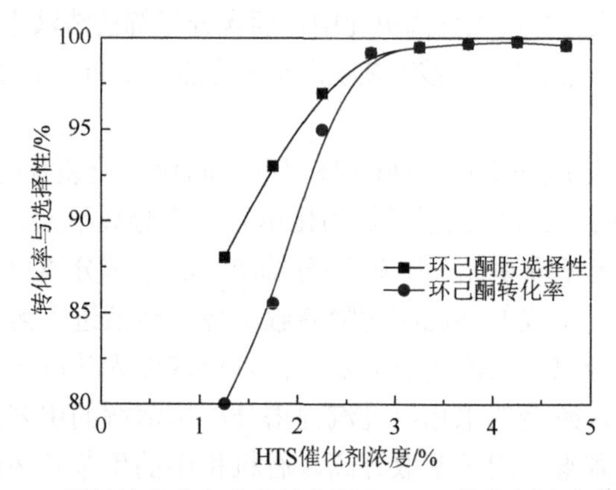

图 3.38　原料转化率和产物选择性与 HTS 催化剂浓度的关系

理论上讲，提高双氧水/环己酮摩尔比有利于促进氨肟化反应的发生，但双氧水用量的增多不仅会增加生产成本，而且还会加速深度氧化和自分解等副反应，降低环己酮肟的选择性，影响整个工艺的技术经济性。因此，在工业操作上优选对双氧水进行滴加进料。然而，由于副反应无法完全避免，双氧水需要适度过量才能保证环己酮的高转化率。从图 3.39 中可以看出，当双氧水/环己酮摩尔比达到 1.05 时，环己酮的转化率达到最大值（99.55%），且环己酮肟的选择性基本保持不变。此外，高双氧水比例还会引起产品色度的降低，这说明发生了深度氧化反应。因此，在氨肟化工业装置上进料时双氧水/环己酮摩尔比应控制在 1.05～1.10，以获得最高的双氧水有效利用率。

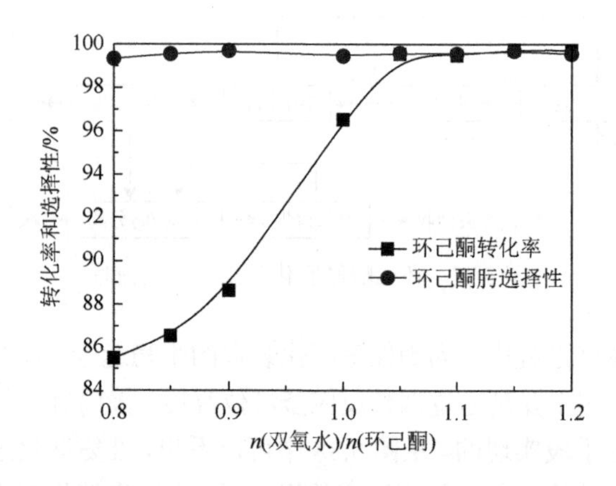

图 3.39　原料转化率和产物选择性与双氧水/环己酮摩尔比的关系

反应温度是影响环己酮氨肟化反应转化率和目的产物选择性的另一关键因素。这是由于温度的升高可提升生成羟胺的主反应速率，同时也会加速副反应的发生，特别是非催化的副反应。从图 3.40 中可以看出，在 68～88℃范围内，环己酮的转化率随反应温度的增加而升高，并在 80℃附近达到最大值（99.85%）。当反应温度超过 82℃后，环己酮肟的选择性出现明显的下降。所以反应温度应该严格控制在 80℃左右。

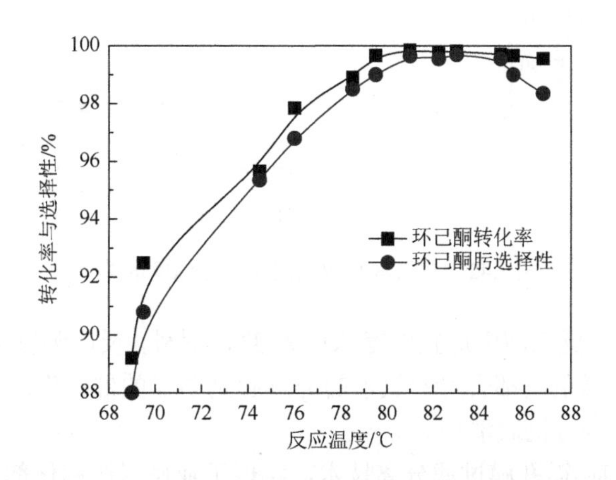

图 3.40　原料转化率和产物选择性与反应温度的关系

由图 3.41 和图 3.42 中可以看出，当氨浓度（质量分数）小于 3%时，环己酮转化率、环己酮肟选择性和双氧水的有效利用率均随着反应液中氨浓度的升高而增大，直至达到最高值（转化率为 99.68%，选择性为 99.21%，双氧水有效利用率为 94.04%）；随后继续提高氨浓度，环己酮肟选择性和双氧水有效利用率均有下降，这说明高的氨浓度加剧了双氧水的无效分解。因此，过高的氨浓度只能增加双氧

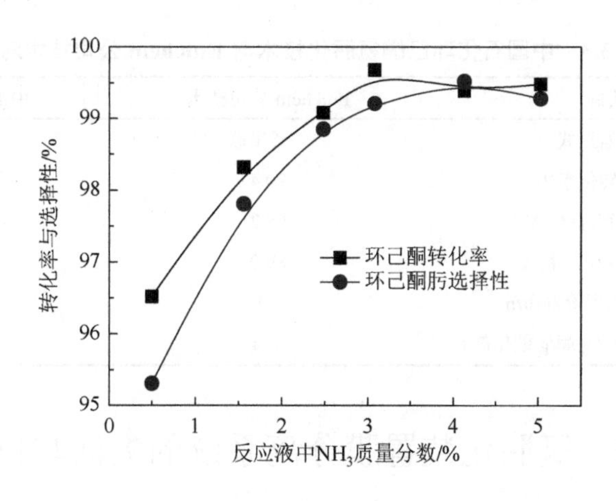

图 3.41　原料转化率和产物选择性与氨浓度的关系

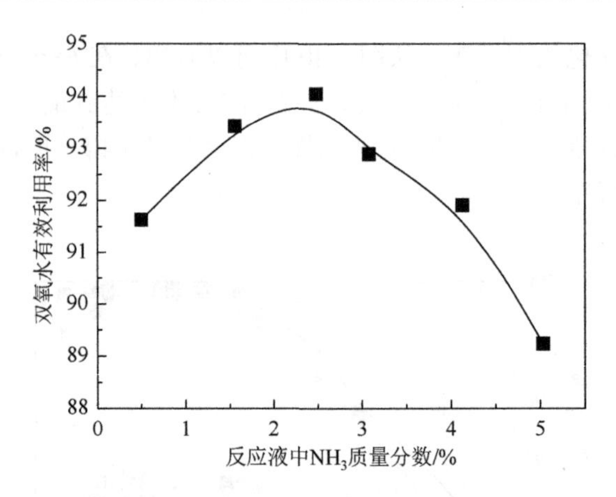

图 3.42　双氧水有效利用率与氨浓度的关系

水和氨水的物耗，反应液中适宜的氨浓度为 3%。另外，反应装置中微量的铁、锰、锌、镍和铜等金属杂质都会对双氧水的分解起到明显的催化作用，所以应在开车之前对反应系统进行彻底清理。

通过连续反应-微孔膜过滤分离技术，实现了亚微米级催化剂与反应产物的分离与循环使用，并成功攻克了碱性反应体系中膜堵塞的技术难关，首次实现反应-膜分离组合工艺在石化工业大规模连续生产中的应用和长周期稳定运转。单釜连续淤浆床环己酮氨肟化新工艺，完全不同于国外采用的成型催化剂、两釜串联反应-常规过滤分离工艺，省去了繁杂的催化剂成型过程，避免了昂贵分子筛的损耗和活性损失，充分发挥了催化剂活性，为具有高活性的亚微米级固体催化材料的工业应用提供了成功的范例。中国石化环己酮氨肟化技术，与国外 Enichem 公司的详细技术对比情况如表 3.3 所示。

表 3.3　中国石化环己酮氨肟化技术与 Enichem 公司技术对比

项目	Enichem 公司技术	中国石化技术
反应器形式	二釜串联	单釜
环己酮转化率/%	99.4	99.5
环己酮肟选择性/%	98.2	99.5
H_2O_2 有效利用率/%	89.0	92.0
催化剂微反评价寿命/h	70	132
单位催化剂产能/（g 酮/g 催化剂）	424	936

3.5　氨肟化装置膜分离系统的失活与再生

膜分离技术是实现液相中超细固体粒子高效和快速分离的重要手段。膜分离的机理非常简单，即在膜两侧压力差的推动下能够穿过膜孔道的物质选择性通过，从而实现不同尺寸物质的筛分。现有的膜材料大多数都为多孔陶瓷，其具有良好的耐酸碱、耐高温、耐生物腐蚀和耐有机溶剂性能，且孔径分布均匀，机械强度高。该技术的快速发展为亚微米级分子筛的工业分离提供了宝贵契机，为 HTS 分子筛的工业生产和应用奠定了基础。由于 HTS 分子筛颗粒尺寸分布为 200～300 nm，采用平均孔径为 200 nm 的陶瓷膜进行分离，HTS 分子筛的截留率高达 99.96%。工业试验结果表明，升高温度有利于提高膜渗透通量，这是由于温度的升高会减弱超细粒子间的内摩擦力，即降低了流体的黏度。从图 3.43 中可以看出，膜渗透通量随着体系黏度的增加而不断降低，其主要是由于黏度的增加抑制了流体的湍流程度，增大了膜表面浓差极化层的厚度，从而使膜的渗透通量降低。同时，物料中 HTS 分子筛的固含量也是影响体系黏度的关键参数。从图 3.44 中可以看出，当 HTS 分子筛的固含量由 2%增加到 21%（质量分数）时，膜渗透通量显著下降，从大约 500 L/(m^2·h)下降到 150 L/(m^2·h)。膜渗透通量的降低不仅增加动力消耗，还会造成膜管的堵塞，影响正常生产，因此在环己酮氨肟化过程中应该严格控制浓缩液的固含量。另外，膜面流速也是工业操作上需要格外关注的指标。增大膜面流速可以减薄浓差极化层和带走沉积于膜表面的超细颗粒，从而获得较高的膜渗透通量和寿命稳定性；但也会造成系统内操作压力升高和动力消耗增大等问题，因此需要对其进行优化。从图 3.45 中可以看出，当膜面流速从 1.7 m/s 提高到 2.4 m/s，膜渗透通量提高了将近一倍；此后继续增大膜面流速，膜渗透通量变化不大，因此优选膜面流速为 2.4 m/s。在此条件下，膜的运转性能稳定，膜渗透通量基本稳定在 800 L/(m^2·h)附近，能够满足环己酮氨肟化工业过程的需求。

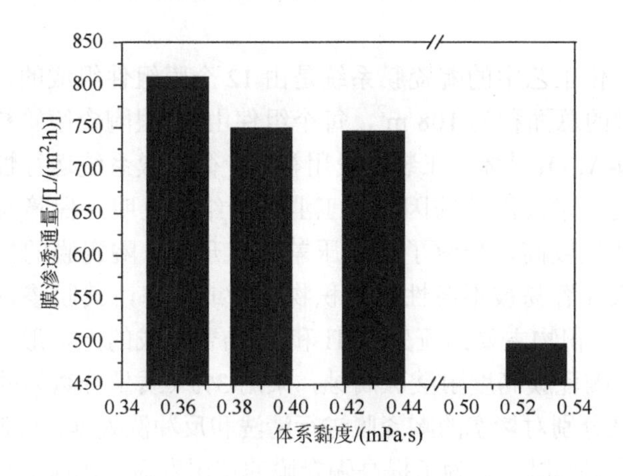

图 3.43　流体的黏度对陶瓷膜渗透通量的影响

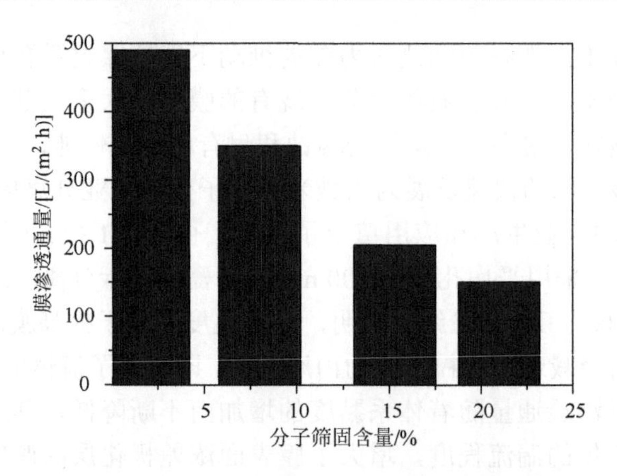

图 3.44　分子筛的固含量对陶瓷膜渗透通量的影响

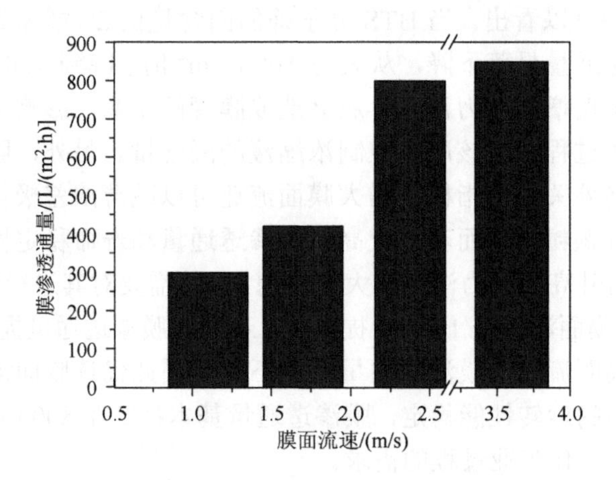

图 3.45　流体的膜面流速对陶瓷膜渗透通量的影响

环己酮氨肟化工艺中的陶瓷膜系统是由 12 个膜组件组成的，呈现 2 串 6 并分布模式，膜管的总面积为 108 m^2，每个组件由 37 根陶瓷膜管构成，其材质为烧结法生成的 α-Al_2O_3 晶体。在装置投用初期，微滤膜系统运行性能不稳定是制约整个组合工艺技术经济性的因素。工业试验结果表明，保障装置高负荷运转需要的膜渗透通量较高，导致了跨膜压差持续升高，陶瓷膜的使用效率降低。这是由于膜管表面容易被不溶性的沉积物粘壁或堵塞，其膜渗透通量仅为新膜的 20%左右。该沉积物主要为流失的 Ti 和 Si 结合而成的无定形氧化物且几乎不含有机物。由于陶瓷膜高度耐酸碱腐蚀，采用 3%（质量分数）的 NaOH 溶液和 3%的 HNO_3 溶液分别对堵塞的陶瓷膜进行清洗和反冲洗处理，可使膜渗透通量恢复到新膜水平的 95%以上。为了提高陶瓷膜的使用寿命，巴陵石化从以下几个方面做了工艺优化和技术改进：①提高进料的错流速率，减缓沉积层增厚速度。

工业试验结果表明，物料的错流速率从 3.0 m/s 提高到 3.6 m/s，可抑制沉积物的堆积，使膜渗透通量保持稳定。②增加反冲罐的体积，使反冲压力保持平稳，确保膜系统反冲完全。③改变膜系统的反冲流程和介质。改造前后膜分离系统工艺流程示意图分别如图 3.46 和图 3.47 所示。采用分层反冲的方式替代原有的分组反冲，实现跨膜压差的降低和膜渗透通量的提高。将原来的滤液介质改为氨肟化体系的溶剂叔丁醇，不仅避免了滤液中小粒子污染膜内孔问题，还改善了反冲的效果。

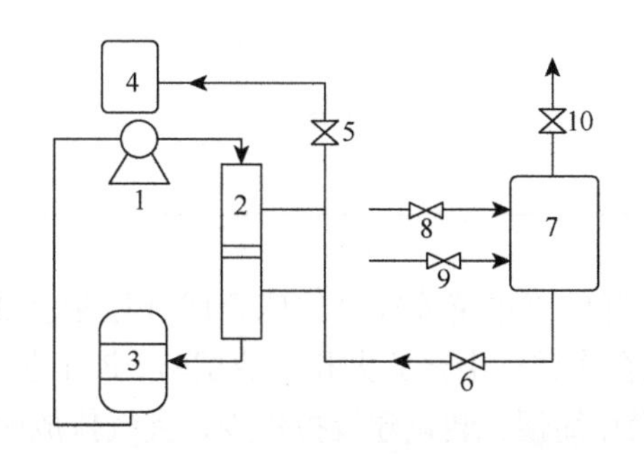

图 3.46　改造前膜分离系统工艺流程示意图

1. 循环泵；2. 膜过滤器；3. 反应器；4. 清液罐；5. 过滤阀；6. 反冲阀；7. 反冲罐；8. 氮气补压阀；9. 补液阀；10. 放空阀

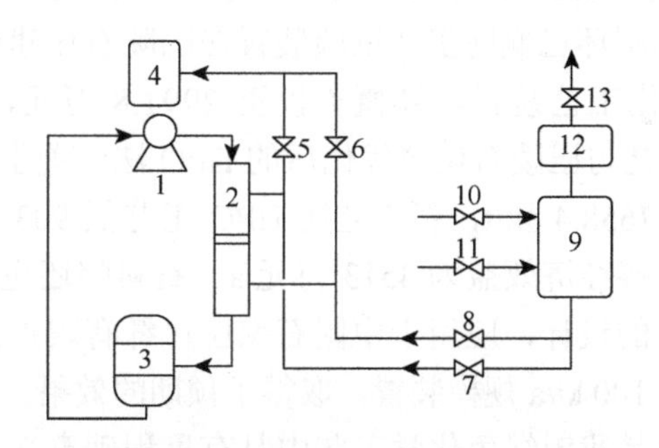

图 3.47　改造后的膜系统工艺流程示意图

1. 循环泵；2. 膜过滤器；3. 反应器；4. 清液罐；5，6. 过滤阀；7，8. 反冲阀；9. 反冲罐；10. 氮气补压阀；11. 补液阀；12. 气包；13. 放空阀

改造后的膜系统性能获得了显著的改善，如表 3.4 所示。环己酮进料流量提高了一倍，实际生产负荷由原来的 38%增加至 64%，膜渗透通量由 0.26 t/(m^2·h) 提升到了 0.33 t/(m^2·h)，增幅高达 27%。由于膜径向压差和跨膜压差明显降低，膜分离装置的运行周期延长了 5 倍，平稳运行周期长达 120 d。综上所述，集成了原粉钛硅分子筛催化剂、单釜淤浆床反应器、陶瓷膜分离等技术的中国石化环己酮氨肟化工艺技术可靠、性能高效，属于原子经济性高的绿色化学过程，克服

了传统拉西法工艺的投资大、路线长和三废多等弊端，是己内酰胺生产的颠覆性技术。

表 3.4　膜分离系统改造前后的运行性能对比

项目	改造前	改造后
环己酮进料流量/(t/h)	3	6
膜渗透通量/[t/(m^2·h)]	0.26	0.33
膜径向压差/MPa	0.12	0.08
跨膜压差/MPa	0.15	0.09
运行周期/d	20	120

石科院于 1999 年开始“单釜连续淤浆床合成环己酮肟成套新技术”的研究，于 2000 年与巴陵石化合作进行中试放大和工业试验。该工艺技术与传统的 HPO 法相比，工艺流程短、操作简便、装置建设投资少、废气排放明显减少，可大幅度降低环己酮肟的生产成本，是具有自主知识产权并达到国际领先技术水平的工艺技术。2002 年底，巴陵石化带头承担“14 万 t/a 己内酰胺生产成套设备新技术开发”。其中，环己酮氨肟化新工艺成为项目中第一个进行工业试验的关键技术。2003 年，70 kt/a 环己酮氨肟化制环己酮肟工业试验装置在巴陵石化建成。研究结果表明，建一套 50 kt/a 氨肟化工艺装置，经概算投资 2991.8 万元，为引进装置投资的 18.14%。氨肟法新工艺与巴陵石化曾优化后的 HPO 法装置生产成本比较，前者为 6755.4 元/t，后者为 7658.4 元/t，新工艺比 HPO 工艺低 903 元/t，按 50 kt/a 新工艺装置计，产生的直接经济效益为 4513 万元/a。石科院还完成了“10 万 t/a 环己酮肟化装置工艺包”的设计，应用于中国石家庄化纤有限责任公司进行己内酰胺装置扩能改造，建设 100 kt/a 规模装置，取得了预期的效果。单釜连续淤浆床合成环己酮肟成套新技术是我国绿色化学工艺中具有里程碑意义的技术，是处于国际领先技术水平、具有自主知识产权的工艺技术。

3.6　环己酮氨肟化工艺 HTS 催化剂的失活与再生研究

HTS 分子筛催化环己酮氨肟化工艺的优选条件是：进料中 $n(NH_3)/n$(环己酮) = 1.7～2.0、$n(H_2O_2)/n$(环己酮) = 1.05～1.1、反应温度为 75～80℃、反应压力为 0.3 MPa，反应物料平均停留时间为 65～75 min，催化剂质量分数为 2.5%，外加溶剂叔丁醇与水体积比为 1.5～2.5[109-111]。在反应条件下，反应原料氨、生成的羟胺或亚胺等碱性中间物质均会对 HTS 分子筛的结构和组成产生不可逆的作用，同时反应过程中还会发生某些副反应而造成积炭失活[112, 113]。在工业上需要采取定期卸出失活剂烧炭再生和补充新鲜剂的办法，来保证反应过程的长周期稳定运转。

目前针对工业环己酮氨肟化工艺的钛硅分子筛催化剂失活的研究报道依然较少。Petrini 等[114]率先研究认为钛硅分子筛的失活可能是由于以下三个方面的原因：①骨架硅溶解；②骨架钛向外迁移形成非骨架钛；③分子筛孔道被重质有机物堵塞。其中，有机物堵孔可以通过高温焙烧的办法而获得有效解决，将其定义为可逆失活；而前两种情况是由于碱性环境使分子筛骨架结构和组成发生变化，当变化到一定程度时就无法表现出正常的催化性能，且通过焙烧无法使其性质获得复原，因此将该种失活现象定义为不可逆失活。HTS 分子筛价格比较昂贵，生产条件比较苛刻，因此最大限度地抑制其不可逆失活具有多方面的意义。

3.6.1 HTS 分子筛的可逆失活与再生研究

如前所述，HTS 分子筛失活可以根据能否焙烧再生分为可逆失活和不可逆失活。关于由有机物积炭堵孔和覆盖活性中心造成的可逆失活，张向京等[115]采用 FTIR、TG-DSC、GC-MS、XRD、NMR、SEM 以及 BET 测试等手段分析了失活 HTS 分子筛表面沉积的有机物性质。他们发现沉积物主要分布在分子筛微孔中，主要是环己酮的氧化副产物、二聚物、环己酮肟深入反应产物以及叔丁基环己酮等单体和缩聚而成的沉积物；并且认为处于活性中心附近的沉积物受钛物种的作用而容易在低温下脱除，孔道内其他沉积物则需要较高温度才能脱除，当温度达到 650℃时可以脱除全部积炭。Enichem 公司公开了一种环己酮氨肟化失活催化剂的再生方法，即将失活催化剂首先进行焙烧处理，然后在含无机氟化物的双氧水溶液中浸渍处理，接着再次焙烧处理，再生后的分子筛活性最高可达到新鲜分子筛催化活性的 84%[116]，但含氟物质对环境污染较严重。

常见的再生研究方法还包括有机溶剂洗涤、抽提和超临界条件下洗涤。表 3.5 给出了各种溶剂洗涤处理下失活 HTS 分子筛的比表面积和孔体积变化情况。从表 3.5 中可以看出，失活剂的比表面积仅为新鲜剂的 29%，总孔体积下降一半，微孔体积下降了 73%；采用各种溶剂洗涤和抽提处理后，失活剂的比表面积和总孔体积均有一定程度的提高，比表面积恢复至新鲜剂的 45%～63%，总孔体积恢复至新鲜剂的 62%～81%，而微孔体积仅恢复至新鲜剂的 43%～62%，这说明微孔内的积炭较难脱除，而介孔内和外表面的吸附物质较容易脱除。

表 3.5 溶剂洗涤后分子筛比表面积和孔体积表征

样品处理方式		比表面积/(m^2/g)	微孔体积/(mL/g)	总孔体积/(mL/g)
溶剂	处理条件			
新鲜剂	—	427	0.170	0.326
失活剂	—	125	0.046	0.164
叔丁醇	回流，抽提	194	0.074	0.215
叔丁醇 + 双氧水	100℃，自压	270	0.093	0.265
叔丁醇	超临界	270	0.102	0.254
甲苯	超临界	261	0.106	0.251
丙酮	超临界	256	0.096	0.245
二氧化碳	超临界	199	0.073	0.224
二氧化碳 + 乙醇	超临界	211	0.077	0.229
二氧化碳 + 甲苯	超临界	215	0.073	0.203

目前，环己酮氨肟化工业过程中采用酸化处理和高温焙烧相结合的方式使失活 HTS 分子筛再生[117]。分别对运转 400 h 和 610 h 的失活 HTS 分子筛用无机酸预处理，然后再焙烧进行再生处理，发现可以使失活剂的催化活性和选择性达到新鲜剂水平，而且失活剂可多次再生和使用。但是 HTS 分子筛催化工艺的稳定运行时间逐渐下降；经过 3 次酸化和焙烧处理后，其稳定运行时间仅为新鲜剂水平的 52.5%，这说明焙烧处理对 HTS 分子筛的骨架具有一定破坏作用。目前对工业 HTS 分子筛的失活过程、分子筛表征信息以及再生处理技术仍缺乏深入研究，因此将对失活 HTS 分子筛物理化学表征、分子筛失活过程探索和失活分子筛的活性中心再插入等展开研究，为实现失活 HTS 分子筛高效再资源化利用奠定基础。

3.6.2 环己酮氨肟化体系 HTS 分子筛硅溶解与抑制

以 HTS 分子筛材料为催化剂开发的 HTS 催化环己酮氨肟化新工艺在巴陵石化成功取代了从荷兰帝斯曼公司引进的 HPO 工艺，将原来的“四步法”工艺简化为“一步法”直接合成环己酮肟，每千克 HTS 分子筛可以生产超过 6 t 的环己酮肟产品，投资费用仅为 HPO 法的 18%，环己酮肟生产每吨成本可节省接近千元，且无副产物硫酸铵排放，实现了清洁生产，符合绿色与可持续化学的基本原则。然而，HTS 分子筛会在使用过程中逐渐失去活性，需要不断补加新鲜 HTS 分子筛。这是由于环己酮氨肟化反应在强碱性的氨水热处理条件下进行，原料氨水和反应过程中生成的羟胺、亚胺等碱性中间物质都会对分子筛硅骨架具有溶解作用，而且焙烧除炭再生过程也会对分子筛活性恢复产生重要影响[72, 76, 118-126]。在工业氨肟化过程中，HTS 分子筛需要进行多次使用和再生处理，在催化氨肟化反应过程中 HTS 分子筛骨架硅会不断溶解，硅流失量随着其使用时间的延长而增加；同时部分 Si—O—Si 键和 Si—O—Ti 键水解产生的 Si—OH 和 Ti—OH 物种会在焙烧除炭操作中重新脱水键合，造成部分骨架钛原子迁移出骨架位置而不具有催化活性，因此 HTS 分子筛催化剂活性下降，经过若干次焙烧处理后就不得不从装置中卸出[127-133]。上述失活现象涉及 HTS 分子筛硅与钛物种状态与含量的改变，无法通过焙烧而使其催化活性获得恢复，该类失活行为定义为不可逆失活。

1. 环己酮氨肟化过程硅溶解规律研究

环己酮氨肟化工艺是在淤浆床反应器中进行的，为了保证环己酮转化率和产物选择性，需要不断卸出部分“平衡剂”，再补充一定量新鲜剂，卸出剂经过酸洗和焙烧再生后继续投入反应体系。大量的工业和实验室研究结果表明，在碱性环己酮氨肟化环境中 HTS 分子筛催化剂会发生硅溶解，从而引起骨架钛发生迁移。图 3.48 给出了在 120℃、NH_3/SiO_2 摩尔比为 2.94、搅拌速率为 300 r/min 条件下，在氨热处理时间 0～52 h 范围内，催速失活 HTS 分子筛焙烧样品的苯酚羟基化活性变化曲线。可以看出，随着氨热处理时间延长，对应样品催化苯酚羟基化的活性呈连续下降趋势，从 24.20%下降到为 8.01%。图 3.49 所示为不同氨热处理时间

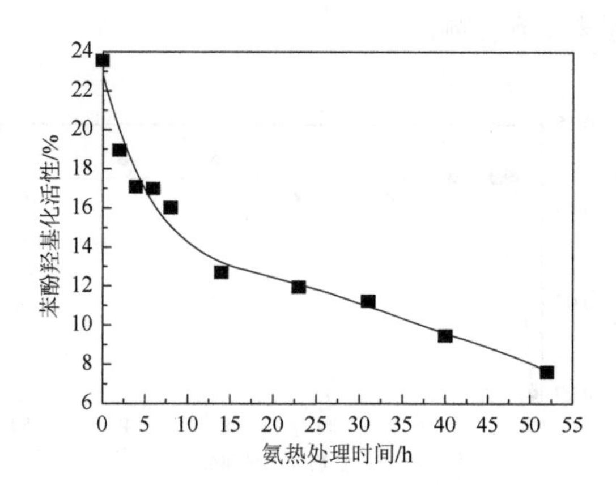

图 3.48　不同氨热处理时间下失活 HTS 分子筛焙烧样品的苯酚羟基化活性

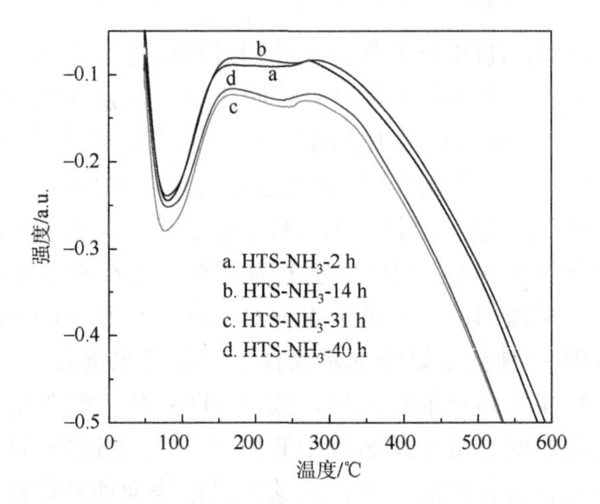

图 3.49　不同氨热处理时间下模拟失活 HTS 分子筛的 DSC 曲线

下模拟失活 HTS 分子筛的 DSC 表征结果。可以看出，随着氨热处理时间的延长，在 260℃处吸附氨的脱附放热峰的强度不断增强，这说明氨热处理时间越长，分子筛化学吸附氨的量越多。

图 3.50 为不同氨热处理时间下氨水溶液溶解硅的 ICP 检测结果。可以看出，当氨水处理 2 h 以后，溶解硅的量几乎不随时间延长而发生变化，最大平衡硅溶解量约为分子筛质量的 1%。这可能是由于在密闭的反应环境，受同离子效应影响，硅存在溶解平衡，因此在给定条件下硅溶解量为固定值[134, 135]。表 3.6 显示不同氨热处理时间下 Ti/(Ti + Si)的摩尔比相差不大，验证了同离子效应的存在。实验表明，在上述反应氨热条件下处理 23 h 后的 HTS 分子筛苯酚羟基化活性为 11.98%；而在上述体系中添加 1/10 分子筛质量的白炭黑粉末，氨热处理 23 h 后，苯酚羟基化活性为 24.32%，几乎未受到影响。

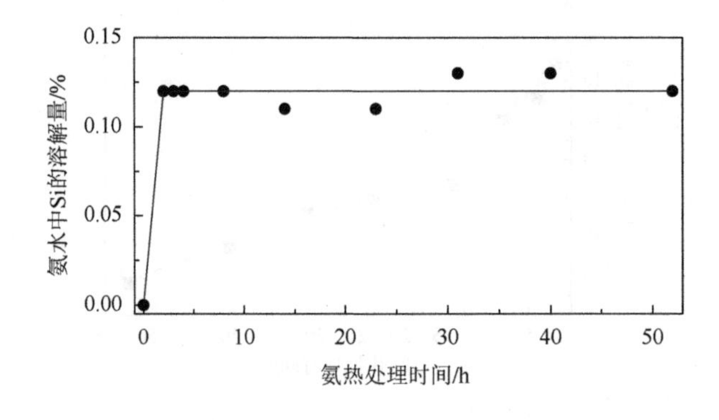

图 3.50　不同氨热处理时间下氨水溶液溶解硅的 ICP 检测结果

表 3.6　不同氨热处理时间下模拟失活 HTS 分子筛 XRF 和 BET 表征

样品	$n(Ti)/n(Ti + Si)$	$S_{BET}/(m^2/g)$	$S_{micro}/(m^2/g)$	$V_{pore}/(mL/g)$	$V_{micro}/(mL/g)$
新鲜 HTS 分子筛	—	437	381	0.319	0.172
HTS-NH_3-2 h	0.0532	364	342	0.265	0.157
HTS-NH_3-14 h	0.0546	306	292	0.204	0.135
HTS-NH_3-31 h	0.0545	277	258	0.195	0.119
HTS-NH_3-40 h	0.0537	286	269	0.199	0.124

图 3.51 为不同氨热处理时间下模拟失活 HTS 分子筛样品的 XRD 表征结果，可以看出不同氨热处理时间下的 HTS 分子筛样品均具有规则的“五指峰”结构，这说明该材料的 MFI 拓扑结构保存完好[136-138]。尽管不同失活阶段 HTS 分子筛的 Ti/(Ti + Si)摩尔比和 XRD 衍射谱图几乎相同，然而，如表 3.6 显示的 XRF（X 射线荧光光谱分析）和 BET 表征结果，氨热处理 2 h 后 HTS 分子筛的比表面积和总孔体积（介孔体积）就分别下降了 16.70%和 16.93%，且随着氨热处理时间延长，HTS 分子筛的比表面积和总孔体积都继续下降。氨热反应进行 31 h 后，比表面积和总孔体积基本达到了平衡状态，其值分别约等于新鲜剂的 63.4%和 61.1%。根据上述结果，可以确定比表面积和总孔体积的下降比例密切相关，这说明在氨水中，硅的溶解未引起分子筛骨架的高度坍塌，只是部分骨架结构被氨水整体溶解，而保留部分的分子筛拓扑结构几乎未变化。

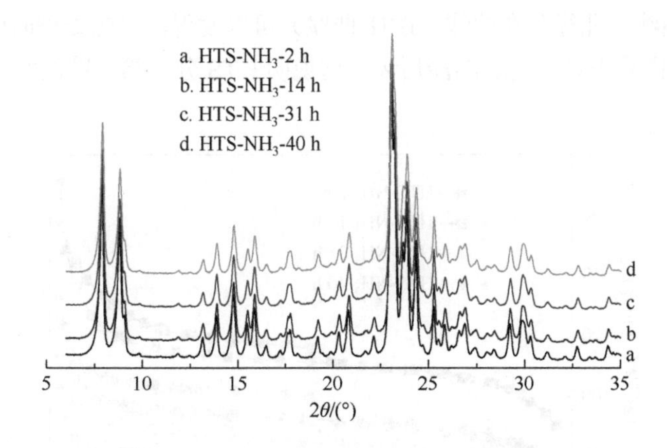

图 3.51　不同氨热处理时间下模拟失活 HTS 分子筛样品的 XRD 谱图

图3.52给出了氨热处理时间为40 h的模拟失活HTS分子筛样品的SEM照片，可以直观给出模拟失活 HTS 分子筛的形貌信息。从 SEM 照片中可以看出，模拟失活 HTS 分子筛的晶体颗粒粒径相差很小，这说明在搅拌条件下，硅流失反应在

分子筛颗粒表面进行得比较剧烈；而从更高放大倍数的 SEM 照片上可以看出明显的分子筛颗粒被氨水腐蚀的痕迹，晶体表面被刻蚀出许多不规则的“沟壑”缺陷结构，表面形貌非常粗糙。该结果佐证了前面的 XRD 和 BET 表征分析得出的结论，即 HTS 分子筛部分晶体表面被氨水整体溶解，剩余的骨架结构保持完整的 MFI 拓扑结构。

图 3.52　氨热处理时间为 40 h 模拟失活 HTS 分子筛样品的 SEM 照片

由图 3.53 和图 3.54 分别所示的不同模拟失活处理时间下 HTS 分子筛的低温氮气吸附-脱附曲线和孔径分布曲线（BJH 曲线）可以发现，氨热处理时间从 2 h 变化到 40 h，各个样品均具有明显的滞后环，这说明 HTS 分子筛独特的空心结构二次介

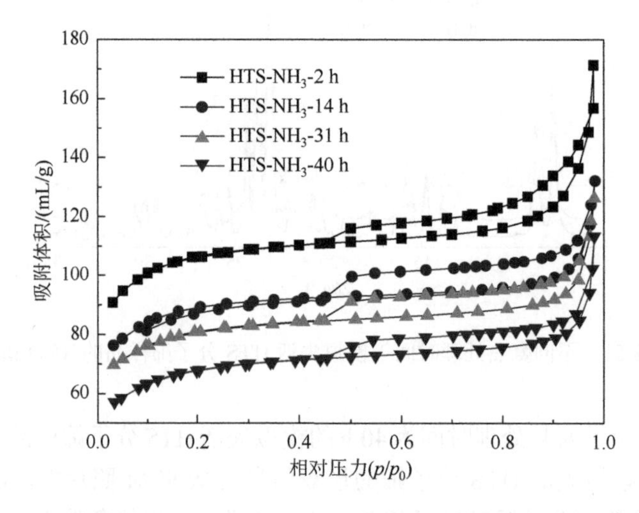

图 3.53　不同氨热处理时间下模拟失活 HTS 分子筛低温氮吸附-脱附曲线

孔仍然获得了较大程度的保留。而结合图 3.54 所示的不同氨热处理时间下 HTS 分子筛样品的 BJH 曲线，可以看出随着氨热处理时间的延长，模拟失活 HTS 分子筛的介孔孔径有持续增大的趋势。新鲜 HTS 分子筛的二次最可几孔径约为 10 nm，氨热处理 2 h 后，最可几孔径增大到 15 nm 左右；而氨热处理超过 14 h，最可几孔径小于 20 nm 部分的介孔消失，最可几孔径全部集中在 60 nm 附近，这说明在氨热处理过程中氨气分子进入分子筛孔道，导致了彼此接近的二次介孔结构（孔径约为 15 nm）发生坍塌，相互连通，而产生了更大孔径的二次孔结构。

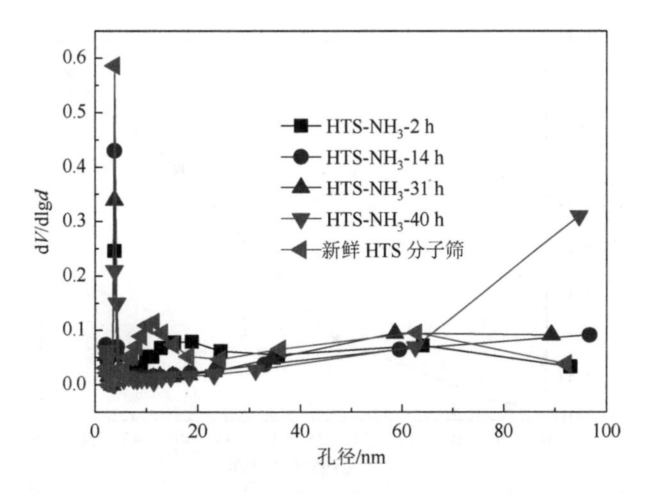

图 3.54　不同氨热处理时间下模拟失活 HTS 分子筛孔径分布曲线

图 3.55 给出了不同氨热处理时间下模拟失活 HTS 分子筛的 ^{29}Si MAS NMR 表征结果。可以看出随着氨热处理时间延长，化学位移 $\delta=-103$ ppm 峰强度与 $\delta=-112$ ppm

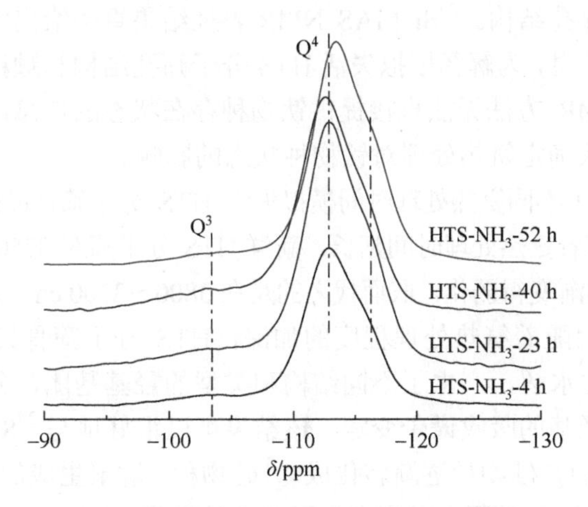

图 3.55　不同氨热处理时间下模拟失活 HTS 分子筛 ^{29}Si MAS NMR 表征

峰强度的比值逐渐增大。众所周知，化学位移 $\delta = -103$ ppm 峰对应着[SiOH(OSi)$_3$]或[SiOH(OTi)(OSi)$_2$]状态的 Q^3 型硅物种；而 $\delta = -112$ ppm 峰可归属为[Si(OSi)$_4$]配位状态的 Q^4 型硅物种。而 $\delta = -116$ ppm 处肩峰可归属为[Si(OTi)(OSi)$_3$]状态的 Q^4 硅物种，它的强度与插入分子筛骨架的钛物种数量密切相关。从图 3.55 中可以看出 $\delta = -116$ ppm 处肩峰呈现逐渐减弱的趋势，由此可得出，在氨热处理过程中 HTS 分子筛骨架硅会不断发生 Si—O—Si 键断裂生成 Si—OH，造成部分 Q^4 型硅物种转化为 Q^3 型硅物种，同时骨架四配位钛物种发生了迁移，如图 3.56 所示[9, 139-141]。

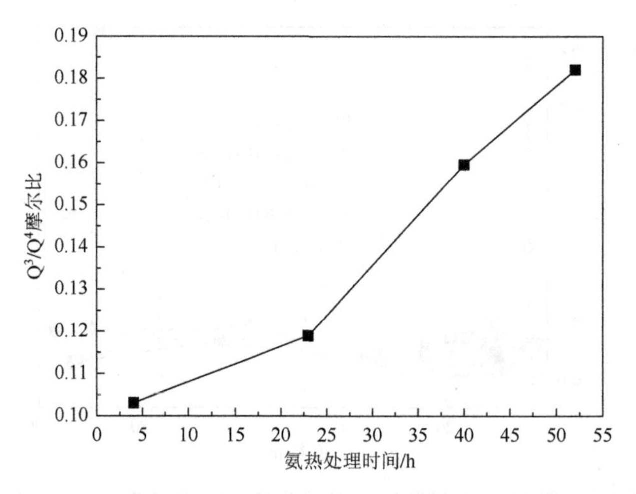

图 3.56　不同氨热处理时间下模拟失活 HTS 分子筛 Q^3/Q^4 物种摩尔比

该转化过程促使骨架硅溶解到氨水溶液中，从而引起分子筛平滑晶体颗粒表面被腐蚀得非常粗糙，并导致介孔孔壁发生溶解，相互彼此连通，形成了更大最可几孔径的二次介孔结构。^{29}Si MAS NMR 表征结果直接给出了氨热处理过程硅物种状态的变化信息，为解释模拟失活 HTS 分子筛孔结构和颗粒形貌的变化提供了依据。但是 NMR 方法无法直接提供钛物种存在状态的信息，因此还需要结合其他谱学表征方法确定氨热处理对钛物种状态的影响。

图 3.57 给出了不同氨热处理时间模拟失活 HTS 分子筛样品的红外羟基表征谱图。可以看出，随着氨热处理时间延长，新鲜 HTS 分子筛在 3750 cm^{-1} 和 3500 cm^{-1} 处的两处吸收峰逐渐变得弱化，取而代之的是在 3800～3200 cm^{-1} 范围内产生了连续的吸收峰。这说明随着氨热处理程度的加深，HTS 分子筛骨架 Si—O—Si 键和 Ti—O—Si 键发生水解，产生了不同结构和类型的羟基基团，分子筛骨架的缺陷数量增多，因此羟基的吸收谱带变宽。该结果可以很好地与 ^{29}Si MAS NMR 结果相匹配，可见随着 Q^4 硅物种逐渐转化成 Q^3 硅物种，解聚生成的不同结构 Si—OH 和 Ti—OH 在红外羟基谱图中对应产生了连续的吸收峰。

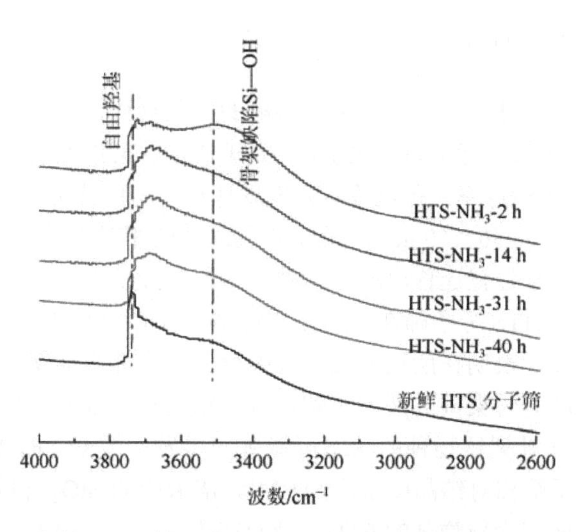

图 3.57　不同氨热处理时间下模拟失活 HTS 分子筛样品的红外羟基表征谱图

图 3.58 给出了不同氨热处理时间（2 h 和 40 h）模拟失活 HTS 分子筛样品的 TEM 照片。可以看出，经过氨热处理的 HTS 分子筛晶体具有被氨水腐蚀的明显痕迹，颗粒表面变得非常粗糙，晶体边缘存在一些小凹凸结构。这说明氨热处理使部分硅物种的溶解，造成了规则的分子筛晶体颗粒形貌发生了变化。但在氨热失活 HTS 分子筛晶体颗粒表面未发现“钛硅聚集体”碎片的存在，说明氨热处理过程未造成钛物种的不断聚集，钛物种依然高度分散于分子筛晶体内部。为了确定上述钛物种的存在形式和数量，又引入 FTIR 和 UV-Vis 等光谱学手段对其进行表征。

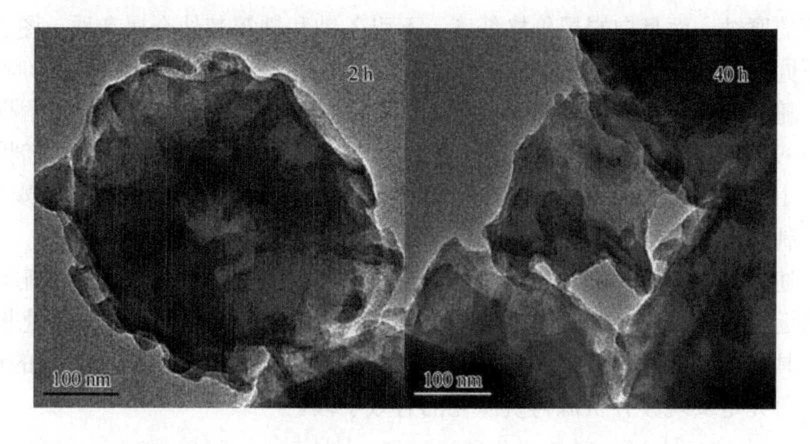

图 3.58　不同氨热处理时间（2 h 和 40 h）模拟失活 HTS 分子筛样品的 TEM 照片

2. 环己酮氨肟化过程硅溶解的抑制研究

为了深入理解碱性体系中分子筛硅溶解的抑制规律，人们对工业失活和模拟处理失活 HTS 分子筛进行了系统表征，并发现添加含硅助剂在一定程度上可以降低 HTS 分子筛的失活速率。孙斌等研究发现环己酮氨肟化体系反应 350 h 后，反应液中 SiO_2 的含量为 50～60 μg/g，分子筛表面钛的相对含量变为新鲜剂的 130%左右，这说明从骨架位置迁移出的钛物种仍然留在分子筛晶粒上。Raman 光谱表征结果表明，随着 HTS 分子筛在氨肟化装置中运行时间的延长，143 cm^{-1} 处吸收峰的强度略有增加，表明在所述碱性环境中分子筛中非骨架钛含量不断增多。由此可间接推断出随着骨架硅的缓慢溶解，骨架钛物种逐渐向骨架外发生了迁移，且在烧炭过程中非骨架钛物种的状态可能进一步发生改变。而 2%浓度氨水处理 72 h 后发现，分子筛相对结晶度下降为 92%，溶液中的 SiO_2 含量高达 1856 μg/g，分子筛相对比表面积为新鲜剂的 64%，骨架钛含量进一步增多，因此碱性物质是引起 HTS 分子筛骨架硅溶解和钛迁移的主要因素。研究还发现，反应体系的极性和氨浓度都是影响 HTS 分子筛失活过程的重要因素，同时在固定的条件下反应液中存在硅溶解平衡。针对极性作用的影响问题，采用额外加入极性作用较弱的溶剂叔丁醇的方法来降低溶液极性，可以降低氨的电离程度进而抑制其对分子筛骨架硅的溶解作用，优选条件是叔丁醇与水体积比为 1.5～2.5。从处理时间对分子筛硅溶解的影响规律来看，溶液中 SiO_2 的含量并不是单调增加，而是达到一定程度后保持基本不变。利用这个骨架硅溶解平衡现象，人们在反应液中额外加入了对体系无影响的含硅助剂，发现可以显著提高分子筛的稳定运转周期，单程催化剂寿命可以提高 50%以上。

在氨肟化工艺中，添加白炭黑作为“同离子”助剂，来降低碱性环境对 HTS 分子筛的腐蚀，而且白炭黑价格低廉，不引入钠和铁等其他金属杂质。图 3.59 给出了不同含硅助剂添加量对 HTS 分子筛催化环己酮氨肟化反应寿命的影响。可以看出，随着助剂添加量的增加，环己酮转化率（96.0%～98.0%）和环己酮肟选择性（＞99.5%）变化不大，但催化剂寿命从 33 h 提高到 50 h 左右，催化剂的回收率高达 100%。因此，在工业氨肟化过程中通常加入硅酯、二氧化硅和白炭黑等助剂来抑制骨架硅物种的流失，从而延长 HTS 分子筛使用寿命。

上述措施能够在一定程度上缓解 HTS 分子筛的失活速率，但是骨架硅流失和骨架钛迁移是不可避免和不可逆转的。而且失活钛硅分子筛其他杂质含量非常低，且依然具有相对完整的骨架拓扑结构，因此开展不可逆失活 HTS 分子筛的钛原子再插入研究是实现废弃资源再资源化的有效手段。

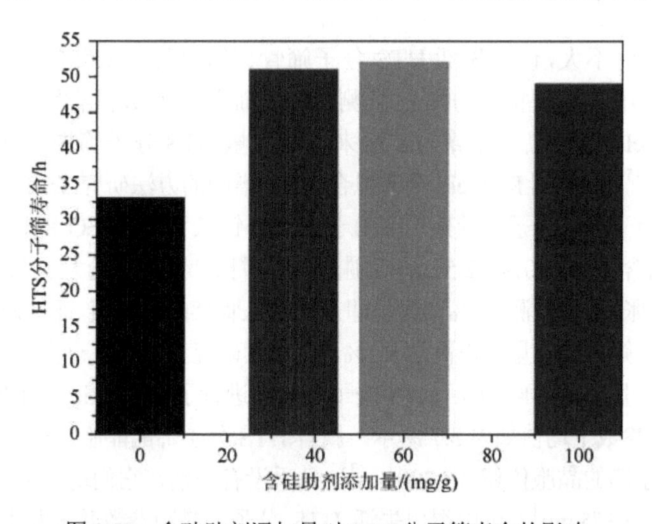

图3.59　含硅助剂添加量对HTS分子筛寿命的影响

反应条件：双氧水/环己酮摩尔比1∶1，氨/环己酮摩尔比1.7∶1，反应温度75℃，常压，催化剂含量1.8%

3.6.3　工业HTS分子筛不可逆失活原因解析

1. 工业失活HTS分子筛孔结构分析

HTS分子筛催化环己酮氨肟化反应属于典型的晶内催化过程，因此分子筛晶粒大小、晶胞参数、反应物分子的扩散速率等孔结构参数均会对其催化性能产生影响[142-150]。采用XRD技术对新鲜HTS分子筛与失活HTS分子筛进行了表征。如图3.60所示，新鲜HTS分子筛与失活HTS分子筛在23°～25°范围内具有明显的五指峰，是典型的MFI拓扑结构，且二者的相对结晶度差别不大。由此可初步判断失活HTS分子筛依然保持了较好的结晶状态，分子筛骨架未发生坍塌。$2\theta = 25.4°$处为结晶锐钛矿型TiO_2的特征吸收峰，从图中可以看出锐钛矿型TiO_2

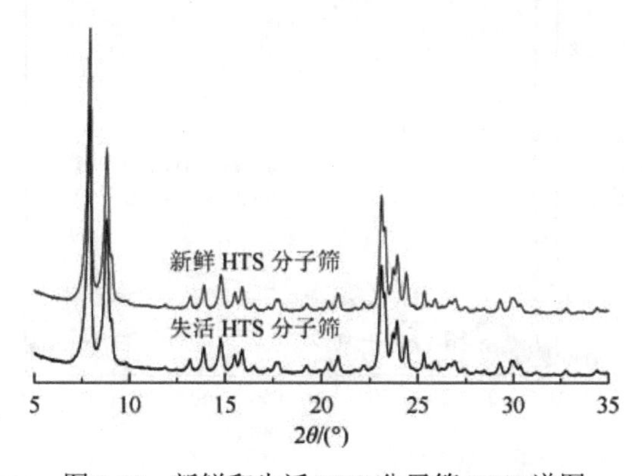

图3.60　新鲜和失活HTS分子筛XRD谱图

吸收峰强度变化不大，说明失活 HTS 分子筛骨架钛物种并未转化为锐钛矿型 TiO_2 晶体。但是采用常规五指峰方法定量测定分子筛晶胞参数具有较大的误差，建立了 XRD Rietveld 全谱拟合计算的方法来准确定量 HTS 分子筛失活结构参数信息。

Millini 等[151, 152]采用 Rietveld 全谱拟合 XRD 谱图的方法研究 TS-1 晶胞参数。结果发现，当 Ti 原子进入分子筛骨架后，由于 Ti—O 键长大于 Si—O 键长，TS-1 分子筛晶胞参数在钛含量介于 0%～2.5%的范围内线性增长；当钛含量大于 2.5%时，晶胞体积几乎不再膨胀，由此推测 2.5%钛含量即是钛插入骨架的最大值。而 Thangaraj 等[153-157]认为 TS-1 分子筛中钛含量可以高达 9.1%，但后续研究工作并没有支持该结论的证据。夏长久等分别对十个新鲜和失活 HTS 分子筛样品进行了 XRD Rietveld 全谱拟合表征，计算出的晶胞参数平均值如表 3.7 所示。新鲜 HTS 分子筛的晶胞体积（5.393 nm^3）与失活 HTS 分子筛的晶胞体积（5.390 nm^3）几乎没有差别，它们均高于 TS-1 分子筛的最大晶胞体积 5.375 nm^3，可以得出失活 HTS 分子筛晶胞参数并未发生显著变化。而不同 TiO_2/SiO_2 摩尔比的 HTS 分子筛 XRD Rietveld 全谱拟合结果表明，二次晶化样品的晶胞体积与骨架钛含量不存在关联，因此失活 HTS 分子筛的晶胞参数不能反映钛物种的含量。

表 3.7　新鲜 HTS 和失活 HTS 分子筛晶胞参数计算结果

样品	a/nm	b/nm	c/nm	V/nm^3
新鲜 HTS 分子筛	2.013	1.995	1.343	5.393
失活 HTS 分子筛	2.014	1.994	1.342	5.390

图 3.61 进一步给出了新鲜和失活 HTS 分子筛的孔径分布 BJH 曲线，可以看出失活 HTS 分子筛在 10 nm 附近的最可几介孔孔径几乎消失，而最可几孔径在 60 nm

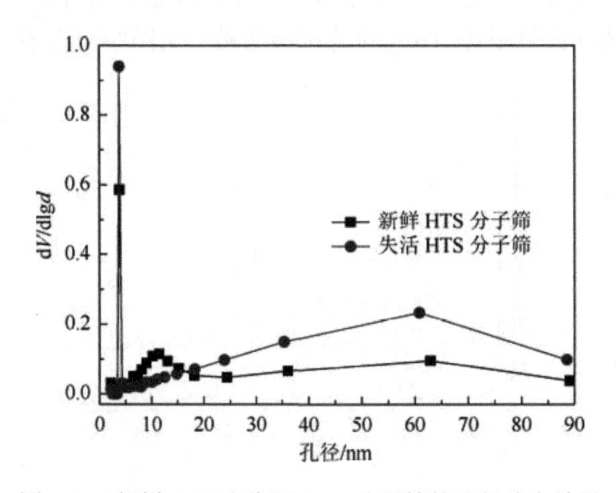

图 3.61　新鲜 HTS 和失活 HTS 分子筛的孔径分布结果

左右的二次孔结构比例显著增加，由此可推断在氨肟化工艺中新鲜 HTS 分子筛 10 nm 左右的二次介孔孔壁会发生硅溶解而彼此连通，形成了孔径约为 60 nm 新的二次孔，如图 3.62 所示。

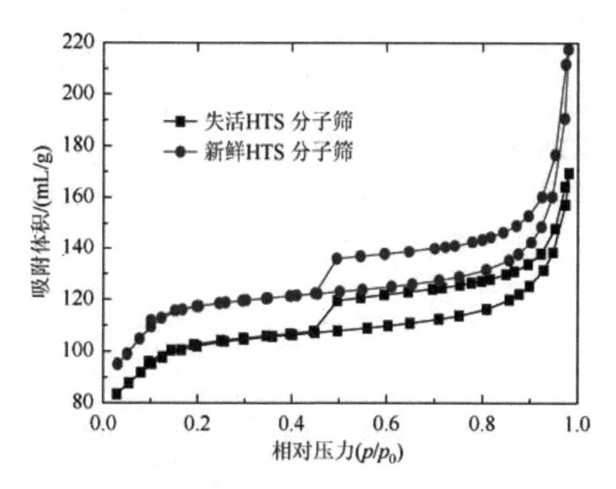

图 3.62　新鲜 HTS 和失活 HTS 分子筛低温氮吸附-脱附曲线

表 3.8 进一步给出了新鲜和失活 HTS 分子筛的 BET 表征结果。可以看出，随着钛硅分子筛催化苯酚羟基化探针反应活性的逐渐下降，分子筛的微孔体积逐渐下降，介孔体积略有上升，这可能是由孔径为 10 nm 介孔结构彼此连通形成孔径为 60 nm 较大孔结构所致；比表面积略有下降，但是下降幅度不大。结合新鲜和失活 HTS 分子筛 XRD Rietveld 全谱拟合计算得到的晶胞体积结果，可以认为在碱性环境中 HTS 分子筛骨架硅发生水解流失，使部分微孔转化为介孔，造成微孔体积显著下降，但下降幅度不大。

表 3.8　新鲜 HTS 和失活 HTS 分子筛 BET 表征结果

样品	S_{BET}/(m^2/g)	V_{pore}/(cm^3/g)	V_{micro}/(cm^3/g)	苯酚转化率/%
失活 HTS 分子筛	411	0.274	0.164	8.34
新鲜 HTS 分子筛	437	0.268	0.173	25.31

2. 失活 HTS 分子筛的形貌和钛物种表征

尽管由 XRD 和 BET 等表征结果可以推断失活 HTS 分子筛骨架结构依然保存较完整，晶胞参数也未发生显著变化，但对失活 HTS 分子筛所含不同钛物种状态及它们之间的转化规律依然缺乏深入的认识。首先采用 XPS 手段对新鲜和失活 HTS 分子筛表面的钛物种状态进行了研究[158-163]，如图 3.63 所示。对所得的 XPS

谱图进行分峰处理可以计算出骨架四配位钛（460.7 eV）和非骨架六配位钛（459.1 eV）所占的摩尔比。研究发现，与新鲜 HTS 分子筛相比，失活 HTS 分子筛表面骨架钛比例减少，而非骨架钛的含量显著增加，说明在 HTS 分子筛的氨肟化失活过程中部分骨架钛原子迁移出分子筛骨架，转化为非骨架钛原子，从而使催化剂活性组分的组成发生了改变。但 XPS 方法无法具体给出生成的非骨架钛物种的状态和含量，如无法区分非骨架钛是以金红石、锐钛矿或者其他种类钛物种形式存在。另外，XPS 表征仅能提供若干个原子层的表面信息，不足以反映分子筛体相的钛物种类型和含量信息，因此还需采用其他表征手段来进行深入研究。

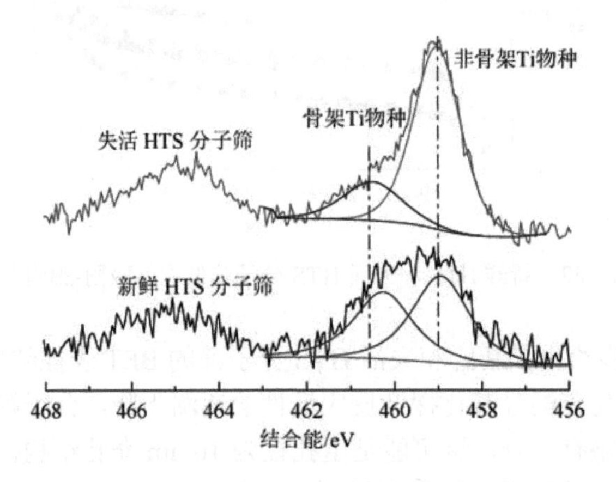

图 3.63　HTS 分子筛新鲜剂与失活剂的表面钛物种 XPS 谱图

图 3.64 给出了新鲜（a）与失活（b）HTS 分子筛钛物种的 UV-Vis 表征结果。一般认为，在 UV-Vis 谱图中 210～220 nm 处谱峰为骨架氧的成键 2p 轨道电子跃迁至骨架钛原子空 d 轨道的特征吸收峰，该峰强度与插入分子筛骨架中钛原子数量呈正相关；330 nm 处谱峰为锐钛矿型 TiO_2 的特征吸收峰[164, 165]。对图 3.64 中得到 HTS 分子筛新鲜剂（a）与失活剂（b）的 UV-Vis 谱图进行分峰拟合处理，可以发现新鲜 HTS 分子筛的谱图可以在 210 nm 和 330 nm 处分成两个吸收峰，拟合结果与原始谱图高度重合，这说明在新鲜 HTS 分子筛中仅存在骨架四配位钛和非骨架锐钛矿型 TiO_2 两种钛物种，其中后者为合成时投入钛源含量较多所造成的。而对图 3.64（b）所示的失活剂 UV-Vis 谱图分峰拟合，除了得到 210 nm 和 330 nm 处分成两个吸收峰，在 280 nm 附近还存在一个吸收峰。文献认为 280 nm 处吸收峰可归属为含有 Ti—O—Ti 键的六配位钛物种部分缩合所引起的[166, 167]，或高度分散于分子筛孔道内的$(TiO_2)_x$ 团簇受空间位阻作用，禁带变宽，紫外信号向低波数移动所致[168]。由此可以推断，在失活 HTS 分子筛中骨架钛发生转移产生了许多不同于锐钛矿型 TiO_2 的高度分散无定形含钛小碎片。

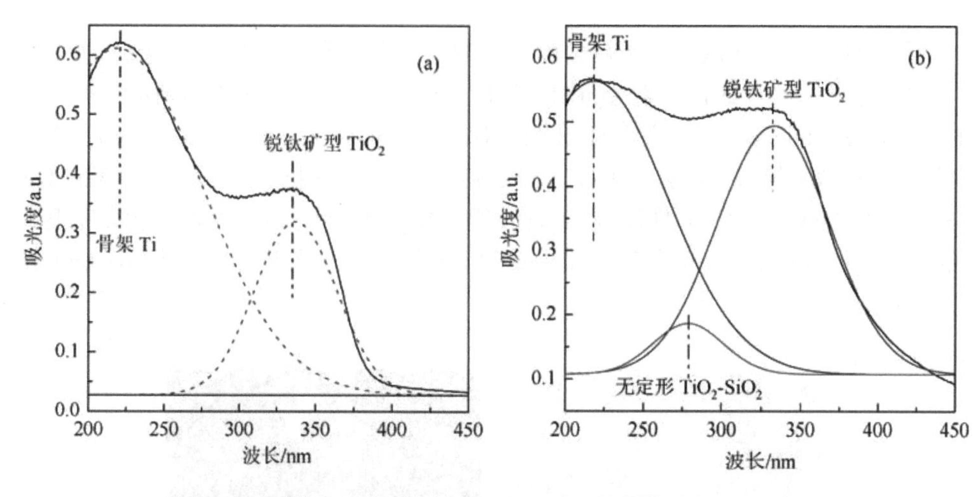

图 3.64　新鲜（a）与失活（b）HTS 分子筛钛物种 UV-Vis 表征

XPS 和 UV-Vis 等谱学表征结果可以说明，环己酮氨肟化工艺中 HTS 分子筛失活过程引起了骨架钛的位置和形态发生了改变，转化为不同于锐钛矿型 TiO_2 的钛物种。但对于新产生钛物种的形貌、分布情况和存在状态还未认识清楚，因此主要采用了分析型 TEM 以及其辅助功能（如 HRTEM、STEM-EDX、EFTEM）来研究了失活 HTS 分子筛的钛物种分布位置和状态。向彦娟等采用电子显微学 TEM 结合 EDX 手段确定了新鲜 HTS 分子筛中形貌差异明显的三种含钛颗粒，并对其进行了统计分析，确定了锐钛矿型 TiO_2 和骨架四配位钛的比例和聚集状态[169]。借助 TEM 表征方法可以直观了解新鲜与失活 HTS 分子筛形貌信息，如图 3.65 所示，对比二者照片，可以发现失活 HTS 分子筛表面明显存在着许多“黑点”小碎片，碎片尺寸仅为百分之几纳米到几十纳米，该碎片可能与 UV-Vis 谱中新产生的 260～280 nm 吸收峰密切相关。

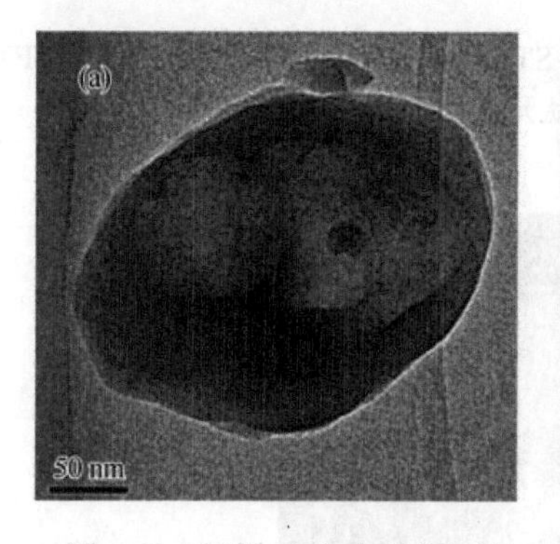

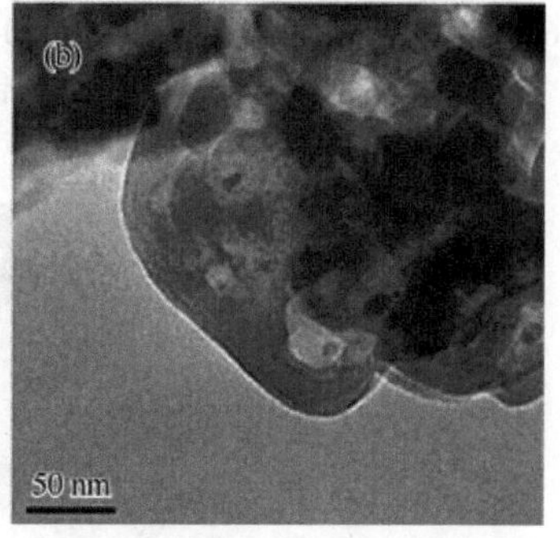

图 3.65　新鲜（a）与失活（b）HTS 分子筛颗粒上的碎片形貌图

采用能量过滤式透射电子显微镜（EFTEM）技术获得了图 3.66（a）所示新鲜 HTS 分子筛碎片的钛元素分布图，如图 3.66（b）所示，可以清晰地观测到钛的富集。图 3.66（c）所示失活 HTS 颗粒对应的钛元素分布图［图 3.66（d）］中亮度较高颗粒数量增多，表明失活 HTS 分子筛晶体中钛物种发生了聚集。图 3.67（a）失活剂的 STEM 图片也同样显示，其碎片明显多于新鲜剂。随机选取两颗亮度很高的碎片颗粒，EDX 结果表明碎片 1 中钛的含量明显高于碎片 2，如图 3.67（b）和（c）所示。

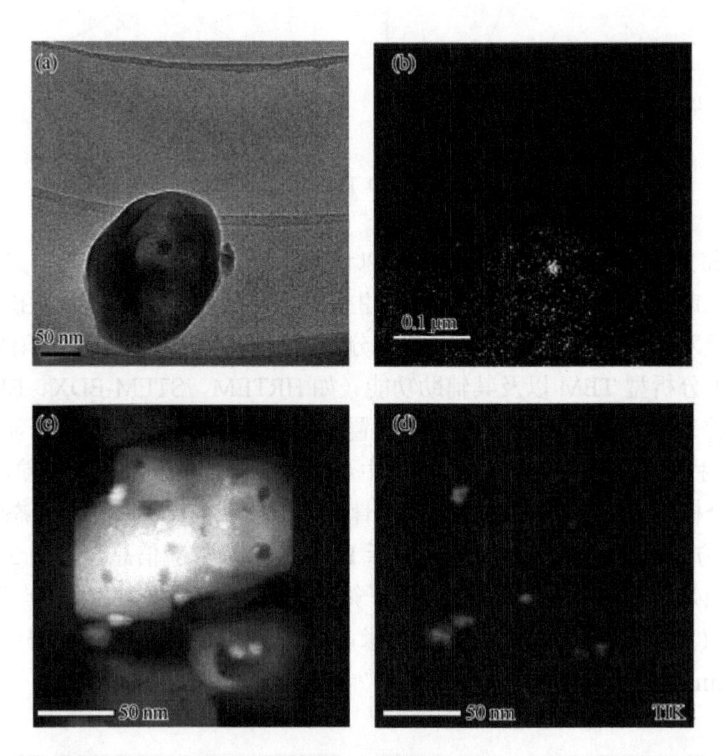

图 3.66　新鲜（a）与失活（c）分子筛 STEM 图；（b）、（d）为对应采用 EFTEM 获得的钛元素分布

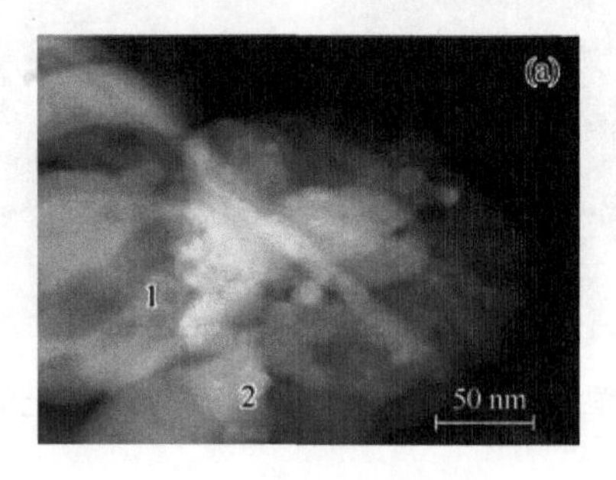

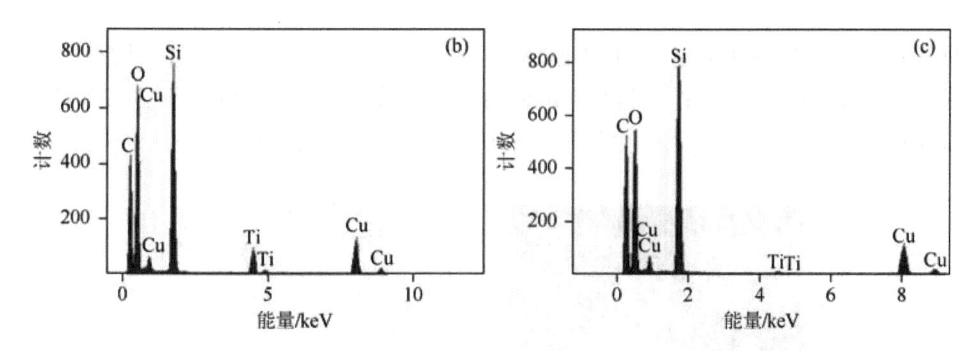

图 3.67　失活分子筛 STEM 形貌图（a）与碎片 1（b）和碎片 2（c）的 EDX 谱图

研究发现，HTS 分子筛的骨架钛在电子束的照射下晶格条纹很快消失变成无定形结构，但 TiO_2 颗粒经过电子束的辐照无明显变化。基于以上认识，发现如图 3.68（a）所示的失活剂碎片中，经过电子辐照，部分碎片无明显变化，部分碎片衬度显著降低，如图 3.68（b）所示，二者对应的 HRTEM 照片分别为图 3.68（c）与（d）。结合所示的 HRTEM 照片，可以认为 HTS 失活剂上的碎片至少包括 2 种类型，即钛含量较低的、在电子束辐照下易发生结构破坏的 HTS 分子筛碎片和钛含量明显较高的、在电子束辐照下结构没有变化且依旧存在明显晶格条纹的 TiO_2 晶

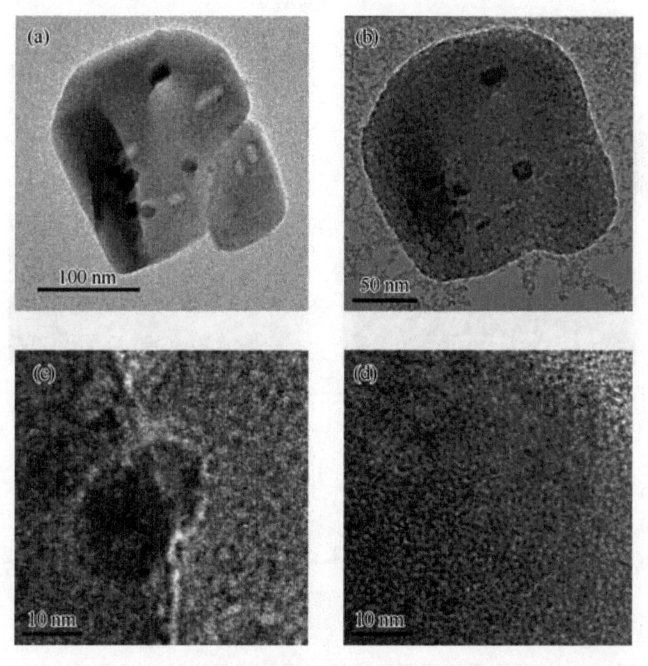

图 3.68　（a）、（b）失活 HTS 分子筛颗粒经电子束辐照前后的形貌变化图；（c）与（d）为指定区域电子束辐照后的 HRTEM 图

粒。此结论也与图 3.67 中 STEM-EDX 结论一致，结合图 3.69 所示的钛能量过滤成像（Ti-mapping）照片，可以推断图 3.67 中碎片 1 为 TiO_2 晶粒，碎片 2 为分子筛碎片。

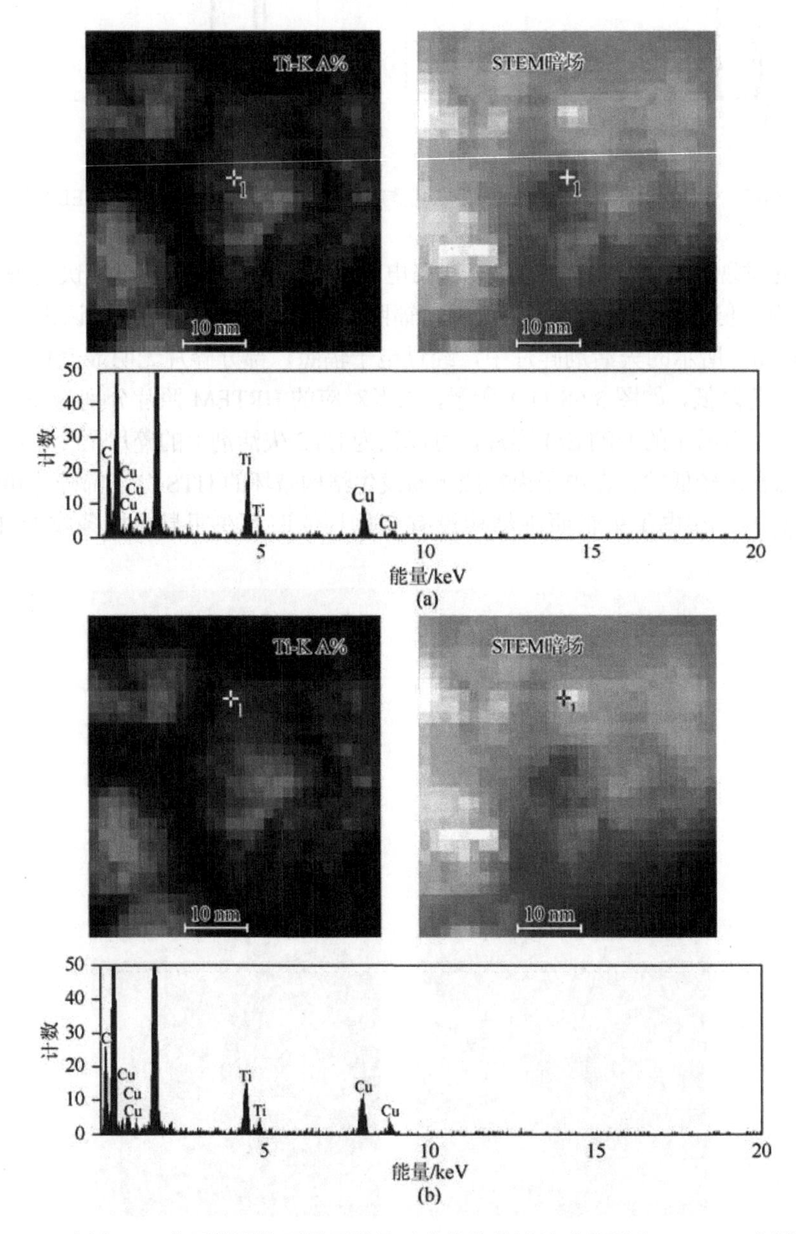

图 3.69　失活 HTS 分子筛颗粒不同区域钛元素的能量过滤成像照片、STEM 暗场图像及 EDX 谱图

对 HTS 失活剂进行深入观察，还可发现钛元素的能量过滤成像照片与对应样品的 STEM 暗场图像的衬度区域不匹配。与钛元素的能量过滤成像照片相比，在图 3.69（b）所示区域内 STEM 暗场图像衬度较高，说明 HADDF 探测器在该区域收集的电子较多，表明此处具有较高的质量厚度衬度，EDX 谱图显示具有较高的钛含量信息，表明钛物种发生了聚集。但在图 3.69（a）中 STEM 暗场中衬度较低的区域，对应的能量过滤成像照片上依然显示出较高的亮度，说明 HADDF 探测器在该区域收集到的电子较少，表明此处具有较低的质量厚度衬度，推测该区域存在无定形含 TiO_2 物种。

图 3.70 给出了失活 HTS 分子筛表面相对较大钛聚集碎片的高分辨透射电子显微镜（HRTEM）照片，它可以直观提供含钛小碎片的单晶结构信息。由图 3.70 可以发现，该含钛碎片在 HRTEM 模式下表现出了规则的晶体衍射条纹，说明该碎片是以结晶的形式存在，而非高度分散于分子筛骨架上的孤立四配位钛原子。TiO_2 晶体具有三种存在形式：锐钛矿、金红石和板钛矿。为了确定该含钛晶体的具体类型，引入了快速傅里叶转换（FFT）的方法对该晶体碎片进行分析。由于三种结晶 TiO_2 的晶型均属于四方晶系，差别只在于层间参数的不同。当电子束沿着[010]的方向对晶体进行照射时，晶体平面（010）上原子分布情况就可以被直接观察到。在图 3.70 所示含钛晶体中，第一个相邻衍射点之间的距离为 0.48 nm，该值恰好与锐钛矿结构（002）晶面的层间距离相吻合；第二个相邻衍射点之间的距离为 0.35 nm，该值对应着锐钛矿结构的（101）晶面的层间距。两条交叉衍射条纹之间的夹角约为 69°，这也完美地与锐钛矿中该夹角的计算值 68.3°相一致，因此可以确定在失活 HTS 分子筛表面较大的含钛物种以锐钛矿的形式存在。

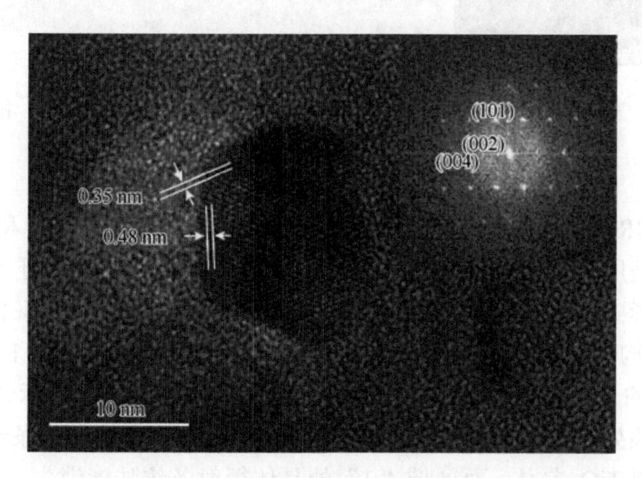

图 3.70　失活 HTS 分子筛表面相对较大钛聚集碎片的 HRTEM 照片

除了上述较大的锐钛矿型 TiO_2 碎片，还有许多琐碎的含钛小碎片高度分散于分子筛颗粒表面。在图 3.71（c）所示的失活 HTS 分子筛高分辨扫描透射电子显微镜表征谱图中，可以明显观察到 HTS 分子筛骨架的正交晶系衍射特征。首先选取了一张具有多种粒子尺寸分布的失活 HTS 分子筛 STEM 照片［图 3.71（a）］，并获取了其相应的钛能量过滤成像谱图［图 3.71（b）］，用线圈标记了一部分发生钛物种聚集的区域，并采用 HRTEM 模式对圈定范围进行了放大观察。从图 3.71（c）中可以看出该含钛碎片的放大 HRTEM 照片未显示出晶体衍射条纹，说明该碎片为无定形结构。

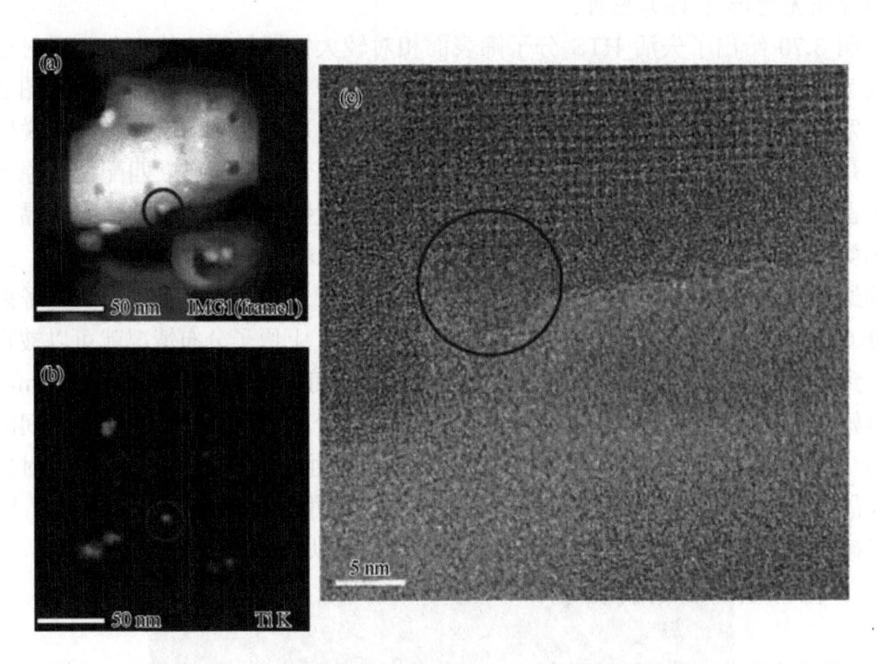

图 3.71　失活 HTS 分子筛的 STEM 照片（a）、钛能量过滤谱图（b）和高分辨扫描透射电子显微镜表征（c）

在采用 HRTEM 方法研究失活 HTS 分子筛钛物种的存在形貌和状态过程中，还发现并不是所有的结晶或无定形钛物种均以独立状态存在，还有部分钛物种以二者混合形式存在。图 3.72 给出了结晶锐钛矿 TiO_2 和无定形 TiO_2 所组成的“核-壳”结构的 HRTEM 照片，同时对两个部分的组成进行了 EDX 分析。如图 3.72 所示的“1”区域具有明显的衍射条纹，且 EDX 结果显示该处 TiO_2 高度富集，说明该处钛物种富集形成了晶体，根据所示的晶体衍射条纹可以初步判断为锐钛矿型 TiO_2 晶体。而区域“2”处晶体衍射条纹陆续消失，说明此处为无定形和结晶态含钛碎片的过渡区域，且 EDX 表征结果显示该处的 TiO_2 含量低于区域“1”处。由此可以判断，在 HTS 分子筛的失活与再生处理过程中，存在着

无定形 TiO_2 发生富集向锐钛矿型 TiO_2 转变的趋势，这是因为高度分散的无定形 TiO_2 具有较高的表面自由能，在较高的焙烧温度下具有聚集成较大颗粒尺寸离子的趋势。该现象为理解 HTS 分子筛钛物种在失活和焙烧除炭过程中的迁移情况提供了直接信息[170]。

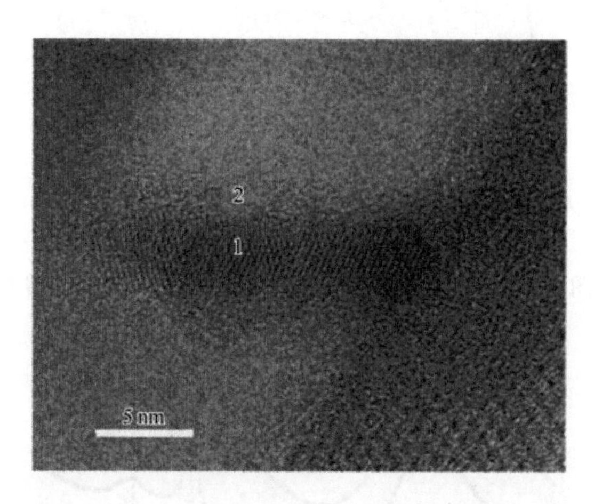

图 3.72 结晶锐钛矿 TiO_2 和无定形 TiO_2 所组成的“核-壳”结构 HRTEM 照片

3. 工业失活 HTS 分子筛的酸性和酸强度表征

研究表明，TS-1 分子筛中骨架钛和骨架硅元素均为+4 价，电荷平衡，因此不存在 Brönsted 酸，只是有部分较弱的 Lewis 酸中心[171, 172]。由前面的结果可知，在新鲜 HTS 分子筛中只存在锐钛矿 TiO_2 和骨架四配位钛，而晶体材料的酸性特征不仅能够反映一部分结构信息，而且还与其催化性能密切相关。为了得到更多失活 HTS 分子筛的酸性质信息，采用了 NH_3-TPD 和吡啶吸附红外光谱进行表征。

图 3.73 给出了新鲜 HTS 分子筛和失活 HTS 分子筛的 NH_3-TPD 表征谱图。可以发现，相比于新鲜 HTS 分子筛，失活 HTS 分子筛在 175℃、260℃和 370℃附近处具有明显的峰，它们分别对应的为弱酸、中强酸和强酸中心的吸收峰。然而，NH_3-TPD 表征无法确定酸性的类型和数量，因此吡啶吸附红外光谱被引入了失活 HTS 分子筛的酸性与酸量研究。从图 3.74 可以看出，与新鲜 HTS 分子筛相比，吸附吡啶蒸气的失活 HTS 分子筛在 FTIR 光谱的 1490 cm^{-1} 和 1540 cm^{-1} 两处附近产生了新的吸收峰，二者分别归属为 Lewis 酸中心和 Brönsted 酸中心。由表 3.9 给出的新鲜和失活 HTS 分子筛吡啶吸附红外光谱定量计算结果，同样可以看出失活 HTS 分子筛的 Lewis 酸中心数量明显增加，且新产生了 Brönsted 酸中心。

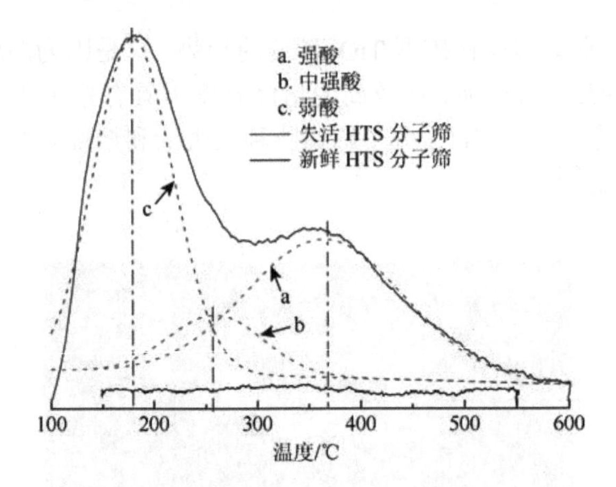

图 3.73　新鲜和失活 HTS 分子筛的 NH_3-TPD 表征谱图

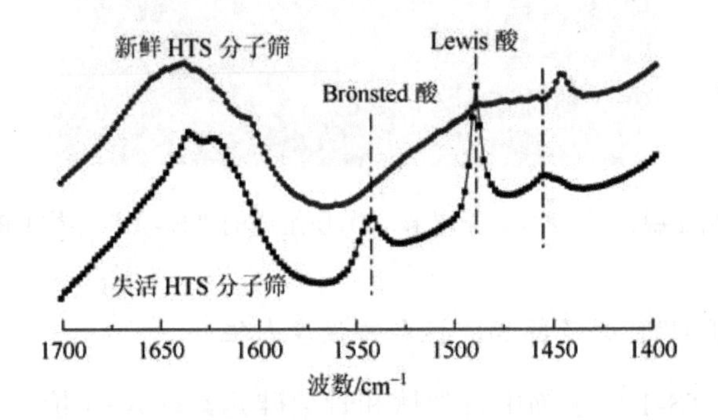

图 3.74　新鲜和失活 HTS 分子筛吡啶吸附红外光谱表征谱图

表 3.9　新鲜和失活 HTS 分子筛吡啶吸附红外光谱表征定量结果

样品	250℃		350℃	
	Lewis 酸量/(μmol/g)	Brönsted 酸量/(μmol/g)	Lewis 酸量/(μmol/g)	Brönsted 酸量/(μmol/g)
失活 HTS 分子筛	1098.81	1747.46	460.71	1238.98
新鲜 HTS 分子筛	229.76	0	333	0

4. 失活 HTS 分子筛的苯酚羟基化和双氧水分解实验

在对失活 HTS 分子筛的孔结构、晶胞体积、表面形貌、钛元素分布和酸性特征等有了一定认识的基础上，进行了失活 HTS 分子筛的苯酚羟基化和双氧水分解实验。表 3.10 为不同新鲜与失活 HTS 分子筛比例下苯酚羟基化评价结果，可以发现当新鲜催化剂的含量由5%下降到2.5%，苯酚转化率从25.71%下降到19.62%，这说明 HTS 分子筛催化的效率与活性中心的数量直接相关。但当新鲜 HTS 分子筛的用量为2.5%，再加入2.5%的失活HTS分子筛时，苯酚转化率仅为11.16%，即在骨架四配位钛活性中心的数量增大的情况下，活性反倒明显下降，由此可推断，HTS分子筛催化苯酚羟基化反应的性能不仅取决于活性中心对羟基化主反应的影响，还包括对催化双氧水无效分解副反应的影响。双氧水的无效分解会直接降低失活催化剂的性能，因此相同用量下失活HTS分子筛的催化性能仅约为新鲜HTS分子筛的1/9。

表3.10　不同新鲜与失活HTS分子筛比例下苯酚羟基化评价结果

催化剂种类及含量	苯酚转化率/%
5%新鲜剂	25.71
2.5%新鲜剂	19.62
2.5%新鲜剂 + 2.5%失活剂	11.16
2.5%失活剂	2.10
2.5%新鲜剂 + 30%锐钛矿 TiO_2	17.61

由苯酚羟基化反应结果可以确定，失活催化剂引起双氧水的无效分解，从而造成催化活性下降，但并未发现引起双氧水分解的活性中心。电子显微学表征可以给出，失活HTS分子筛主要包括锐钛矿 TiO_2、骨架四配位钛和无定形 TiO_2-SiO_2 碎片三种钛物种。由表3.10可以发现，在2.5%新鲜HTS分子筛催化剂中加入30%锐钛矿 TiO_2 后，苯酚羟基化转化率仅下降为17.61%，而且后加入的30%锐钛矿中 TiO_2 含量约为2.5%新鲜HTS分子筛中钛含量（以氧化物 TiO_2 计）的300倍，这说明锐钛矿型 TiO_2 对双氧水分解反应影响不大。进一步结合图3.75所示，同样可以发现，在相同条件下，锐钛矿型 TiO_2 催化双氧水分解速率最慢；新鲜HTS

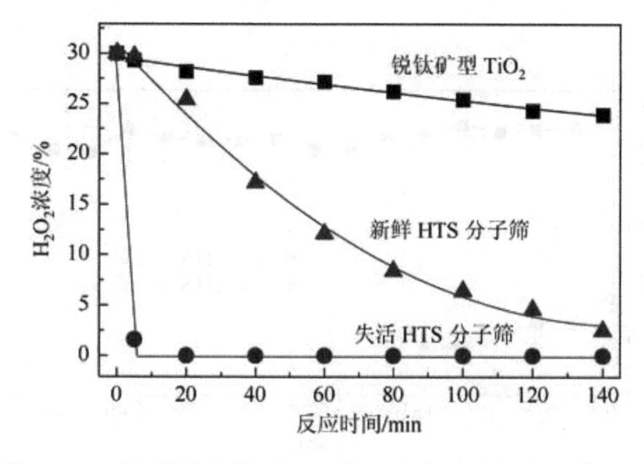

图3.75　不同催化剂作用下双氧水浓度随时间变化趋势图

分子筛仅含骨架四配位钛和锐钛矿型 TiO_2 两种钛物种，说明骨架四配位钛同样对双氧水具有一定的分解作用；而失活 HTS 分子筛在 5 min 之内就将双氧水全部分解，这说明其表面的酸性无定形 TiO_2-SiO_2 碎片对双氧水具有强烈的分解效率。该结果与前面的分子筛形貌、物种与酸性表征结果完全吻合。

5. 焙烧对 HTS 分子筛催化氧化性能的影响

实践证明，焙烧处理在工业催化剂的失活过程中扮演着重要角色，如引起粒子聚结、活性组分流失和催化剂结构坍塌等[173-186]。环己酮氨肟化催化剂 HTS 分子筛在强碱性环境中使用，骨架 Si—O—Si 键和 Ti—O—Si 键会逐渐水解，产生大量的硅羟基和钛羟基，这些物种在焙烧除积炭过程中可能会发生化学变化，且该催化剂反复经历“碱性环境使用-焙烧再生”的循环[111, 115, 187-189]。现有条件下，无法追踪焙烧处理对工业氨肟化 HTS 分子筛失活的作用机理，因此考察了焙烧处理对氨水催速模拟失活 HTS 分子筛的具体影响。

图 3.76 为新鲜 HTS 分子筛和失活 HTS 分子筛的苯酚羟基化活性（用苯酚转化率表示）随着焙烧时间增加的变化趋势。可以看出新鲜 HTS 分子筛的苯酚羟基化活性随焙烧时间延长略有波动，但整体波动幅度不大，可以近似认为焙烧对新鲜 HTS 分子筛的催化活性几乎没有影响，这说明新鲜 HTS 分子筛骨架钛物种牢牢嵌入了硅的空间矩阵中，焙烧处理很难使钛原子从骨架位置迁出。图 3.77 为新鲜 HTS 分子筛原位 XRD 表征结果，可以发现在焙烧温度从 50℃逐渐递增到 800℃的过程中，HTS 分子筛 XRD 吸收峰整体形状和强度保持不变，但峰的位置逐渐向 2θ 角度增大的方向移动，而温度恢复到 50℃，XRD 谱图又可以复原成新鲜样品水平，这说明分子筛的骨架晶格间距随着外界温度的降低或升高而进行膨胀或者收缩变化，具有较好的弹性，在高达 800℃的环境下未发生骨架坍塌。

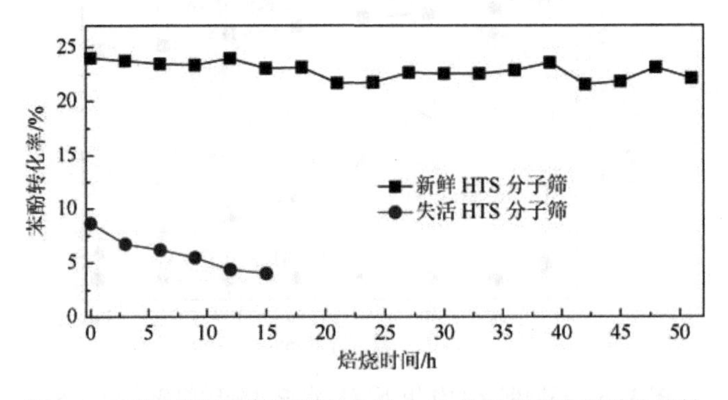

图 3.76　不同焙烧时间新鲜和失活 HTS 分子筛苯酚羟基化活性

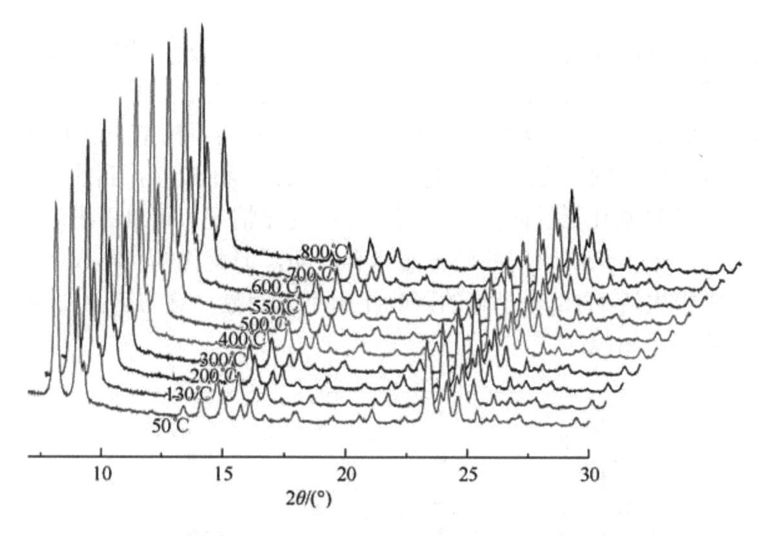

图 3.77　新鲜 HTS 分子筛不同焙烧温度原位 XRD 谱图

从图 3.76 中还可以看出，工业失活 HTS 分子筛的苯酚羟基化活性随着焙烧时间增加而连续下降，焙烧处理 12 h 后，工业失活 HTS 分子筛的苯酚羟基化活性就减半，这说明焙烧过程对氨肟化工艺中 HTS 分子筛失活具有重要影响。前面研究表明，工业氨肟化 HTS 分子筛的失活可归属为骨架钛物种转化成为具有较强 Brönsted 酸性和 Lewis 酸性的高分散无定形钛硅二元氧化物，这些含钛碎片会加速氧化剂双氧水的无效分解[190-198]。为了说明酸性质对 HTS 分子筛失活过程的影响，表 3.11 给出了新鲜 HTS 分子筛和不同焙烧时间失活 HTS 分子筛的吡啶吸附红外酸性表征结果，可以看出新鲜 HTS 分子筛仅具有较少的 Lewis 酸量，而失活 HTS 分子筛既具有 Lewis 酸中心又具有 Brönsted 酸中心，且随着焙烧时间延长，失活剂的 Lewis 酸量显著增加，这恰好与苯酚羟基化活性变化趋势相反。由此可推断，含钛碎片产生的 Lewis 酸可能是造成 HTS 分子筛催化活性下降的根本原因，焙烧处理会促使该材料 Lewis 酸量增加，因此经过焙烧处理的失活 HTS 分子筛催化氧化活性会不断降低。

表 3.11　新鲜 HTS 分子筛和不同焙烧时间失活 HTS 分子筛的吡啶吸附红外酸性表征结果(250℃)

样品	Lewis 酸量/(μmol/g)	Brönsted 酸量/(μmol/g)
新鲜 HTS 分子筛	272.62	0.00
失活 HTS 分子筛	559.52	2030.51
HTS-B-3 h	677.38	566.10
HTS-B-6 h	770.24	635.59
HTS-B-9 h	914.29	652.54
HTS-B-12 h	939.29	671.19

由上述讨论可以确定，工业氨肟化工艺中失活 HTS 分子筛催化活性下降是由酸性含钛小碎片聚集体引起的。为了考察实验室模拟失活样品与工业失活样品的性质差别，本部分研究了焙烧处理对不同氨热处理时间下模拟失活 HTS 分子筛催化活性的影响。图 3.78 为氨热处理时间为 8 h、23 h 和 52 h 得到的三个模拟失活 HTS 分子筛苯酚羟基化活性随焙烧时间增加的变化情况，可以看出三个样品的催化活性随着 550℃下焙烧时间的延长而略有波动，但变化幅度不大，这说明焙烧处理过程对模拟失活 HTS 分子筛的影响作用不太明显，这与工业失活 HTS 分子筛的变化趋势不尽相同。

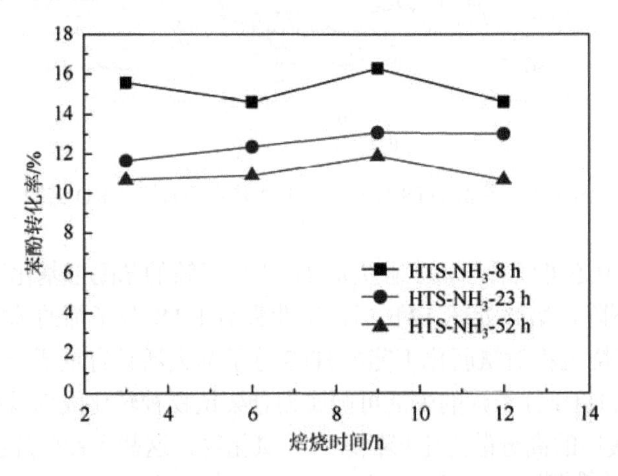

图 3.78　不同焙烧时间下模拟失活 HTS 分子筛苯酚羟基化活性

为了考察模拟焙烧处理对失活 HTS 分子筛催化活性的影响机理，表 3.12 给出了不同氨热处理时间下模拟失活 HTS 分子筛样品 550℃焙烧 3 h 的吡啶吸附红外酸性表征结果。可以看出，氨热处理 2～40 h 样品均仅有 Lewis 酸中心，且 Lewis 酸量与新鲜样品基本持平，由此可推断经过 550℃焙烧后的模拟失活 HTS 分子筛样品中并未出现高分散 TiO_2-SiO_2 二元无定形氧化物，因此连续焙烧处理未能显著改变分子筛催化性能。上述模拟失活 HTS 分子筛催化活性下降的原因无法归属为 Lewis 酸或 Brönsted 酸的影响，可能存在其他的影响因素导致了催化活性的连续下降。

表 3.12　新鲜 HTS 分子筛和不同氨热处理时间失活 HTS 分子筛的吡啶吸附红外酸性表征结果（250℃）

样品	Lewis 酸量/(μmol/g)	Brönsted 酸量/(μmol/g)
HTS	272.62	0.00
HTS-NH_3-2 h	291.67	0.00
HTS-NH_3-14 h	234.52	0.00
HTS-NH_3-31 h	289.29	0.00
HTS-NH_3-40 h	242.86	0.00

3.6.4　工业失活 HTS 分子筛的再生研究

1. 工业氨肟化失活 HTS 分子筛重排处理过程钛再插入研究

在前面讨论了 HTS 分子筛的“氨热处理-焙烧”模拟失活及其重排再生的基础上，比较了不同重排处理条件对工业氨肟化失活 HTS 分子筛催化活性的影响，并采用吡啶吸附红外光谱法对其原因进行了分析。

表 3.13 中给出了不同 $TPAOH/SiO_2$ 比例（摩尔比）对失活氨肟化 HTS 分子筛经过重排处理后的苯酚羟基化活性评价结果，其目标是通过提高 TPAOH 的用量来增加无定形 TiO_2-SiO_2 物种在重排过程的溶解度。可以看出，重排过程中 $TPAOH/SiO_2$ 比例对工业氨肟化失活 HTS 分子筛催化活性的提高几乎没有作用，与未进行重排处理的样品催化活性基本相当。究其原因，表 3.14 给出了 $TPAOH/SiO_2$ 比例为 0.06、0.12、0.15 和 0.2 重排样品体系的吡啶吸附红外酸性表征结果。可以看出，经过不同 TPAOH 比例重排处理后样品均具有较多的 Brönsted 酸和 Lewis 酸中心数量，这说明重排处理并未改变工业氨肟化失活 HTS 分子筛颗粒表面聚集钛硅二元氧化物的存在状态，强酸性无定形物种依然分布在颗粒表面，降低了催化氧化过程中氧化剂双氧水的利用效率。因此采用增加 TPAOH 用量的方法不能有效提高氨肟化失活 HTS 分子筛的催化活性。

表 3.13　不同 $TPAOH/SiO_2$ 比例重排处理后失活 HTS 分子筛苯酚羟基化活性评价结果

样品	$TPAOH/SiO_2$ 比例	H_2O/SiO_2 比例	苯酚转化率/%
DR-1	0.06	9	9.38
DR-2	0.1	9	9.04
DR-3	0.12	9	10.42
DR-4	0.15	9	9.62
DR-5	0.18	9	9.31
DR-6	0.2	9	9.71

表 3.14　不同 $TPAOH/SiO_2$ 比例重排样品体系的吡啶吸附红外酸性表征结果

样品	250℃		350℃	
	Lewis 酸量/(μmol/g)	Brönsted 酸量/(μmol/g)	Lewis 酸量/(μmol/g)	Brönsted 酸量/(μmol/g)
DR-1	238.72	755.28	84.26	543.14
DR-3	393.83	900.27	133.26	705.71
DR-4	257.88	867.53	34.23	681.24
DR-6	363.33	853.05	118.33	651.36

图 3.79 给出了氨肟化失活 HTS 分子筛经不同 $TPAOH/SiO_2$ 比例重排处理所得

样品的 XPS 表征谱图，将其进行分峰拟合处理可以准确计算出 460.8 eV 和 459.1 eV 两处吸收峰分别对应的骨架四配位钛和非骨架钛物种的比例。可以看出，经过重排处理的工业失活 HTS 分子筛表面均具有较高的非骨架钛含量，而骨架钛的比例相对较低，这说明在不同 TPAOH 用量下重排处理氨肟化工业失活 HTS 分子筛，均不能使无定形氧化钛硅物种溶解到 TPAOH 溶液中，钛物种无法再插入失活 HTS 分子筛骨架中，上述无定形 TiO_2-SiO_2 物种继续附着在分子筛晶体颗粒表面，造成 HTS 分子筛催化氧化活性较差。

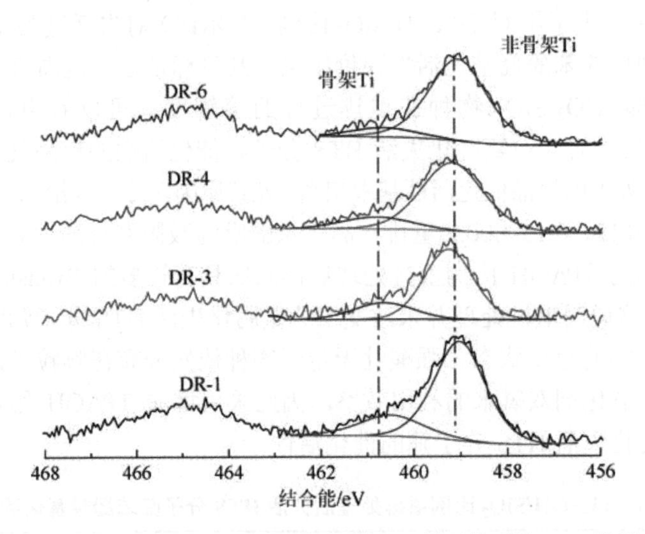

图 3.79 不同 $TPAOH/SiO_2$ 比例重排处理样品体系的 XPS 谱图

2. 硅酯“保护”下钛原子插入氨肟化工业失活 HTS 分子筛

由图 3.80 可以看出，TS-1 分子筛和再生 HTS 分子筛样品均具有明显的 MFI 拓扑结构的衍射峰，说明在水热晶化处理过程中，补加的钛硅物种转化成了结晶状态的分子筛固体。从图 3.81（a）和（c）可以看出，与 TS-1 分子筛（颗粒粒径约为 500 nm）相比，再生 HTS 分子筛中实心颗粒的粒径（为 250～400 nm）更小，具有更好的传质性能。这说明失活 HTS 分子筛可作为晶种，加速晶核的形成，从而导向小晶粒分子筛晶体的产生。同时，再生 HTS 分子筛中还包含很多不规则形状晶体，这说明在二次晶化处理过程中失活 HTS 分子筛发生了溶解和再结晶，改变了晶体形貌。另外，高倍放大 TEM 照片［图 3.81（b）和（d)］显示出，失活 HTS 和再生 HTS 分子筛晶体上都附有尺寸为纳米级的小碎片，且前期工作已证明该碎片为酸性纳米无定形 TiO_2-SiO_2 物种。这说明富钛颗粒在高温下不溶于碱性溶液，仍然以高度分散状态存在于分子筛晶体上。然而，TEM 照片无法给出富钛粒子的存在位置信息，即无法判断出上述颗粒是负载在分子筛表面还是被包埋到了分子筛晶体内部。

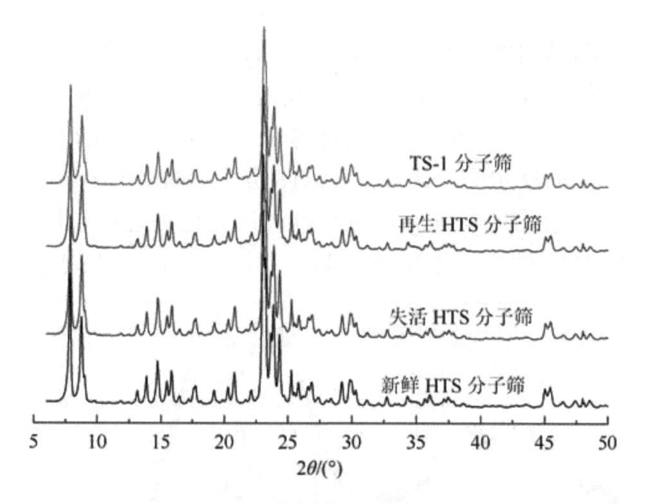

图 3.80　新鲜 HTS、失活 HTS、TS-1 与再生 HTS 分子筛的 XRD 谱图

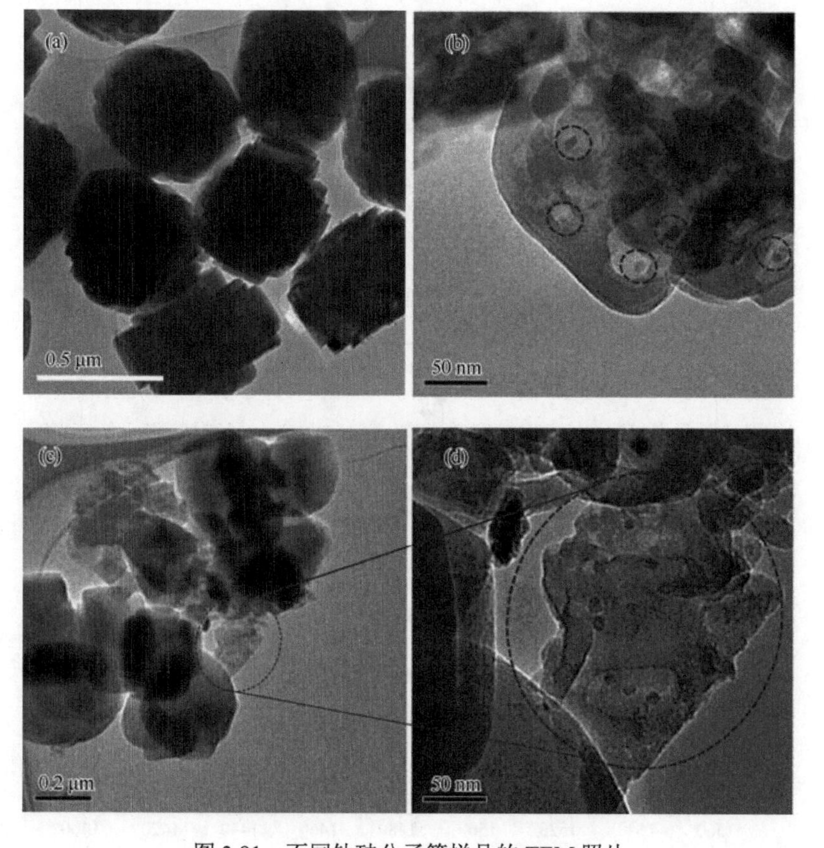

图 3.81　不同钛硅分子筛样品的 TEM 照片

（a）TS-1 分子筛；（b）失活 HTS 分子筛；（c）低倍放大的再生 HTS 分子筛；（d）高倍放大的再生 HTS 分子筛

图 3.82 给出了新鲜 HTS、失活 HTS 与再生 HTS 分子筛的 Ti $2p^{2/3}$ XPS 表征结果，这是由于 XPS 能够直观反映表面几个原子层内钛物种的含量和配位信息[199, 200]。可以看出，与失活 HTS 分子筛相比，再生 HTS 分子筛具有更高的骨架钛（460.4 eV）/非骨架钛（458.7 eV）摩尔比，其与新鲜 HTS 分子筛的水平相当。这说明失活 HTS 分子筛表面富集的酸性 TiO_2-SiO_2 颗粒经过二次晶化处理被包埋到了分子筛晶体内部。从图 3.83 可以看出，失活 HTS 具有明显的 Brönsted 酸性特征峰，而再生

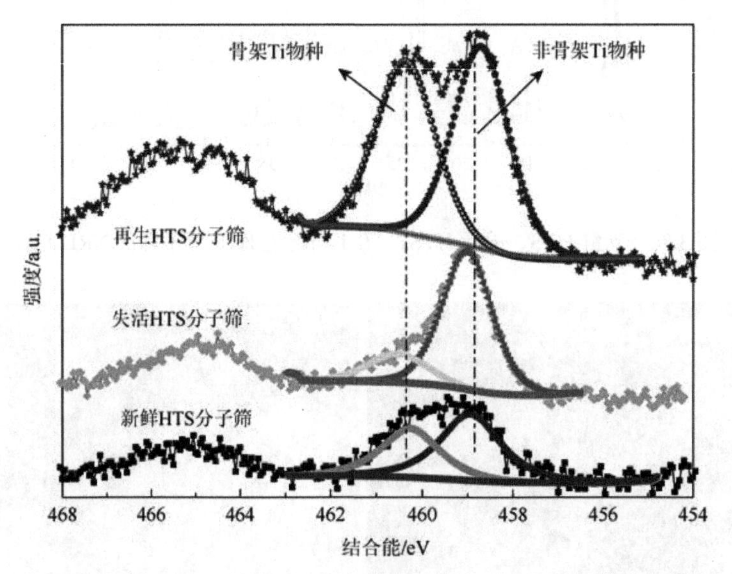

图 3.82　新鲜 HTS、失活 HTS 与再生 HTS 分子筛的 Ti $2p^{2/3}$ XPS 谱图

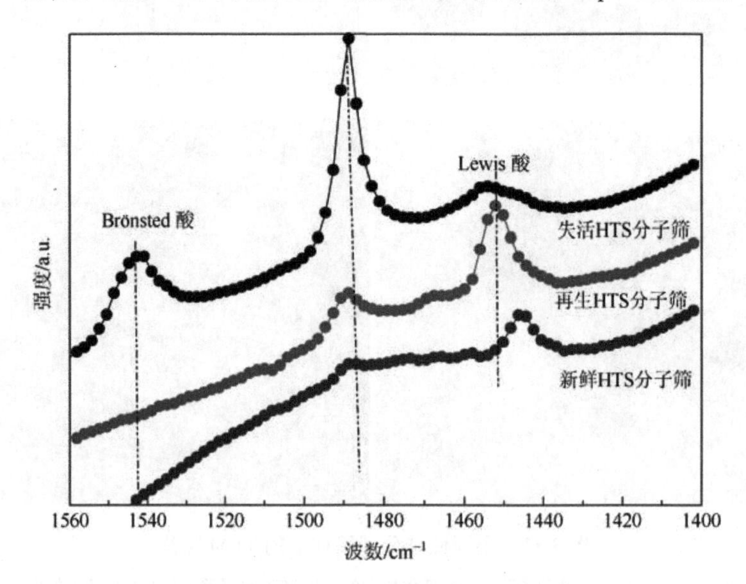

图 3.83　新鲜 HTS、失活 HTS 与再生 HTS 分子筛的 Py-IR 谱图

HTS 与新鲜 HTS 分子筛在波数 1540cm^{-1} 处都无吸附振动峰[21, 201]。由于酸性对富钛颗粒分子筛活性有很大影响，推测酸性粒子被包埋到了分子筛晶体内，隔断了酸性中心与碱性吡啶探针分子的接触。

表 3.15 给出了不同硅钛物种添加比例下得到的再生 HTS 分子筛的吡啶吸附红外酸性表征结果。可以看出，随着添加硅钛物种/失活 HTS 分子筛摩尔比的增加，Brönsted 酸总量（250℃测量）和强酸量（350℃测量，强酸量指 Lewis 酸和 Brönsted 酸总量）均呈现出下降的趋势，直至完全消失。这说明二次晶化处理可以实现对无定形 TiO_2-SiO_2 酸性影响的完全消除，而不仅是对酸性氧化物起到了物理稀释作用。为了验证上述结果，采用苯酚羟基化探针反应对上述不同硅钛物种添加比例制备的再生 HTS 分子筛和混合分子筛催化剂（失活 HTS 与 TS-1 混合物）进行了催化性能评价。需要指出的是，再生 HTS 分子筛中补加的硅钛物种与混合催化剂中 TS-1 分子筛物质的量相同。由图 3.84 可以看出，再生 HTS 分子筛的催化活性显著高于对应的混合分子筛催化剂。当补加硅钛物种/失活 HTS 分子筛摩尔比为 3 时，对应的再生 HTS 分子筛的活性即可达到与新鲜 HTS 分子筛相近的苯酚羟基化活性水平（大于 23%）。而对混合分子筛催化剂来说，在加入的 TS-1/失活 HTS 分子筛比例为 10 的情况下，其对应的苯酚羟基化活性依然较低。

表 3.15　不同硅钛物种添加比例下再生 HTS 分子筛的吡啶吸附红外酸性表征结果

补加硅钛物种/失活 HTS 分子筛摩尔比	250℃		350℃	
	Lewis 酸量 /(μmol/g)	Brönsted 酸量 /(μmol/g)	Lewis 酸量 /(μmol/g)	Brönsted 酸量 /(μmol/g)
0	255.89	445.59	85.30	253.15
0.5	272.73	287.62	42.25	225.78
1	255.92	198.31	34.52	145.76
3	210.91	49.15	36.49	0
5	220.35	0	36.90	0
10	307.10	0	39.29	0

为了指出无定形 TiO_2-SiO_2 颗粒酸性对催化性能的影响，将分子筛的 Brönsted 酸量（反映酸性 TiO_2-SiO_2 粒子的数量）与苯酚羟基化催化活性进行了关联，如图 3.85 所示。可以看出，对于相同数量的 Brönsted 酸中心而言，再生 HTS 分子筛显示出较混合分子筛催化剂更高的催化氧化性能。这说明尽管一部分被包埋的 Brönsted 酸中心可被吡啶分子接近和吸附，但与“裸露”在分子筛外表面的酸中心相比，包埋型酸性纳米颗粒对分子筛催化性能的影响较小。由于无定形 TiO_2-SiO_2 粒子催化加速双氧水分解是造成 HTS 分子筛不可逆失活的主要

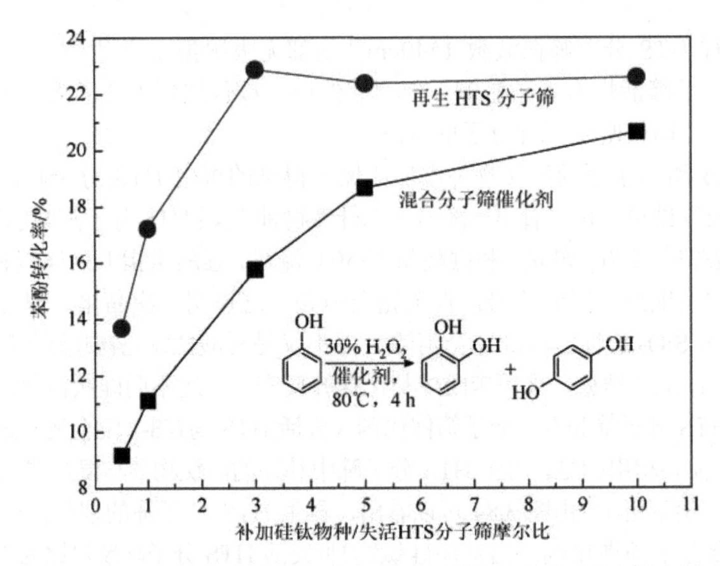

图 3.84　不同硅钛物种添加比例得到再生 HTS 分子筛与混合分子筛催化剂的性能对比

原因，设计了新鲜 HTS、失活 HTS 和再生 HTS 在 80℃下催化双氧水分解实验，如图 3.86 所示。与失活 HTS 加入双氧水溶液剧烈放出气泡相比，再生 HTS 和新鲜 HTS 分子筛都缓慢产生气泡，反应 100 min 后仍有少量双氧水残留。综上所述，补加硅钛物种二次晶化处理将酸性 TiO_2-SiO_2 粒子包埋处理，可以有效降低双氧水的分解速率，从而提高再生 HTS 分子筛的催化氧化性能。

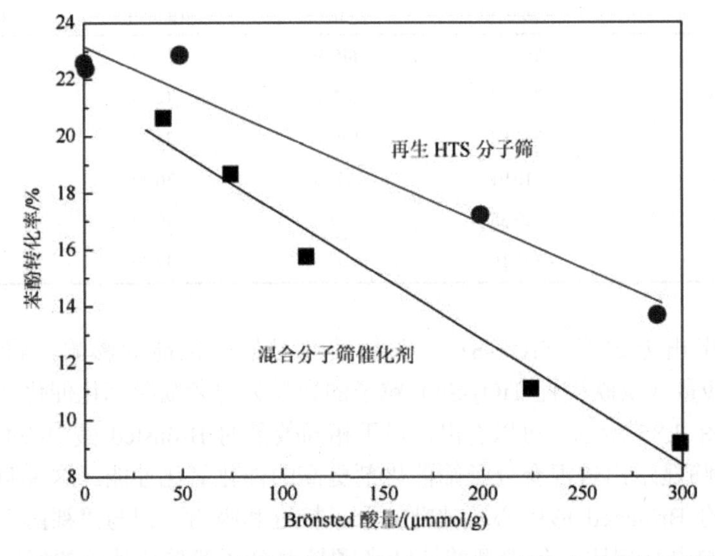

图 3.85　再生 HTS 与混合分子筛催化剂的 Brönsted 酸量与催化苯酚羟基化活性的关联

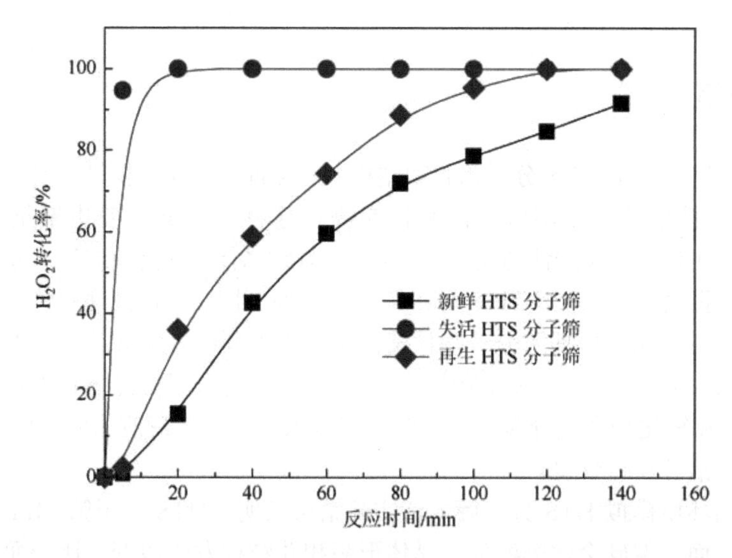

图 3.86　新鲜 HTS、失活 HTS 和再生 HTS 催化双氧水分解实验性能对比

基于上述实验结果，提出了采用包埋酸性副反应活性中心方法使不可逆失活 HTS 分子筛再生的机理，如图 3.87 所示。首先在强碱性环境中，失活 HTS 分子筛晶体会发生溶解，但无定形 TiO_2-SiO_2 颗粒无法溶解，依然附着于分子筛碎片上。同时，低聚态硅钛物种沿着分子筛碎片的低能面结晶生长，将纳米尺度的富钛颗粒包埋到了分子筛晶内。包埋处理避免了双氧水分子与无定形富钛颗粒的直接接触，从而降低了双氧水的无效分解速率，即大部分双氧水分子在接近无定形富钛颗粒之前，就已在骨架钛的催化下与有机物发生了氧化反应。上述方法是实现不可逆失活 HTS 分子筛再生的一种新颖且简单易行的方法，可极大程度提高 HTS 分子筛的工业利用效率。另外，该方法也为“量体裁衣”式设计催化材料提供了新思路，如将纳米金属粒子包埋于分子筛晶内，可以提高金属颗粒的抗烧结性能和避免晶粒逐渐长大而失去活性。

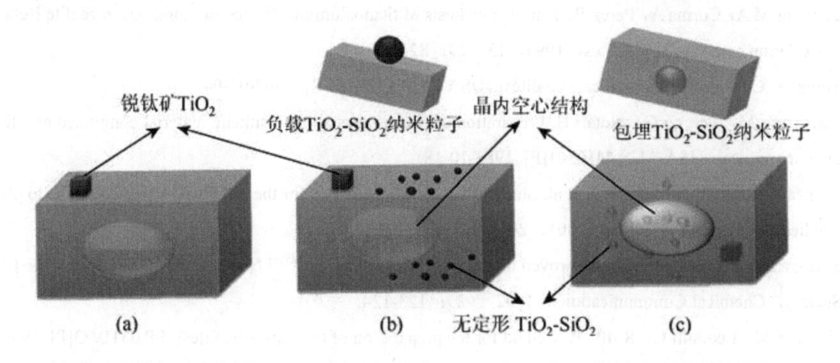

图 3.87　新鲜 HTS（a）、失活 HTS（b）和再生 HTS（c）分子筛的非骨架钛赋存状态示意图

3.6.5 小结

工业氨肟化失活 HTS 分子筛骨架结构、比表面积和孔体积等主要物性基本保持不变，但骨架硅发生溶解，四配位钛物种迁移出骨架而发生聚集，生成带 Brönsted 酸性和 Lewis 酸性的无定形 TiO_2-SiO_2 纳米团簇，促使双氧水发生无效分解，导致氨肟化卸出的失活 HTS 分子筛催化活性下降。重排处理不能使上述无定形酸性含钛纳米团簇再插入分子筛骨架位置。采用同时补钛和补硅的方法可将钛原子再插入失活 HTS 分子筛骨架中，并通过新生成的分子筛晶体将无定形含钛氧化物与 H_2O_2 氧化剂高度分隔开，降低了双氧水无效分解反应速率，使失活 HTS 分子筛氧化活性获得恢复。

氨水热环境模拟 HTS 分子筛失活实验结果表明，HTS 分子筛 MFI 拓扑结构保存完好，而骨架硅会溶解流失，晶体形貌和孔结构发生改变，比表面积明显下降。部分骨架四配位钛物种转化成了非骨架钛物种，但未发生钛物种富集和新产生 Brönsted 酸和 Lewis 酸。将上述氨水热处理样品进行重排处理，可恢复其结构和催化活性。多次氨热处理和焙烧后，钛物种依然未发生聚集，酸性无明显变化，研究表明，上述迁移的钛物种可以通过重排再插入 HTS 分子筛骨架。

参考文献

[1] Anastas P T，Bartlett L B，Kirchhoff M M，et al. The role of catalysis in the design，development，and implementation of green chemistry[J]. Catalysis Today，2000，55（1-2）：11-22.

[2] Frei H. Selective hydrocarbon oxidation in zeolites[J]. Science，2006，313（5785）：309-10.

[3] Ziolek M. Catalytic liquid-phase oxidation in heterogeneous system as green chemistry goal—advantages and disadvantages of MCM-41 used as catalyst[J]. Catalysis Today，2004，90（1-2）：145-150.

[4] Sheldon R A. Catalysis：the key to waste minimization[J]. Journal of Chemical Technology & Biotechnology，1997，68（4）：381-388.

[5] Camblor M A，Corma A，Perez-Pariente J. Synthesis of titanoaluminosilicates isomorphous to zeolite Beta，active as oxidation catalysts[J]. Zeolites，1993，13（2）：82-87.

[6] Young A. Crystalline titano-silicate zeolites：USA，US 3329481[P]. 1967-07-04.

[7] Taramasso M，Perego G，Notari B. Preparation of porous crystalline synthetic material comprised of silicon and titanium oxides：USA，US 4410501[P]. 1983-10-18.

[8] Leanza R，Rossetti I，Mazzola I，et al. Study of Fe-silicalite catalyst for the N_2O oxidation of benzene to phenol[J]. Applied Catalysis A：General，2001，205（1-2）：93-99.

[9] Thangaraj A，Sivasanker S. An improved method for TS-1 synthesis：^{29}Si NMR studies[J]. Journal of the Chemical Society，Chemical Communications，1992，(2)：123-124.

[10] Padovan M，Leofanti G，Roffia P. Method for the preparation of titanium silicalites：EP 0311983[P]. 1989-04-19.

[11] Serrano D P，Uguina M A，Sanz R，et al. Synthesis and crystallization mechanism of zeolite TS-2 by microwave

and conventional heating[J]. Microporous and Mesoporous Materials，2004，69（3）：197-208.

[12] 夏长久. 分子筛中钛原子插入与再插入的研究[D]. 北京：石油化工科学研究院，2014.

[13] Tamura M，Chaikittisilp W，Yokoi T，et al. Incorporation process of Ti species into the framework of MFI type zeolite[J]. Microporous and Mesoporous Materials，2008，112（1-3）：202-210.

[14] Xia Q H，Gao Z. Crystallization kinetics of pure TS-1 zeolite using quaternary ammonium halides as templates[J]. Materials chemistry and physics，1997，47（2-3）：225-230.

[15] 李钢，郭新闻. 以 TPABr 为模板剂合成 TS-1 分子筛[J]. 石油学报（石油加工），1999，15（1）：90-93.

[16] 李钢，赵琦. 钛硅沸石合成中各组分作用研究[J]. 燃料化学学报，1999，27（6）：565-567.

[17] 揭嘉，吴保林，周继承. TS-1 合成时晶种与模板剂的协同导向作用[J]. 精细化工中间体，2001，31（2）：18-20.

[18] 张海娇，刘月明，焦正，等. 晶种对 TS-1 分子筛干胶合成及其催化性能的影响[J]. 硅酸盐学报，2009，37（3）：453-457.

[19] Tatsumi T. Metallozeolites and applications in catalysis[J]. Current Opinion in Solid State and Materials Science，1997，2（1）：76-83.

[20] Xia C J，Peng X X，Zhang Y，et al. Environmental-friendly catalytic oxidation processes based on hierarchical titanium silicate zeolites at SINOPEC[M]//Belviso C Green Chemical Processing and Synthesis. London：InTech，2017.

[21] Fan W，Fan B，Shen X，et al. Effect of ammonium salts on the synthesis and catalytic properties of TS-1[J]. Microporous and Mesoporous Materials，2009，122（1-3）：301-308.

[22] Fan W，Wu P，Tatsumi T. Unique solvent effect of microporous crystalline titanosilicates in the oxidation of 1-hexene and cyclohexene[J]. Journal of Catalysis，2008，256（1）：62-73.

[23] Tuel A. Crystallization of titanium silicalite-1（TS-1）from gels containing hexanediamine and tetrapropylammonium bromide[J]. Zeolites，1996，16（2-3）：108-117.

[24] 张义华，王祥生，郭新闻，等. 以钛酸四丁酯和四氯化钛混合物作钛源合成钛硅分子筛 TS-1[J]. 分子催化，2001，15（2）：149-151.

[25] Skeels G W，Ramos R. Substituted aluminosilicate compositions and process for preparing same：USA，US 5098687[P]. 1992-03-24.

[26] Kraushaar B，van Hooff J H C. A new method for the preparation of titanium-silicalite（TS-1）[J]. Catalysis Letters，1988，1（4）：81-84.

[27] Yamagishi K，Namba S，Yashima T. Preparation and acidic properties of aluminated ZSM-5 zeolites[J]. Journal of Catalysis，1990，121（1）：47-55.

[28] Yamagishi K，Namba S，Yashima T. Defect sites in highly siliceous HZSM-5 zeolites：a study performed by alumination and IR spectroscopy[J]. The Journal of Physical Chemistry，1991，95（2）：872-877.

[29] Wu P，Komatsu T，Yashima T. IR and MAS NMR studies on the incorporation of aluminum atoms into defect sites of dealuminated mordenites[J]. The Journal of Physical Chemistry，1995，99（27）：10923-10931.

[30] 张法智. 钛硅分子筛的气相法制备、表征及其丙烯环氧化性能的研究[D]. 大连：大连理工大学，1999.

[31] 张法智，郭新闻. 气固相同晶取代法制备 Ti-ZSM-5 及其催化性能的研究[J]. 分子催化，1999，13（2）：121-126.

[32] 庞文琴，左丽华，裘式纶. 气-固相置换法合成杂原子硅铝酸盐分子筛及其性能研究[J]. 高等学校化学学报，1988，9（1）：4-8.

[33] Rigutto M S，Ruiter R D，Niederer J P M，et al. Titanium-containing large pore molecular sieves from boron-Beta：preparation，characterization and catalysis[J]. Studies in Surface Science & Catalysis，1994，84：2245-2252.

[34] 张术栋，徐成华，冯良荣，等. 四氯化钛气固相反应法制备钛硅分子筛机理的研究[J]. 化学学报，2004，

62（4）：381-385.

[35] Schultz E，Ferrini C，Prins R. X-ray absorption investigations on Ti-containing zeolites[J]. Catalysis letters，1992，14（2）：221-231.

[36] 李明丰. 以 de-[B] ZSM-5 为母体的钛硅沸石 Ti-SiZSM-5 合成[J]. 石油化工，1998，27（5）：319-323.

[37] 刘民，高健，郭新闻，等. 气固相法制备的高效 Ti-ZSM-5 沸石的表征和催化性能[J]. 化工学报，2006，57（4）：791-798.

[38] 郭新闻，王桂茹，王祥生. Ti-Si Pentasil 型杂原子分子筛的气固相同晶取代法制备及其羟基化性能. I. 母体 Na^+含量的影响[J]. 催化学报，1994，15（4）：309-313.

[39] 郭新闻，王桂茹，王祥生. Ti-Si Pentasil 型杂原子分子筛的气团相同晶取代法制备及其羟基化性能. II. 制备条件及母体对钛进入骨架的影响[J]. 催化学报，1995，16（5）：420-424.

[40] 郭新闻，王祥生. 不同结构母体对制备钛沸石的影响[J]. 催化学报，1997，18（1）：24-27.

[41] Faraj M K. Catalyst compositions derived from titanium-containing molecule sieves：USA，US 5977009[P]. 1999-11-02.

[42] Dorset D L，Weston S C，Dhingra S S. Crystal structure of zeolite MCM-68：a new three-dimensional framework with large pores[J]. The Journal of Physical Chemistry B，2006，110（5）：2045-2050.

[43] Calabro D C，Cheng J C，Crane R A，et al. Synthetic porous crystalline MCM-68，its synthesis and use：USA，US 6049018[P]. 2000-04-11.

[44] Shibata T，Suzuki S，Kawagoe H，et al. Synthetic investigation on MCM-68 zeolite with MSE topology and its application for shape-selective alkylation of biphenyl[J]. Microporous and Mesoporous Materials，2008，116（1-3）：216-226.

[45] Elangovan S P，Ogura M，Ernst S，et al. A comparative study of zeolites SSZ-33 and MCM-68 for hydrocarbon trap applications[J]. Microporous and Mesoporous Materials，2006，96（1-3）：210-215.

[46] Kubota Y，Koyama Y，Yamada T，et al. Synthesis and catalytic performance of Ti-MCM-68 for effective oxidation reactions[J]. Chemical Communications，2008（46）：6224-6226.

[47] Bellussi G，Carati A，Clerici M G，et al. Reactions of titanium silicalite with protic molecules and hydrogen peroxide[J]. Journal of Catalysis，1992，133（1）：220-230.

[48] Astorino E，Peri J B，Willey R J. Spectroscopic characterization of silicalite-1 and titanium silicalite-1[J]. Journal of Catalysis，1995，157（2）：482-500.

[49] Ratnasamy P，Kumar R. Transition metal-silicate analogs of zeolites[J]. Catalysis Letters，1993，22（3）：227-237.

[50] Uguina M A，Serrano D P，Ovejero G，et al. Preparation of TS-1 by wetness impregnation of amorphous SiO_2-TiO_2 solids：influence of the synthesis variables[J]. Applied Catalysis A：General，1995，124（2）：391-408.

[51] Bordiga S，Boscherini F，Coluccia S，et al. XAFS study of Ti-silicalite：structure of framework Ti（Ⅳ）in presence and in absence of reactive molecules（H_2O, NH_3）[J]. Catalysis Letters，1994，26（1-2）：195-208.

[52] Scarano D，Zecchina A，Bordiga S，et al. Fourier-transform infrared and Raman spectra of pure and Al-，B-，Ti-and Fe-substituted silicalites：stretching-mode region[J]. Journal of the Chemical Society，Faraday Transactions，1993，89（22）：4123-4130.

[53] Wang B，Lu L，Ge B，et al. Hydrophobic and hierarchical modification of TS-1 and application for propylene epoxidation[J]. Journal of Porous Materials，2019，26（1）：227-237.

[54] Vetter S，Schulz-Ekloff G，Kulawik K，et al. On the *para*/*ortho* product ratio of phenol and anisole hydroxylation over titanium silicalite-1[J]. Chemical Engineering & Technology，1994，17（5）：348-353.

[55] Blasco T，Camblor M A，Corma A，et al. The state of Ti in titanoaluminosilicates isomorphous with zeolite. beta[J].

Journal of the American Chemical Society，1993，115（25）：11806-11813.

[56] Huybrechts D R C，Vaesen I，Li H X，et al. Factors influencing the catalytic activity of titanium silicalites in selective oxidations[J]. Catalysis Letters，1991，8（2-4）：237-244.

[57] Huybrechts D R C，Buskens P L，Jacobs P A. Physicochemical and catalytic properties of titanium silicalites[J]. Journal of molecular catalysis，1992，71（1）：129-147.

[58] Deo G，Turek A M，Wachs I E，et al. Characterization of titania silicalites[J]. Zeolites，1993，13（5）：365-373.

[59] Schuchardt U，Pastore H O，Spinacé E V. Cyclohexane oxidation with hydrogen peroxide catalyzed by titanium silicalite（TS-1）[J]. Studies in Surface Science and Catalysis，1994，84：1877-1882.

[60] Peregot G，Bellussi G，Corno C，et al. Titanium-silicalite：a novel derivative in the pentasil family[J]. Studies in Surface Science & Catalysis，1986，28：129-136.

[61] Lewis R J，Ueura K，Fukuta Y，et al. The direct synthesis of H_2O_2 using TS-1 supported catalysts[J]. ChemCatChem，2019，11（6）：1673-1680.

[62] van der Pol A，Verduyn A J，Van Hooff J H C. Why are some titanium silicalite-1 samples active and others not？[J]. Applied Catalysis. A，General，1992，92（2）：113-130.

[63] Notari B. Microporous crystalline titanium silicates[J]. Advances in Catalysis，1996，41：253-334.

[64] Rodenas Y，Fierro J L G，Mariscal R，et al. Post-synthesis treatment of TS-1 with TPAOH：effect of hydrophobicity on the liquid-phase oxidation of furfural to maleic acid[J]. Topics in Catalysis，2019，62：560-569.

[65] Shakeri M，Dehghanpour S B. Rational synthesis of TS-1 zeolite to direct both particle size and framework Ti in favor of enhanced catalytic performance[J]. Microporous and Mesoporous Materials，2020，298：110066.

[66] 张义华，郭新闻. TS-1 分子筛中非骨架钛物种$(TiO_2)_x$对丙烯环氧化反应的影响[J]. 石油学报（石油加工），2000，16（5）：41-46.

[67] Jentys A，Catlow C R A. Structural properties of titanium sites in Ti-ZSM-5[J]. Catalysis letters，1993，22（3）：251-257.

[68] Millini R，Perego G，Seiti K. Ti substitution in MFI type zeolites：a quantum mechanical study[J]. Studies in Surface Science and Catalysis. Elsevier，1994，84：2123-2129.

[69] Njo S L，van Koningsveld H，van de Graaf B. A combination of the Monte Carlo method and molecular mechanics calculations：a novel way to study the Ti（Ⅳ）distribution in titanium silicalite-1[J]. The Journal of Physical Chemistry B，1997，101（48）：10065-10068.

[70] Smirnov K S，van de Graaf B. On the origin of the band at 960 cm^{-1} in the vibrational spectra of Ti-substituted zeolites[J]. Microporous materials，1996，7（2-3）：133-138.

[71] Lamberti C，Bordiga S，Zecchina A，et al. Structural characterization of Ti-silicalite-1：a synchrotron radiation X-ray powder diffraction study[J]. Journal of Catalysis，1999，183（2）：222-231.

[72] Hijar C A，Jacubinas R M，Eckert J，et al. The siting of Ti in TS-1 is non-random. Powder neutron diffractionstudies and theoretical calculations of TS-1 and FeS-1[J]. The Journal of Physical Chemistry B，2000，104（51）：12157-12164.

[73] Lamberti C，Bordiga S，Zecchina A，et al. Ti location in the MFI framework of Ti-silicalite-1：a neutron powder diffraction study[J]. Journal of the American Chemical Society，2001，123（10）：2204-2212.

[74] Henry P F，Weller M T，Wilson C C. Structural investigation of TS-1：determination of the true nonrandom titanium framework substitution and silicon vacancy distribution from powder neutron diffraction studies using isotopes[J]. The Journal of Physical Chemistry B，2001，105（31）：7452-7458.

[75] Yuan S，Si H，Fu A，et al. Location of Si vacancies and $[Ti(OSi)_4]$ and $[Ti(OSi)_3OH]$ sites in the MFI framework：

a large cluster and full ab initio study[J]. The Journal of Physical Chemistry A，2011，115（5）：940-947.

[76] Lamberti C, Palomino G T，Bordiga S, et al. EXAFS study of Ti，Fe and Ga substituted silicalites[J]. Japanese Journal of Applied Physics，1999，38（S1）：55.

[77] Labouriau A，Higley T J，Earl W L. Chemical shift prediction in the ^{29}Si MAS NMR of titanosilicates[J]. The Journal of Physical Chemistry B，1998，102（16）：2897-2904.

[78] Camblor M A，Corma A，Perez-Pariente J. Infrared spectroscopic investigation of titanium in zeolites. A new assignment of the 960 cm^{-1} band[J]. Journal of the Chemical Society，Chemical Communications，1993（6）：557-559.

[79] Behrens P，Felsche J，Vetter S，et al. A XANES and EXAFS investigation of titanium silicalite[J]. Journal of the Chemical Society，Chemical Communications，1991（10）：678-680.

[80] Milanesio M，Artioli G，Gualtieri A F，et al. Template burning inside TS-1 and Fe-MFI molecular sieves：an *in situ* XRPD study[J]. Journal of the American Chemical Society，2003，125（47）：14549-14558.

[81] Parker W O，Millini R. Ti coordination in titanium silicalite-1[J]. Journal of the American Chemical Society，2006，128（5）：1450-1451.

[82] Bordiga S，Bonino F，Damin A，et al. Reactivity of Ti（Ⅳ）species hosted in TS-1 towards H_2O_2-H_2O solutions investigated by ab initio cluster and periodic approaches combined with experimental XANES and EXAFS data：a review and new highlights[J]. Physical Chemistry Chemical Physics，2007，9（35）：4854-4878.

[83] Corma A，García H. Lewis acids as catalysts in oxidation reactions：from homogeneous to heterogeneous systems[J]. Chemical Reviews，2002，102（10）：3837-3892.

[84] Corma A，Garcia H. Lewis acids：from conventional homogeneous to green homogeneous and heterogeneous catalysis[J]. Chemical Reviews，2003，103（11）：4307-4365.

[85] Clerici M G，Bellussi G，Romano U. Synthesis of propylene oxide from propylene and hydrogen peroxide catalyzed by titanium silicalite[J]. Journal of Catalysis，1991，129（1）：159-167.

[86] Tozzola G，Mantegazza M A，Ranghino G，et al. On the structure of the active site of Ti-silicalite in reactions with hydrogen peroxide：a vibrational and computational study[J]. Journal of Catalysis，1998，179（1）：64-71.

[87] Lin W，Frei H. Photochemical and FT-IR probing of the active site of hydrogen peroxide in Ti silicalite sieve[J]. Journal of the American Chemical Society，2002，124（31）：9292-9298.

[88] Zecchina A，Bordiga S，Lamberti C，et al. Structural characterization of Ti centres in Ti-silicalite and reaction mechanisms in cyclohexanone ammoximation[J]. Catalysis Today，1996，32（1-4）：97-106.

[89] Sever R R，Root T W. DFT study of solvent coordination effects on titanium-based epoxidation catalysts. Part one：formation of the titanium hydroperoxo intermediate[J]. The Journal of Physical Chemistry B，2003，107（17）：4080-4089.

[90] Bonino F，Damin A，Ricchiardi G，et al. Ti-peroxo species in the TS-1/H_2O_2/H_2O system[J]. The Journal of Physical Chemistry B，2004，108（11）：3573-3583.

[91] Notari B. Synthesis and catalytic properties of titanium containing zeolites[J]. Studies in Surface Science & Catalysis，1988，37（09）：413-425.

[92] 夏长久，郑爱国，向彦娟，等. 环己酮氨肟化工艺失活 HTS 分子筛的酸性与酸量研究[C]//中国化学会分子筛专业委员会. 第十七届全国分子筛学术大会会议论文集，银川. 2013.

[93] 林民，舒兴田. 环境友好催化剂 TS-1 分子筛的合成及应用研究[J]. 石油炼制与化工，1999，30（8）：1-4.

[94] 林民，朱斌，舒兴田，等. 钛硅分子筛 HTS 的开发和应用[J]. 石油化工，2005，34（z1）：377-379.

[95] Lin M，Xia C J，Zhu B，et al. Green and efficient epoxidation of propylene with hydrogen peroxide（HPPO

process）catalyzed by hollow TS-1 zeolite：a 1.0 kt/a pilot-scale study[J]. Chemical Engineering Journal，2016，295：370-375.

[96] Xia C J，Ju L，Zhao Y，et al. Heterogeneous oxidation of cyclohexanone catalyzed by TS-1：combined experimental and DFT studies[J]. Chinese Journal of Catalysis，2015，36（6）：845-854.

[97] Xia C J，Lin M，Zheng A G，et al. Irreversible deactivation of hollow TS-1 zeolite caused by the formation of acidic amorphous TiO_2-SiO_2 nanoparticles in a commercial cyclohexanone ammoximation process[J]. Journal of Catalysis，2016，338：340-348.

[98] 林民，舒兴田，汪燮卿. $^1H\rightarrow^{13}C$ 和 $^1H\rightarrow^{29}Si$ CP/MAS NMR 研究钛硅分子筛晶化[J]. 石油学报（石油加工），2003，19（3）：33-37.

[99] Wang Y R，Lin M，Tuel A. Hollow TS-1 crystals formed via a dissolution-recrystallization process[J]. Microporous and Mesoporous Materials，2007，102（1-3）：80-85.

[100] 耿晓棉. HTS/H_2O_2 体系苯一步法制备苯二酚环境友好工艺研究[D]. 北京：石油化工科学研究院，2009.

[101] Ivanova I I，Knyazeva E E. Micro-mesoporous materials obtained by zeolite recrystallization：synthesis，characterization and catalytic applications[J]. Chemical Society Reviews，2013，42（9）：3671-3688.

[102] Ivanova I I，Kasyanov I A，Maerle A A，et al. Mechanistic study of zeolites recrystallization into micro-mesoporous materials[J]. Microporous and Mesoporous Materials，2014，189：163-172.

[103] Mielby J，Abildstrøm J O，Wang F，et al. Oxidation of bioethanol using zeolite-encapsulated gold nanoparticles[J]. Angewandte Chemie，2014，126（46）：12721-12724.

[104] 林民. 新型催化氧化材料-TS-1 分子筛合成方法改进、表征及氧化性能的研究[D]. 北京：石油化工科学研究院，1998.

[105] Thangaraj A，Kumar R，Mirajkar S P，et al. Catalytic properties of crystalline titanium silicalites. Ⅰ. Synthesis and characterization of titanium-rich zeolites with MFI structure[J]. Journal of Catalysis，1991，130（1）：1-8.

[106] Zhao Q，Bao X，Wang Y，et al. Studies on superoxide O^{2-} species on the interaction of TS-1 zeolite with H_2O_2[J]. Journal of Molecular Catalysis A：Chemical，2000，157（1-2）：265-268.

[107] 龙立华.氧化物调变对 MFI 型分子筛组成、结构及催化氧化性能影响的研究[D]. 北京：石油化工科学研究院，2011.

[108] 慕旭宏，王殿中，王永睿，等. 纳米分子筛在炼油和石油化工中的应用[J]. 催化学报，2013，34（1）：69-79.

[109] 李永祥，吴巍，闵恩泽，等. 钛硅分子筛催化环己酮氨肟化反应过程——本征动力学[J]. 石油炼制与化工，2003，34（11）：39-43.

[110] 顾耀明，刘春平，程立泉，等. HTS-1 钛硅分子筛催化环己酮氨肟化工业试验[J]. 化工进展，2010（1）：187-191.

[111] 李平，卢冠忠，罗勇. TS 分子筛的催化氧化性能研究. Ⅴ. 环己酮氨肟化反应[J]. 化学学报，2000，58（2）：204-208.

[112] 刘银乾，李永祥. 环己酮氨肟化反应体系中 TS-1 分子筛失活原因的研究[J]. 石油炼制与化工，2002，33（5）：41-45.

[113] 高焕新，索继栓. 钛硅分子筛（TS-1）的合成，结构表征及催化性能研究[J]. 分子催化，1996，10（1）：25-32.

[114] Petrini G，Cesana A，Alberti G D，et al. Deactivation phenomena on Ti-silicalite[J]. Studies in Surface Science & Catalysis，1991，68：761-766.

[115] 张向京，王燕，杨立斌，等. 环己酮氨肟化反应中失活 TS-1 催化剂上沉积物的物化表征[J]. 燃料化学学报，2006，34（2）：234-239.

[116] Mantegazza M A，Balducci L，Rivetti F. Process for the regeneration of zeolitic catalysts containing titanium：USA，US 6403514[P]. 2002-06-11.

[117] Sun B，Wu W，Wang E Q，et al. Process for regenerating titanium-containing catalysts：USA，US 7384882[P].

2008-06-10.

[118] 王梅正，林民，朱斌. 钛硅分子筛失活与再生的研究进展[J]. 化工进展，2007，26（9）：1258-1262.

[119] Wu W，Sun B，Li Y，et al. Process for ammoximation of carbonyl compounds：USA，US 7408080[P]. 2008-08-05.

[120] Liu N，Guo H，Wang X，et al. Hydrothermostability of titanium silicate TS-1 zeolite in environment of cyclohexanone ammoxidation[J]. Chinese Journal of Catalysis，2003，24（6）：441-446.

[121] 孙斌. 环己酮氨肟化反应过程中钛硅分子筛的溶解流失研究[J]. 石油炼制与化工，2005，36（11）：54-58.

[122] 夏长久，林民，朱斌，等. 环己酮氨肟化工艺中不可逆失活 HTS 分子筛的再生[J]. 石油学报（石油加工），2018，34（2）：246-252.

[123] 夏长久，郑爱国，朱斌，等. 工业氨肟化工艺失活 HTS 分子筛的结构特征和 Ti 物种状态[J]. 石油学报（石油加工），2014，30（4）：595-601.

[124] 张向京，王燕，杨立斌，等. 环己酮氨肟化反应中 TS-1 催化剂的积炭失活[J]. 催化学报，2006，27（5）：427-432.

[125] 卓佐西，林龙飞，邓秀娟，等. 钛硅分子筛催化环己酮液相氨肟化固定床工艺[J]. 催化学报，2013，34（3）：604-611.

[126] 陈晓银，陶龙骧. 环己酮直接合成环己酮肟：I. 钛层柱粘土催化环己酮氨肟化反应特征[J]. 精细石油化工，1995（6）：38-41.

[127] 何鸣元等. 石油炼制和基本有机化学品合成的绿色化学[M]. 北京：中国石化出版社，2006.

[128] 孙斌，朱丽. 钛硅-1 分子筛催化环己酮氨肟化剂环己酮肟工艺的研究[J]. 石油炼制与化工，2001，32（9）：22-24.

[129] Xia C J，Lin M，Zhu B，et al. Hollow titanium silicalite zeolite：from fundamental research to commercial application in environmental-friendly catalytic oxidation processes[M]//Belviso C. Zeolites-Useful Minerals. London：InTech，2016.

[130] 王洪波，傅送保，吴巍. 环己酮氨肟化新工艺与 HPO 工艺技术及经济对比分析[J]. 合成纤维工业，2004，27（3）：40-42.

[131] 张向京. 钛硅分子筛 TS-1 催化环己酮氨肟化过程分析[D]. 天津：天津大学，2006.

[132] 乔永志，张向京，张云，等. 环己酮氨肟化失活 TS-1 催化剂再生研究[C]//第八届全国工业催化技术及应用年会论文集. 西安：工业催化杂志社，2011：346-348.

[133] 李永祥，吴巍，闵恩泽，等. 钛硅分子筛催化环己酮氨肟化反应过程——影响过氧化氢分解的因素分析[J]. 石油炼制与化工，2003，34（9）：49-52.

[134] 高焕新，舒祖斌. 钛硅分子筛 TS-1 催化环己酮氨氧化制环己酮肟[J]. 催化学报，1998，19（4）：329-333.

[135] 姜锋，傅送保，汤琴，等. 环己酮氨肟化工艺中钛硅分子筛流失问题的研究[J]. 化工进展，2003，22（10）：1116-1118.

[136] Tatsumi T，Nakamura M，Negishi S，et al. Shape-selective oxidation of alkanes with H_2O_2 catalysed by titanosilicate[J]. Journal of the Chemical Society，Chemical Communications，1990（6）：476-477.

[137] Wang X X，Li G，Wang W H，et al. Synthesis，characterization and catalytic performance of hierarchical TS-1 with carbon template from sucrose carbonization[J]. Microporous and Mesoporous Materials，2011，142（2-3）：494-502.

[138] Xin H C，Zhao J，Xu S T，et al. Enhanced catalytic oxidation by hierarchically structured TS-1 zeolite[J]. The Journal of Physical Chemistry C，2010，114（14）：6553-6559.

[139] Fan W，Duan R G，Yokoi T，et al. Synthesis，crystallization mechanism，and catalytic properties of titanium-rich TS-1 free of extraframework titanium species[J]. Journal of the American Chemical Society，2008，130（31）：10150-10164.

[140] Nogier J P，Millot Y，Man P P，et al. Probing the Incorporation of Ti(Ⅳ)into the BEA zeolite framework by XRD，

FTIR，NMR，and DR UV-jp810722bis[J]. The Journal of Physical Chemistry C，2009，113（12）：4885-4889.

[141] Tuel A，Taarit Y B. Variable temperature ^{29}Si MAS NMR studies of titanosilicalite TS-1[J]. Journal of the Chemical Society，Chemical Communications，1992（21）：1578-1580.

[142] Liu Y，Li Y，Wu W，et al. Preliminary study on TS-1 deactivation in the process of cyclohexanone ammoximation[J]. Petroleum Processing and Petrochemicals，2002，33（5）：41-45.

[143] Xia Q H，Wang G W，Chao G Y，et al. Catalytic oxidation performance of Ti-Si zeolites I. Oxidation of alkene and effect of lattice Ti[J]. Journal of Molecular Catalysis，1994，（4）：313-319.

[144] Panov G I，Dubkov K A，Starokon E V. Active oxygen in selective oxidation catalysis[J]. Catalysis Today，2006，117（1-3）：148-155.

[145] Zhao H，Zhou J C. Catalytic properties of titanium silicalite-1 prepared by mineral materials for the cyclohexanone ammoximation[J]. Journal of Molecular Catalysis，2003，17（3）：193-197.

[146] Joseph R，Sudalai A，Ravindranathan T. Selective catalytic oxidative cleavage of oximes to carbonyl compounds with H_2O_2 over TS-1[J]. Tetrahedron Letters，1994，35（30）：5493-5496.

[147] Corma A. Transformation of hydrocarbons on zeolite catalysts[J]. Catalysis Letters，1993，22（1-2）：33-52.

[148] Saxena S，Basak J，Hardia N，et al. Ammoximation of cyclohexanone over nanoporous TS-1 using UHP as an oxidant[J]. Chemical Engineering Journal，2007，132（1-3）：61-66.

[149] ten Brink G J，Arends I W C E，Sheldon R A. The Baeyer-Villiger reaction：new developments toward greener procedures[J]. Chemical Reviews，2004，104（9）：4105-4124.

[150] Xia C J，Lin M，Zhu B，et al. Study on the mechanisms for Baeyer-Villiger oxidation of cyclohexanone with hydrogen peroxide in different systems[J]. China Petroleum Processing & Petrochemical Technology，2012，14（2）：7-17.

[151] Millini R，Massara E P，Perego G，et al. Framework composition of titanium silicalite-1[J]. Journal of Catalysis，1992，137（2）：497-503.

[152] Bordiga S，Coluccia S，Lamberti C，et al. XAFS study of Ti-silicalite：structure of framework Ti（Ⅳ）in the presence and absence of reactive molecules（H_2O，NH_3）and comparison with ultraviolet-visible and IR results[J]. The Journal of Physical Chemistry，1994，98（15）：4125-4132.

[153] Reddy J S，Kumar R，Ratnasamy P. Titanium silicalite-2：synthesis，characterization and catalytic properties[J]. Applied Catalysis，1990，58（1）：L1-L4.

[154] 史春风，朱斌，林民，等. 多孔双功能钛硅新材料的合成与表征[J]. 石油学报（石油加工），2014，30（2）：305-310.

[155] 庄建勤，严志敏，刘秀梅，等. TS-1分子筛酸性的固体核磁表征[J]. 分子催化，2002，16（1）：69-71.

[156] Thangaraj A，Sivasanker S，Ratnasamy P. Catalytic properties of crystalline titanium silicalites Ⅲ. Ammoximation of cyclohexanone[J]. Journal of Catalysis，1991，131（2）：394-400.

[157] 高焕新，曹静，卢文奎，等. 用不同方法合成的钛硅分子筛TS-1的拉曼光谱研究[J]. 催化学报，2000，21（6）：579-582.

[158] Nijhuis T A，Huizinga B J，Makkee M，et al. Direct epoxidation of propene using gold dispersed on TS-1 and other titanium-containing supports[J]. Industrial & Engineering Chemistry Research，1999，38（3）：884-891.

[159] On D T，Bonneviot L，Bittar A，et al. Titanium sites in titanium silicalites：an XPS，XANES and EXAFS study[J]. Journal of Molecular Catalysis，1992，74（1-3）：233-246.

[160] Pei S，Zajac G W，Kaduk J A，et al. Re-investigation of titanium silicalite by X-ray absorption spectroscopy：are the novel titanium sites real？[J]. Catalysis Letters，1993，21（3-4）：333-344.

[161] Noc L L，On D T，Solomykina S，et al. Characterization of two different framework titanium sites and quantification of extra-framework species in TS-1 silicalites[J]. Studies in Surface Science & Catalysis，1996，101（101）：611-620.

[162] Lamberti C，Bordiga S，Arduino D，et al. Evidence of the presence of two different framework Ti（Ⅳ）species in Ti-silicalite-1 in vacuo conditions：an EXAFS and a photoluminescence study[J]. The Journal of Physical Chemistry B，1998，102（33）：6382-6390.

[163] Bordiga S，Damin A，Bonino F，et al. The structure of the peroxo species in the TS-1 catalyst as investigated by resonant Raman spectroscopy[J]. Angewandte Chemie International Edition，2002，41（24）：4734-4737.

[164] Klaas J，Kulawik K，Schulz-Ekloff G，et al. Comparative spectroscopic study of TS-1 and zeolite-hosted extraframework titanium oxide dispersions[J]. Studies in Surface Science & Catalysis，1994：2261-2268.

[165] Klaas J，Schulz-Ekloff G，Jaeger N I. UV-visible diffuse reflectance spectroscopy of zeolite-hosted mononuclear titanium oxide species[J]. The Journal of Physical Chemistry B，1997，101（8）：1305-1311.

[166] Geobaldo F，Bordiga S，Zecchina A，et al. DRS UV-Vis and EPR spectroscopy of hydroperoxo and superoxo complexes in titanium silicalite[J]. Catalysis Letters，1992，16（1-2）：109-115.

[167] Tuel A. Crystallization of TS-1 in the presence of alcohols：influence on Ti incorporation and catalytic activity[J]. Catalysis Letters，1998，51（1-2）：59-63.

[168] 张义华，王祥生，郭新闻. 钛硅催化材料的研究进展II. 钛硅分子筛 TS-1 的制备及其物化性能的研究[J]. 化学进展，2001，13（5）：382-395.

[169] 郑爱国，向彦娟，朱斌，等. 电子能量损失谱研究钛硅分子筛中钛的存在状态[J]. 石油学报（石油加工），2012，28（6）：991-994.

[170] 展红全，江向平，李小红，等. 钛酸钡纳米颗粒聚集球的形成机理[J]. 物理化学学报，2011，27（12）：2927-2932.

[171] Corma A，Garcia H. Lewis acids：from conventional homogeneous to green homogeneous and heterogeneous catalysis[J]. Chemical Reviews，2003，103（11）：4307-4366.

[172] Liu W H，Guo P，Su J，et al. Acidity characterization and acid catalysis performance of titanium silicalite（TS-1）[J]. Chinese Journal of Catalysis，2009，30（6）：482-484.

[173] Su J，Xiong G，Zhou J C，et al. Amorphous Ti species in titanium silicalite-1：structural features，chemical properties，and inactivation with sulfosalt[J]. Journal of Catalysis，2012，288：1-7.

[174] Nakabayashi H. Properties of acid sites on TiO_2-SiO_2 and TiO_2-Al_2O_3 mixed oxides measured by infrared spectroscopy[J]. Bulletin of the Chemical Society of Japan，1992，65（3）：914-916.

[175] Pabón E，Retuert J，Quijada R，et al. TiO_2-SiO_2 mixed oxides prepared by a combined sol-gel and polymer inclusion method[J]. Microporous and Mesoporous Materials，2004，67（2-3）：195-203.

[176] Navarrete J，Lopez T，Gomez R，et al. Surface acidity of sulfated TiO_2-SiO_2 sol-gels[J]. Langmuir，1996，12（18）：4385-4390.

[177] Ungureanu A，On D T，Dumitriu E，et al. Hydroxylation of 1-naphthol by hydrogen peroxide over UL-TS-1 and TS-1 coated MCF[J]. Applied Catalysis A：General，2003，254（2）：203-223.

[178] Itoh M，Hattori H，Tanabe K. The acidic properties of TiO_2-SiO_2 and its catalytic activities for the amination of phenol，the hydration of ethylene and the isomerization of butene[J]. Journal of Catalysis，1974，35（2）：225-231.

[179] Mutin P H，Lafond V，Popa A F，et al. Selective surface modification of SiO_2-TiO_2 supports with phosphonic acids[J]. Chemistry of Materials，2004，16（26）：5670-5675.

[180] Beck C，Mallat T，Buergi T，et al. Nature of active sites in sol-gel TiO_2-SiO_2 epoxidation catalysts[J]. Journal of Catalysis，2001，204（2）：428-439.

[181] Imamura S，Nakai T，Kanai H，et al. Effect of tetrahedral Ti in titania-silica mixed oxides on epoxidation activity and Lewis acidity[J]. Journal of the Chemical Society，Faraday Transactions，1995，91（8）：1261-1266.

[182] Tanabe K，Misono M，Hattori H，et al. New Solid Acids and Bases：Their Catalytic Properties[M]. Amsterdam：Elsevier，1990.

[183] Armaroli T，Milella F，Notari B，et al. A spectroscopic study of amorphous and crystalline Ti-containing silicas and their surface acidity[J]. Topics in Catalysis，2001，15（1）：63-71.

[184] Notari B，Willey R J，Panizza M. Which sites are the active sites in TiO_2-SiO_2 mixed oxides？[J]. Catalysis Today，2006，116（2）：99-110.

[185] Zhuang J Q，Yan Z M，Liu X C，et al. NMR study on the acidity of TS-1 zeolite[J]. Catalysis Letters，2002，83（1-2）：87-91.

[186] Li K T，Tsai L D，Wu C H，et al. Lactic acid esterification on titania-silica binary oxides[J]. Industrial & Engineering Chemistry Research，2013，52（13）：4734-4739.

[187] 刘娜，郭洪臣，王祥生，等. 钛硅沸石 TS-1 的高温焙烧法再生研究[J]. 现代化工，2003，23（4）：24-28.

[188] 颜卫，杨立斌，王军政，等. 钛硅分子筛催化环己酮氨肟化本征动力学[J]. 化学反应工程与工艺，2006，22（5）：401-406.

[189] 张向京，熊春燕，乔永志，等. 气相色谱-质谱法分析环己酮氨肟化体系中失活催化剂上可溶性沉积物的组成[J]. 河北科技大学学报，2011，32（5）：417-420.

[190] 田部浩三. 固体酸碱及其催化性质[M]. 赵君生，张嘉郁译. 北京：化学工业出版社，1979.

[191] Doolin P K，Alerasool S，Zalewski D J，et al. Acidity studies of titania-silica mixed oxides[J]. Catalysis Letters，1994，25（3-4）：209-223.

[192] Ren J，Li Z，Liu S S，et al. Silica-titania mixed oxides：Si-O-Ti connectivity，coordination of titanium，and surface acidic properties[J]. Catalysis Letters，2008，124（3-4）：185-194.

[193] Davis R J，Liu Z. Titania-silica：a model binary oxide catalyst system[J]. Chemistry of Materials，1997，9（11）：2311-2324.

[194] Klein S，Thorimbert S，Maier W F. Amorphous microporous titania-silica mixed oxides：preparation，characterization，and catalytic redox properties[J]. Journal of Catalysis，1996，163（2）：476-488.

[195] Gao X，Wachs I E. Titania-silica as catalysts：molecular structural characteristics and physico-chemical properties[J]. Catalysis Today，1999，51（2）：233-254.

[196] Hu S，Willey R J，Notari B. An investigation on the catalytic properties of titania-silica materials[J]. Journal of Catalysis，2003，220（1）：240-248.

[197] Sohn J R，Jang H J. Characterization of TiO_2-SiO_2 modified with H_2SO_4 and activity for acid catalysis[J]. Journal of Catalysis，1992，136（1）：267-270.

[198] Gao X，Bare S R，Fierro J L G，et al. Preparation and *in-situ* spectroscopic characterization of molecularly dispersed titanium oxide on silica[J]. The Journal of Physical Chemistry B，1998，102（29）：5653-5666.

[199] Moretti G，Salvi A M，Guascito M R，et al. An XPS study of microporous and mesoporous titanosilicates[J]. Surface & Interface Analysis，2004，36（10）：1402-1412.

[200] Langerame F，Salvi A M，Silletti M，et al. XPS characterization of a synthetic Ti-containing MFI zeolite framework：the titanosilicalites，TS-1[J]. Surface & Interface Analysis，2008，40（3-4）：695-699.

[201] Tanabe K，Sumiyoshi T，Shibata K，et al. A new hypothesis regarding the surface acidity of binary metal oxides[J]. Bulletin of the Chemical Society of Japan，1974，47（5）：1064-1066.

第4章　环己酮肟气相贝克曼重排

己内酰胺的生产方法有多种，以环己酮肟贝克曼重排为基础的环己酮-羟胺路线是目前世界工业化生产中使用最广泛的方法。DSM/HPO 工艺和 Allied Signal 工艺是两种具有代表性的环己酮-羟胺工艺，不管是何种工艺都是要先生成环己酮肟，再通过贝克曼重排转化成己内酰胺。该重排过程是己内酰胺生产最重要的工艺过程，对产品质量的影响起关键作用。环己酮肟贝克曼重排反应由巴斯夫公司首先实现工业化，在连续的反应过程中，环己酮肟溶液由硫酸酸化，通过反应区，在 90～120℃下进行重排反应。重排反应在几分钟内完成，生成的己内酰胺硫酸盐溶液在中和塔内用氨中和，得到游离的己内酰胺。然后用苯或甲苯萃取，经精馏提纯阶段，再经蒸馏即可得纯己内酰胺产品。

传统的液相贝克曼重排是以发烟硫酸作为溶剂和催化剂，反应结束后需用大量的氨水中和反应体系，然后得到己内酰胺和硫酸铵。此工艺被称为第一代己内酰胺生产技术，其特点是工业化时间长、技术成熟、产品质量稳定，是目前应用最广泛的生产工艺。由于其使用的催化剂为发烟硫酸，虽然具有良好的反应性能，但也有很多缺点：反应条件比较苛刻，发烟硫酸具有毒性，对管道具有强烈的腐蚀性，使用后难以处理，得到的副产物硫酸铵量大且经济价值低（生产 1 t 己内酰胺副产 1.6～4.0 t 硫酸铵），对环境造成污染[1]；另外，光催化环己烷亚硝化法存在氮氧化物等。所以长期以来，研究者们对己内酰胺绿色生产工艺进行了大量的研究，除了气相贝克曼重排工艺引人关注，液相贝克曼重排中离子液体在催化中的应用也引起研究者的注意，并越来越受到热捧。

以气相环己酮肟重排反应合成己内酰胺的“绿色”工艺，因不存在设备腐蚀和有害物质排放，以及具有潜在的经济效益而越来越受到广泛的关注。该工艺不副产硫酸铵，设备投资可节约 50%，生产成本显著降低，同时解决了传统生产方法中存在的设备腐蚀和环境污染等问题，是绿色化、环境友好的新工艺。

4.1　环己酮肟气相贝克曼重排反应

脂肪酮或芳香酮都可以与羟胺作用生成酮肟，酮肟在催化剂的作用下发生分子内重排反应，生成相应的酰胺，这个反应称为贝克曼（Beckmann）重排反应，是德国化学家恩斯特·奥托·贝克曼（Ernst Otto Beckmann）在 1886 年首先发现的。气相贝克曼重排工艺则是于 1941 年由 W. Lazier 第一次申请提出的，环己酮肟汽化之后，以气体形式在固体酸催化剂的催化活性中心上发生重排反应，此法具有可以避免硫酸铵形成的巨大优点。在气相贝克曼重排工艺中，固体酸催化剂的种类和结构特性对反应过程影响很大。因此，气相重排研究的重点就在于固体酸催化剂的制备和筛选工作上。

4.1.1　环己酮肟气相贝克曼重排反应机理

环己酮肟气相贝克曼重排反应生成己内酰胺是在常压下、300℃以上的高温催化反应，反应式如下：

NOH

T > 300℃

催化剂

NH

O

有关环己酮肟气相贝克曼重排反应机理的研究，日本住友化学株式会社有很多相关报道[2-4]，对于 MFI 型分子筛而言，高 Si/Al 比（硅铝比）的分子筛对反应有好处，Al—O—Si 形成的酸位为副反应的活性中心，气相贝克曼重排反应的活性中心为近乎中性的硅羟基。而对于 Si/Al 比＞100000 的近乎中性的 MFI 型分子筛而言，硅羟基可分为 4 种，分别是末端硅羟基、偕位硅羟基、邻位硅羟基和巢式硅羟基。其中巢式硅羟基是重排反应的活性中心，末端硅羟基则是副反应的活性中心。气相贝克曼重排反应的一大特点就是在反应物中加入甲醇溶剂，它能大幅度提高己内酰胺的选择性，这是因为甲醇与末端硅羟基反应生成硅甲氧基阻止了副反应的进行。

有关环己酮肟气相贝克曼重排的活性反应位置的研究也比较多[5-9]，环己酮肟重排生成己内酰胺是分子体积变大的反应，由于择形作用，反应物在小孔分子筛中的孔道内易发生副反应。大部分研究者认为，气相贝克曼重排反应的活性位是在 MFI 型分子筛孔道外表面，通过分子模拟计算出环己酮肟、己内酰胺和孔道的直径，结果表明虽然环己酮肟的直径小于孔道直径，但己内酰胺的直径大于孔道直径，并且分子筛的晶粒越小，外表面积越大，环己酮肟的转化率和己内酰胺的选择性越高，也间接证明了这种推理的准确性。而 Ichihashi 等[10]研究认为，重排反应活性位是在 MFI 型分子筛的三维孔道口而不是在孔道外表面。因为分别以分子体积比环己酮肟更大的环辛酮肟和分子体积更小的环戊酮肟为原料，环辛酮肟不发生贝克曼重排反应，而环戊酮肟的选择性提高，说明反应不是在孔道外表面进行。同时以不同的甲基取代环己酮肟为原料进行反应，结果表明，甲基取代位置越靠近 N—OH 键，贝克曼重排反应的选择性越低，这是因为甲基取代位越靠近 N—OH 键，空间位阻越大，越难接近孔口进行反应，说明反应不是在表面而是在孔口处进行的。

4.1.2 环己酮肟气相贝克曼重排反应催化剂

环己酮肟气相贝克曼重排反应温度高（>300℃），并且为放热反应，因此催化剂的活性对于反应转化率和选择性来说显得尤为关键，如果活性过低，气相重排反应将生成大量的副产物，给后期精制过程带来很大的负担。20 世纪 40 年代初，就有学者开始研究在固体酸催化下的气相重排反应，最初使用最多的是单组分氧化物如 SiO_2、Al_2O_3 和 B_2O_3 等，由于这些催化剂的活性和选择性均很低，后又在此基础上进行组合变为多组分氧化物，如将 B_2O_3 负载于 Al_2O_3 或 SiO_2 上，部分复合催化剂的转化率高达 100%，选择性达到 98%，但是催化剂的寿命太短，只有几小时[11-13]。还有用金属磷酸盐来催化气相重排反应的研究[14]，此类催化剂最大的问题就是反应选择性低。20 世纪 60 年代以来，随着各类分子筛催化剂的推广应用，人们也尝试将其应用在环己酮肟气相贝克曼重排反应中，研究过的分子筛催化剂主要包括 MFI 型分子筛、介孔型分子筛、Y 型分子筛和 β 型分子筛等[15-18]。在环己酮肟气相贝克曼重排所研究过的催化剂中，分子筛催化剂的催化性能和再生性能表现最优，其中 MFI 结构的 S-1 分子筛催化剂在气相贝克曼重排中表现出了较好的催化效果，具有较高的选择性，而且活性下降速度较慢，通过对其进行改性，还可使分子筛的寿命延长，催化性能进一步得到改善。

Forni 等[19, 20]用碱性较强和接近中性的铵盐溶液，对不同晶粒尺寸和老化时间的 S-1 分子筛进行离子交换，然后活化处理，将得到的催化剂用于气相贝克曼重排反应生产己内酰胺。使用的 S-1 分子筛酸性非常弱，酸性位的数量也较少。但是在 450℃煅烧并用碱性的 NH_4NO_3 进行离子交换后，催化剂酸性位的数量增加，并且弱酸性位与非常弱的酸性位的比例升高，该催化剂在气相贝克曼重排反应中的环己酮肟转化率和己内酰胺选择性都可达到 95%以上。当催化剂在 550℃煅烧时，氢键连接的硅羟基会凝聚，使缺陷位的数量下降，从而使催化活性降低。用碱性的 NH_4NO_3 溶液活化的催化剂，通过 Si—NH_2 键的形成，晶胞的对称性发生了变化，晶体从单斜晶系变成正交晶系，并使氢键连接的硅羟基与末端硅羟基保持较高的比例。通过结构表征和催化剂活性评价，作者认为气相贝克曼重排反应的活性位是氢键连接的硅羟基，尤其是主要分布在分子筛空腔内的硅羟基窝。晶粒尺寸对催化剂的活性影响很大，因为它改变催化剂内表面与外表面的面积比，使内外表面上酸性位分布有所不同。通道尺寸较小时，择形性影响抑制了积炭的形成，从而使在通道内的硅羟基窝失活较慢。末端硅羟基主要在催化剂的外表面，环己酮肟非选择性转化，所以失活较快。经过再生后的催化剂活性没有变化，因为热处理会移除积炭，而分子筛的结构没有发生改变。作者提出 Si—NH_2 键使 S-1 分子筛有更好的热稳定性，由于 S-1 分子筛存在缺陷位（硅羟基窝），所以在气相贝克曼重排反应中有很好的活性和选择性。对 B-silicalites 催化剂进行合成后改性，研究了不同改性条件对气相贝克曼重排反应中催化剂活性的影响。对合成后的 B-MFI 催化剂进行脱硼处理，可以增加氢键连接的硅羟基的数量。高温煅烧会使硼的负载量降低，而且硼的移除会使缺陷位发生聚合，因而硅羟基缺陷位数量下降。而氨处理能够稳定骨架硼，并能部分阻止硅羟基的聚合。因此，当煅烧温度和硼的负载量相同时，用高 pH 溶液进行后处理的样品与用低 pH 溶液处理的样品，其催化性能相反。用稀酸处理对消除骨架外的硼更有效，从而提高了催化剂的活性。作者尝试在最低的煅烧温度下最大可能地移除硼，以保证缺陷位的数量。在用去离子水回流之后，硼原子从分子筛的晶格中析出，形成[BO_3]骨架外物种，但是用稀酸处理后，骨架外的[BO_3]被除掉，己内酰胺的选择性提高。他们没有发现催化剂的物理化学性质和催化活性之间明显的相互依赖关系，但晶格中的硼可能会影响贝克曼重排反应。可以确定的是，硼的负载量会影响催化活性，因为在考察的范围内，当硼的负载量取中间值时，环己酮肟转化率和己内酰胺选择性最高。己内酰胺的选择性与硼含量并不呈线性关系，而是依赖于[BO_4]及硅羟基缺陷位的浓度。

4.1.3　环己酮肟气相贝克曼重排反应工艺

环己酮肟气相贝克曼重排反应中固体酸催化剂的特点就是寿命短，大部分催化剂的使用寿命只有几天，因此催化剂需要频繁再生[21]。从工业角度来讲，必须使用类似于催化裂化过程的具有连续反应-再生系统的流化床反应器。2003 年 4 月，日本住友化学株式会社将流化床工艺和重结晶精制技术相结合，成功实现了环己酮肟气相贝克曼重排工艺的工业化，流程见图 4.1。在流化床中，由于催化剂处于

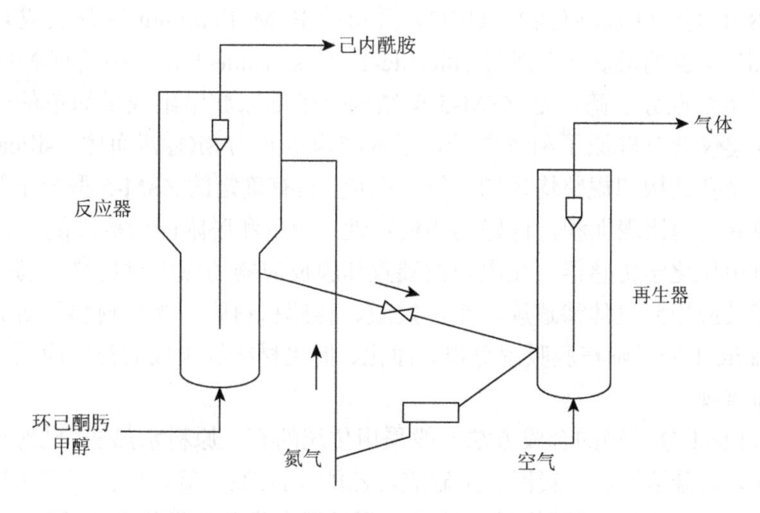

图 4.1　日本住友化学株式会社连续流化床反应-再生新工艺示意图

流化状态，颗粒碰撞较剧烈，催化剂磨损严重，所以流化床对催化剂颗粒的大小和机械强度比固定床要求更高，并且流化床操作复杂，投资和维护费用也较高。

日本住友开发的环己酮肟气相贝克曼重排反应，选用高 Si/Al 比的 MFI 分子筛为催化剂，甲醇为反应溶剂，氮气为载气，反应温度 350～400℃，重时空速（WHSV）8 h^{-1} 的条件下，反应 5.5 h 后，环己酮肟的转化率＞99%，己内酰胺选择性＞95%，其中 5-氰基-1-戊烯、5-氰基-1-戊烷、环己酮和环己烯酮的选择性分别为 2%、0.5%、1%和 0.5%左右[10]。该催化剂在 WHSV 为 8 h^{-1} 的条件下反应 6.25 h 后，再通氮气、空气及甲醇气的混合气于 430℃下再生 23 h，如此连续反复 30 次后，环己酮肟的转化率和己内酰胺的选择性仍然＞95%[22]。该工艺生成的产物还要经过后续的精制步骤才能得到合格的己内酰胺产品，精制步骤主要包括蒸馏、重结晶和加氢精制。

针对流化床存在的问题，石科院于 2000 年开始进行环己酮肟气相贝克曼重排催化剂和反应工艺的研究，并成功开发了具有自主知识产权的新型催化剂（RBS-1）和固定床气相重排新工艺，提高了催化剂的活性、选择性和稳定性。2006 年，在巴陵石化建成 800 t/a 环己酮肟气相贝克曼重排固定床新工艺工业侧线试验装置。

4.2 石科院气相贝克曼重排新工艺

4.2.1 RBS-1 催化剂的制备

1978 年美国联合碳化物（UCC）公司的 E. M. Flanigen 等首次成功合成出“Pentasil”家族的最后一个成员 silicalite-1[23]。silicalite-1 是一种具有 MFI 拓扑学结构的无铝全硅分子筛，是 ZSM-5 型结构分子筛家族中组成最简单的一种分子筛，其骨架仅含有硅原子和氧原子，基本结构单元为 SiO_4 四面体。silicalite-1 拥有丰富的微孔结构和规整均匀的三维细孔道，具有确定的 ZSM-5 型分子筛的晶体结构，较高的内比表面积，良好的热稳定性、吸附和脱附能力等性能。silicalite-1 分子筛可用作化学传感器、光电声波装置和膜反应器的应用材料[24]。特别是作为分子筛膜被应用到气体渗透膜、全蒸发膜、传感材料膜、光学材料膜等方面。因此，silicalite-1 分子筛在膜吸附分离、净化、催化材料等领域的开发应用正受到人们的日益重视。

silicalite-1 分子筛的合成方法一般采用传统的有机原料水热法，硅源可选用固体二氧化硅、硅溶胶、白炭黑、正硅酸四乙酯（TEOS）等，模板剂多采用四丙基氢氧化铵（TPAOH）、低碳烃类季铵盐或两者混合物及胺类化合物等，在 170℃下晶化三天。美国 UCC 公司和瑞典 J. Stety、印度 P. Ratnasamy、国内窦涛等研究小组曾在这方面开展过研究[25-27]。他们主要是合成纳米级的 silicalite-1 分子筛，将其作为无机微孔材料应用到化学传感器、光电声波装置和膜反应器等研究领域。石科院研究人员根据气相重排反应自身的特点，对 silicalite-1 分子筛的合成进行了化学改性，取得了可喜的结果。

1. 分子筛的合成及改性

在室温下将四丙基氢氧化铵（TPAOH）水溶液加入正硅酸四乙酯中搅拌水解，于 70～80℃加热，加水，然后将该清液混合物移入自生压力容弹中于 100～200℃晶化三天，按常规方法过滤、洗涤、干燥和焙烧制得 silicalite-1 分子筛（简称为 S-1 分子筛）。其中混合物的摩尔比为：$TPAOH/SiO_2 = 0.10～0.40$，$H_2O/SiO_2 = 20～50$。然后将得到的 S-1 分子筛在 50～150℃下用含氮化合物进行后处理，并水洗，干燥，最终得到的白色固体粉末命名为 RBS-1 分子筛。

2. 分子筛的表征

从图 4.2 曲线 b 可以看到，样品在 $2\theta(I/I_0) = 7.94°$（100，相对峰强度）、8.86°（63%～67%）、23.14°（82%～87%）、23.32°（63%～67%）、23.79°（35%～40%）、23.98°（43%～47%）、24.45°（28%～32%）等多处出现强的特征衍射峰，表明其具有与 silicalite-1 分子筛相同的 MFI 拓扑学结构，且在 2θ= 24.5°和 29.3°附近出现的双峰系单斜晶系，与文献[28]一致。经含氮化合物处理后的 RBS-1 分子筛具有与 silicalite-1 分子筛完全相同的 XRD 谱图（图 4.2 曲线 b），表明采用含氮化合物处理不会改变 silicalite-1 分子筛的 MFI 拓扑学结构。

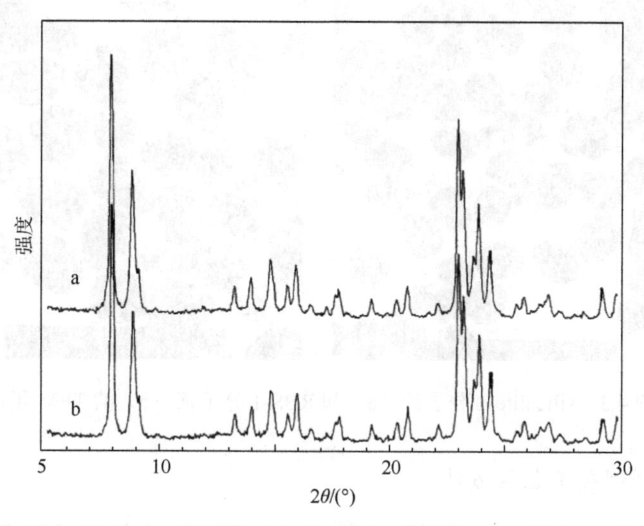

图 4.2　silicalite-1 分子筛（a）和 RBS-1 分子筛（b）的 XRD 谱图

根据样品的 N_2 吸附-脱附等温线可知，以 BDDT 分类作标准，样品的吸附等温线属于Ⅱ型。吸附等温线的形状反映了吸附剂与吸附质 N_2 分子间的差别。RBS-1 分子筛具有高度发达的微孔结构，多孔分子筛表面易发生多分子层吸附现象，N_2 吸脱附在 $p/p_0 = 0.45 \sim 0.98$ 范围存在滞后环，发生较强的毛细管和孔凝聚现象。

从表 4.1 看出，经含氮化合物处理后的 RBS-1 分子筛，其 BET 比表面积达到 431 m^2/g，外比表面积达到 48 m^2/g，显示 RBS-1 分子筛具有比 silicalite-1 分子筛更丰富的微孔结构。

表 4.1　RBS-1 分子筛的比表面积、孔体积等物性结构参数

分子筛	等温线类型	$S_{BET}/(m^2/g)$	$S_t/(m^2/g)$	$S_{micro}/(m^2/g)$	$V_{pore}/(mL/g)$	$V_{micro}/(mL/g)$
RBS-1	Ⅱ	431	383	48	0.183	0.316

图 4.3 给出了 silicalite-1 分子筛和 RBS-1 分子筛的 TEM 照片。可以看到，silicalite-1 分子筛的颗粒尺寸为 0.3～0.4μm，大小均匀，形状呈花椰菜形；经含氮化合物处理后的 RBS-1 分子筛与 silicalite-1 分子筛的形状和大小相似，但 RBS-1 分子筛的晶粒表面为空洞凹凸面，具有丰富的微孔结构，外比表面积大，与 N_2 吸附-脱附等温线实验结论一致。

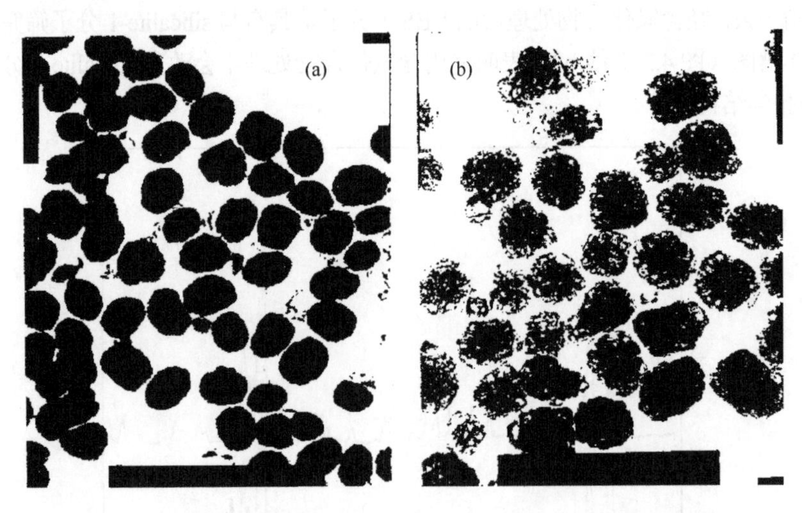

图 4.3　silicalite-1 分子筛（a）和 RBS-1 分子筛（b）的 TEM 照片

3. 催化剂制备工艺及方法

由于高硅铝比 ZSM-5 分子筛（Si/Al 比＞30000）在挤条成型方面存在困难，

分子筛催化剂的压碎强度低（＜40 N/cm），日本住友化学株式会社绕开了这些问题，在催化剂制备方面改用喷雾成型技术（可能使用正硅酸四乙酯作黏结剂），催化剂颗粒粒径为 5～100 μm。在工艺方面，采用了流化床连续反应-再生新工艺技术，最终基本解决了催化剂容易失活的难题[29]。

考虑到流化床连续反应-再生工艺设备投资高、催化剂再生频繁等问题，石科院研究人员将研究重点放在了开发条状催化剂上，反应工艺拟采用固定床技术。众所周知，催化剂成型通常都采用氧化铝作黏结剂，压碎强度高。但对于气相贝克曼重排反应的催化剂，不宜采用氧化铝作黏结剂（氧化铝能提供 Lewis 酸，严重影响催化剂性能），只能考虑用正硅酸四乙酯和二氧化硅作黏结剂。采用二氧化硅作黏结剂，催化剂压碎强度较差，难以达到固定床工艺要求。在以二氧化硅作黏结剂的催化剂挤条成型方面，国内外基本上没有较理想的专利可借鉴。因此，RBS-1 分子筛挤条成型和增强分子筛的压碎强度成为研究工作的重点。

根据岩石、矿石、沸石等硬物质形成原理，在重排催化剂含氮化合物后处理过程中首次提出了“类矿化作用”（pseudo-mineralization）的概念。一般地，较坚硬沉积物需要在一定的温度、压力、pH 等反应条件下进行化学反应才能形成。用二氧化硅作黏结剂挤出的 RBS-1 分子筛条，其压碎强度较差。将这些条形分子筛在一定的温度、压力、pH 等适宜条件下处理若干时间，使分子筛与二氧化硅黏结剂发生较强的相互作用，从而使条形分子筛的压碎强度显著增强（从 35 N/mm 提高到 100 N/mm 左右）。把条形分子筛用含氮化合物后处理的过程称为“类矿化作用”过程。将非铝的 TS-1 分子筛作类似处理，可以发现 TS-1 分子筛的强度增加。

石科院研究人员详细地考察了成型工艺对催化剂制备性能的影响，包括不同硅源、碱源、固含量、水粉比、助挤剂等因素，寻找到比较合理的工艺配方。

RBS-1 分子筛、黏结剂、碱源、水、田菁粉等原料和试剂按一定比例进行混料、混捏，研磨，挤条成型，烘干，550℃焙烧；用含氮化合物在 50～150℃处理 0～12 h，洗涤，过滤，120℃干燥 24 h，得到白色条形的催化剂成品。为方便比较，在本节中将成型之后的 RBS-1 分子筛统一命名为 RBS-1 催化剂。RBS-1 催化剂的一些主要物性参数：相对结晶度达到 72%，比表面积 S_{BET} 达到 300 m^2/g 以上，孔体积接近 0.3 mL/g，金属离子 Al^{3+}、Na^{+}、Ca^{2+}＜150 μg/g，Fe^{3+}＜100 μg/g，Mg^{2+}＜100 μg/g，Cu^{2+}、Cr^{3+}、Ti^{4+}＜10 μg/g。

4.2.2　固定床中环己酮肟气相贝克曼重排反应

一般地，环己酮肟（CHO）气相贝克曼重排反应通常在常压或低压下进行，这主要是便于环己酮肟更好地汽化，有利于反应进行。评价实验均在常压条件下进行，分别考察了反应温度、CHO 质量空速、溶剂性质、CHO 浓度、载气流量等因素对反应性能的影响，评价了 RBS-1 分子筛的稳定性和再生性能情况。

1. 反应温度对重排反应性能的影响

反应温度对气相贝克曼重排反应的催化性能具有重要影响。一般认为，反应温度偏低，环己酮肟的转化率较低，催化剂失活快；反应温度偏高，副反应增多，己内酰胺选择性不理想，因此业界通常在 250～400℃温度范围内研究气相贝克曼重排反应。

表 4.2 给出了反应温度在 325～390℃范围 RBS-1 分子筛的反应性能。从表中看到，反应温度≤350℃时，RBS-1 分子筛失活较快，己内酰胺的选择性在反应初期为 94.8%，其后均维持在 95%以上；当反应温度＞350℃时，RBS-1 分子筛失活速度明显减缓，己内酰胺选择性略有下降。尤其在反应温度≥380℃时，环己酮肟能在较长反应时间内维持完全转化，己内酰胺选择性则小于 95%。因此在 RBS-1 催化剂上理想的反应温度在 380～390℃之间，己内酰胺的收率将达到最大。

表 4.2　反应温度对 RBS-1 分子筛活性、选择性和稳定性的影响

反应时间/h	325℃		350℃		370℃		380℃		390℃	
	x/%	*S*/%	*x*/%	*S*/%	*x*/%	*S*/%	*x*/%	*S*/%	*x*/%	*S*/%
2	96.9	94.8	99.7	94.8	100	94.9	100	94.0	100	93.9
4	91.2	95.1	99.7	95.4	99.9	94.8	100	94.7	100	93.3
6	84.6	95.8	99.6	95.4	99.8	94.9	100	94.7	100	93.5
8			99.4	95.5	99.8	95.0	100	94.6	100	93.4
10			99.2	95.4	99.6	95.0	100	94.6	100	93.7
12			98.6	95.7	99.4	95.3	100	94.6	100	94.0

注：*x* 指环己酮肟转化率，*S* 指己内酰胺选择性。

2. 环己酮肟质量空速对重排反应性能的影响

环己酮肟的质量空速（MHSV）是指单位质量催化剂单位时间内处理环己酮肟的能力。它是决定己内酰胺生产能力和生产装置大小的重要因素，同时对 RBS-1 催化剂在重排反应中的稳定性具有很大影响。表 4.3 列出了 MHSV 对重排反应催化性能的影响。可以看到，随 MHSV 增大，催化剂失活速率加快，催化剂寿命缩短。MHSV = 2 h^{-1}（总空速达到 15 h^{-1}）时，运行 900 h，CHO 转化率为 98.5%，每克 RBS-1 催化剂产己内酰胺 1700 g；而 MHSV = 10 h^{-1}，运行 10 h，CHO 转化率已降至 90.4%，若以 CHO 转化率降至 98.5%时计算，每克 RBS-1 催化剂才产己内酰胺 47 g 左右。MHSV 减小，催化剂寿命延长，单位催化剂产己内酰胺量增加，原因可能为：单位时间单位活性中心处理 CHO 减少，促进了主反应的进行，抑制了可加快催化剂失活速率的副反应的进行。因此，适宜的 MHSV 为 1～2 h^{-1}。

表 4.3　MHSV 对重排反应的影响

项目	MHSV/h^{-1}				
	2	4	8	10	15
CHO 转化率大于 98.5%时运行时间/h	900	212	14	5	3
CHO 转化率大于 98.5%时每克催化剂产己内酰胺量/(g/g)	1700	800	105	47	42

3. 溶剂性质对重排反应性能的影响

图 4.4 给出了甲醇、乙醇、正丙醇、异丙醇、正丁醇和苯等不同溶剂对重排反应的影响。可以看出，使用不同溶剂时，RBS-1 催化剂失活速率顺序为：乙醇＜甲

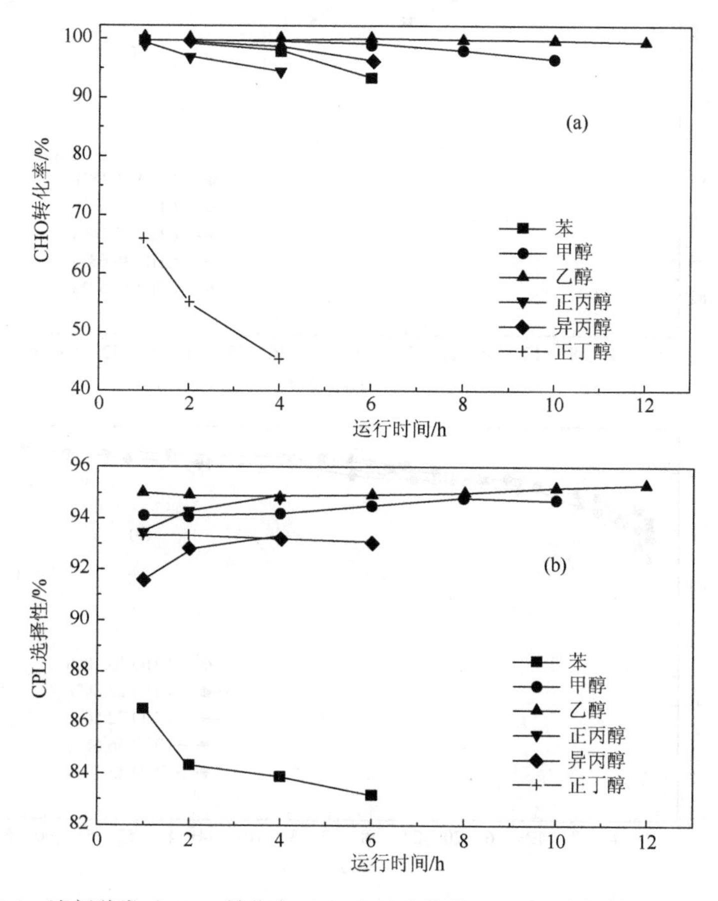

图 4.4　溶剂种类对 CHO 转化率（a）和己内酰胺（CPL）选择性（b）的影响

醇＜异丙醇＜苯＜正丙醇＜正丁醇，己内酰胺选择性顺序为乙醇＞甲醇＞正丙醇＞正丁醇＞异丙醇＞苯。由此可见，对于 RBS-1 催化剂来说，合适的溶剂是低分子醇，如甲醇和乙醇，最好的溶剂是乙醇。

4. CHO 浓度对重排反应性能的影响

图 4.5 给出了 CHO 浓度（质量分数）对重排反应的影响。当其他条件不变时，只改变 CHO 浓度，就意味着只改变进料中 CHO 的分压和进料在催化剂床层中的停留时间。可以看出，MHSV 一定时，增加 CHO 浓度，RBS-1 催化剂寿命延长，原因可能是：MHSV 一定时，增加 CHO 浓度，就降低了进料中乙醇的浓度。CHO 分子量比乙醇大，因而也就降低了进料的总摩尔流量，延长了 CHO 在 RBS-1

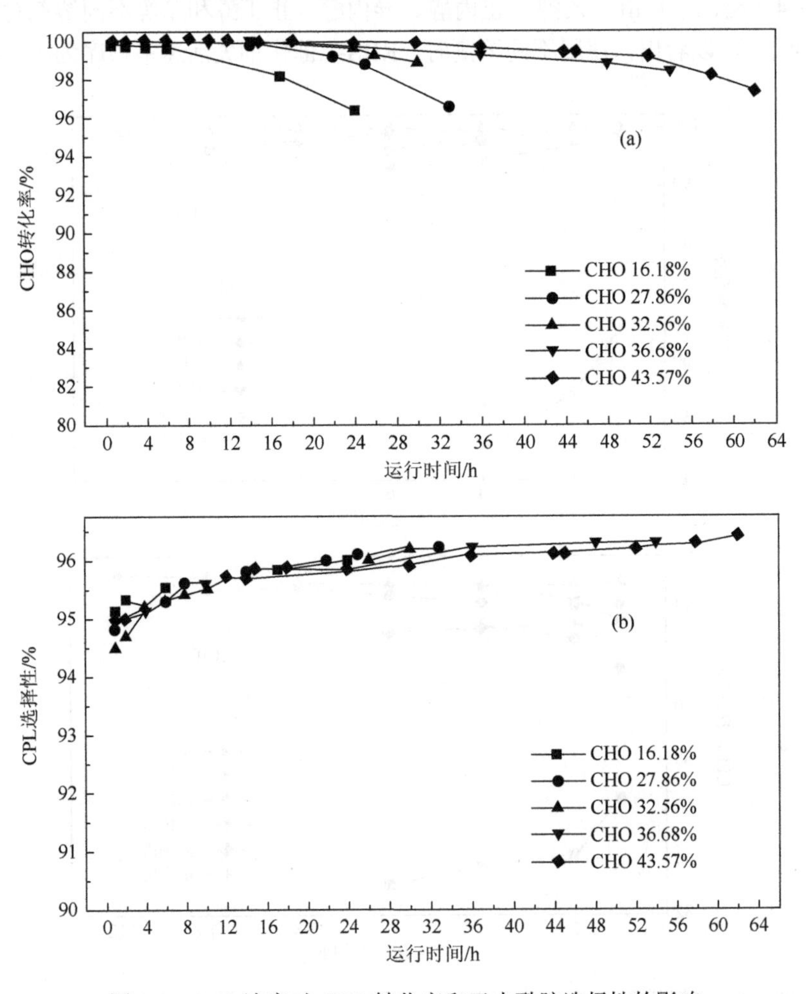

图 4.5　CHO 浓度对 CHO 转化率和己内酰胺选择性的影响

催化剂床层中的停留时间，两者共同影响，即使在上面一部分催化剂已失活的情况下，在下层的分子筛中 CHO 仍能绝大部分被转化，从反应结果看，催化剂的寿命就延长了。

5. 载气流量对重排反应性能的影响

重排反应是较强的放热反应，载气在重排反应中主要是起取热、搅动和降低 CHO 分压的作用。当其他条件不变时，只改变载气流量，也就意味着只改变进料中 CHO 的分压和进料在催化剂床层中的停留时间（即反应时间），载气流量对反应的影响见图 4.6。从图 4.6 可以看出，载气流量对己内酰胺选择性影

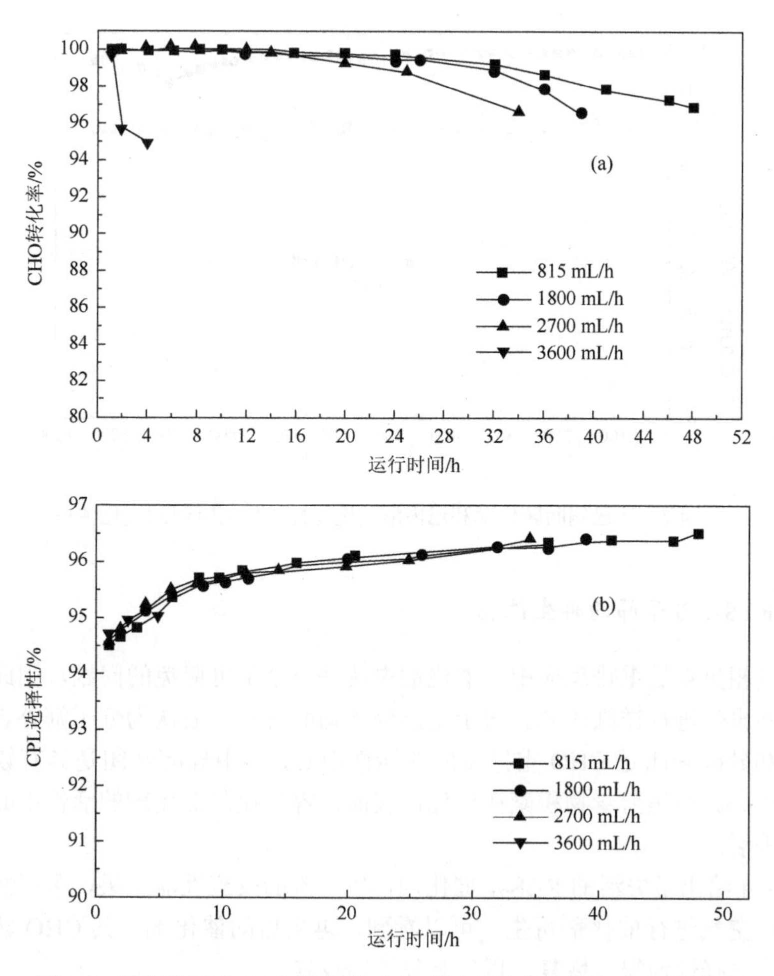

图 4.6　载气流量对 CHO 转化率（a）和己内酰胺选择性（b）的影响

响较小，而对 RBS-1 催化剂的失活速率影响较大，随载气流量增加，分子筛的寿命缩短。

6. RBS-1 催化剂在重排反应中稳定性的考察

考察了 RBS-1 催化剂在环己酮肟气相重排反应过程中的稳定性，结果见图 4.7。由该图可以看到，催化剂连续运行 800 h，环己酮肟转化率接近 100%，己内酰胺选择性在 95.5%以上。而后随着反应时间增加，环己酮肟转化率略有下降。运行 900 h 时，环己酮肟转化率下降至 98.5%，己内酰胺选择性维持不变。因此，RBS-1 催化剂对气相重排反应具有较好的稳定性。

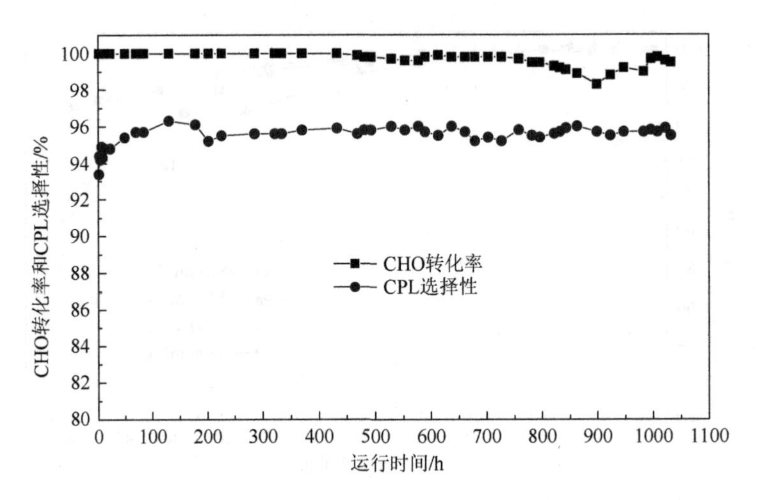

图 4.7　环己酮肟转化率和己内酰胺选择性与反应时间的变化关系

7. RBS-1 分子筛的再生性能

在气相贝克曼重排反应中，催化剂失活是一个不可避免的问题，因此需要对催化剂的再生进行详细研究。对于全硅分子筛而言，一般认为分子筛外表面的邻硅醇组和硅醇基团是 CHO 重排反应的活性中心，其中硅醇基团是具有较好性能的活性中心。结焦前身物积聚在催化剂表面，容易掩盖催化剂的活性中心，导致催化剂失活。

表 4.4 给出了失活的 RBS-1 催化剂再生二次的反应性能结果，采用经甲醇溶液饱和的空气进行催化剂再生。可以看到，再生后的催化剂，其 CHO 转化率和己内酰胺选择性均得到恢复，再生重复性比较好。

表 4.4　RBS-1 分子筛再生重复性考察

运行时间/h	新鲜催化剂		第一次再生催化剂		第二次再生催化剂	
	CHO 转化率/%	己内酰胺选择性/%	CHO 转化率/%	己内酰胺选择性/%	CHO 转化率/%	己内酰胺选择性/%
1	99.99	94.60	99.92	94.78	99.96	94.64
2	99.97	94.90	99.85	94.50	99.90	94.92
4	99.91	95.50	99.82	95.40	99.89	95.40
6	99.60	95.77	99.87	95.40	99.60	95.62
8	99.35	95.67	99.77	95.40	99.36	95.70
10	99.09	95.92	99.36	95.78	99.20	95.90
12	98.64	95.96	99.02	95.60	98.90	95.60

4.2.3　环己酮肟气相贝克曼重排中的化学反应

在发生气相贝克曼重排反应时，伴随发生裂解、水解、醇解、加氢、脱氢、氧化、异构化、热缩合、曼尼希（Mannich）反应等多种副反应，生成品种繁多的副产物，其中大部分副产物会最终影响己内酰胺产品的质量。

对重排反应产物进行定性分析，发现主要有以下副产物：乙醛、乙醚、乙腈、环己酮、己腈及其异构体、乙基-ε-己内酰亚胺缩合物、氰基戊烯及其异构体、环己烯酮、环己醇、环己烯醇、苯胺、硝基苯、呋喃、苯酚、正己酰胺、吩嗪及其异构体、四氢咔唑等。这些副产物的形成过程非常复杂，有些是与溶剂发生反应生成的，有些与原料环己酮肟及少量副产物环己酮等的不稳定性有关，有些则是由原材料带入的杂质伴随主反应的进行而不断衍生出的系列杂质，还有些是产品被氧化、异构化、深度反应及这些因素的交叉影响所致。

1. 环己酮肟的影响

环己酮肟的化学稳定性和热稳定性较差，通常在固体酸催化剂上，环己酮肟在发生气相贝克曼重排主反应过程中非常容易发生环己酮肟裂解和水解反应，分别生成 5-氰基-1-戊烯及其同分异构体、环己酮。而 5-氰基-1-戊烯及其同分异构体还能进行加氢反应生成己腈及己腈的同分异构体，反应方程式如下所示。5-氰基-1-戊烯及其同分异构体、环己酮、己腈及己腈的同分异构体约占所有副产物总量的 40%。在负载氧化硼型复合氧化物和沸石分子筛催化剂上同样会形成这些副产物，但不同的固体酸催化剂所生成的副产物量可能会有所不同。

$$\text{(环己基)}{=}NOH \xrightarrow{\text{裂解}} H_2C{=}CH(CH_2)_3C{\equiv}N + H_2O$$

$$H_2C{=}CH(CH_2)_3C{\equiv}N + H_2 \longrightarrow H_3C(CH_2)_4C{\equiv}N$$

$$C_6H_{10}{=}NOH + H_2O \longrightarrow C_6H_{10}{=}O + NH_2OH$$

同时，环己酮肟本身还容易发生一些热缩合反应生成十氢吩嗪，十氢吩嗪发生脱氢反应生成 1, 2, 3, 4, 6, 7, 8, 9-八氢吩嗪。吩嗪类副产物对己内酰胺产品的高锰酸钾值（PM）和挥发性碱（FB）具有重要影响。反应历程：

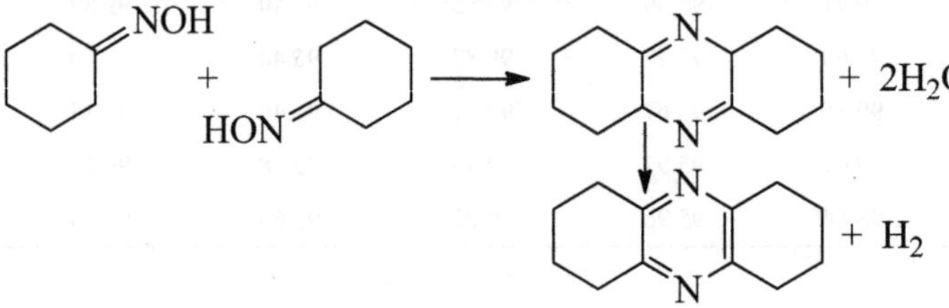

NOH　+　HON　→　+ $2H_2O$

→　+ H_2

2. 环己酮的影响

如上所述，环己酮副产物是通过环己酮肟的水解反应而生成的，其化学性质比较活泼，能发生缩合反应生成亚环己基环己酮、发生脱氢反应生成环己烯酮、发生加氢反应生成环己醇，这些副产物产量均已得到确定，仅占所有副产物总量的 5%，且随着反应的进行而略有上升。三种反应的方程式如下：

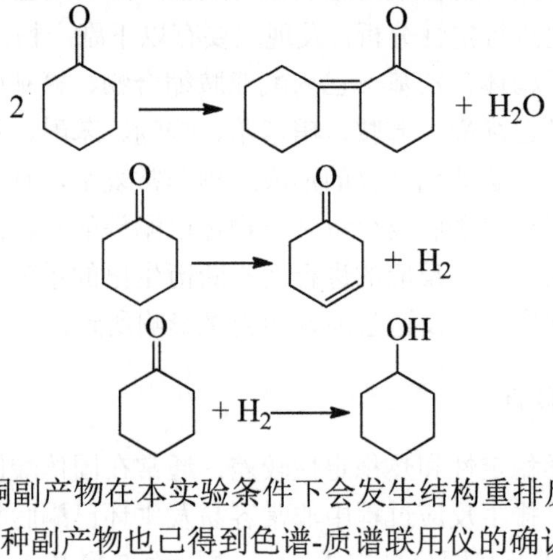

2 O　→　O　+ H_2O

O　→　O　+ H_2

O　+ H_2 →　OH

亚环己基环己酮副产物在本实验条件下会发生结构重排反应生成二环己并呋喃及其异构体，这两种副产物也已得到色谱-质谱联用仪的确认。反应方程式如下：

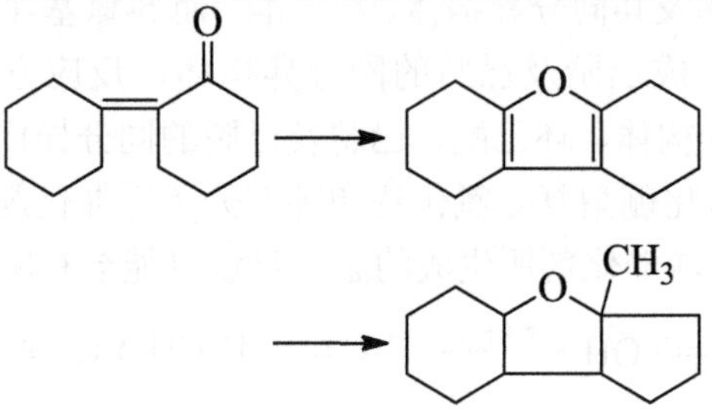

O　→　O

→　O　CH_3

同时，环己酮还能与环己酮肟发生脱水缩合环化生成四氢咔唑，后者再脱氢生成咔唑。反应方程式如下：

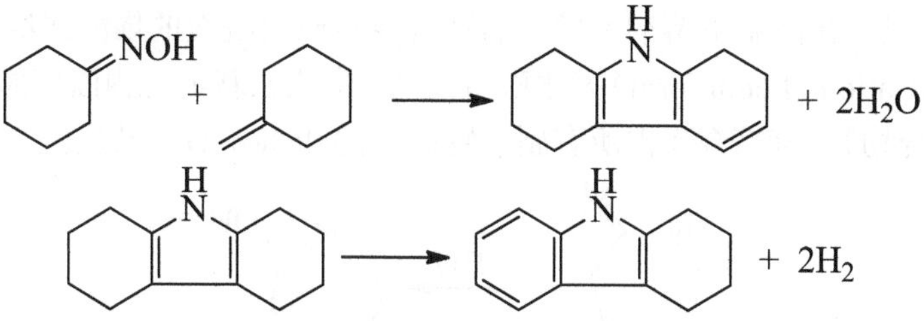

NOH + → H N + $2H_2O$

H N → H N + $2H_2$

另外，环己酮与苯胺发生缩合反应生成 Schiff 碱，后者可以与环己酮继续发生 Mannich 反应，最终形成焦炭沉积物（carbonaceous deposits）负载在催化剂上，导致催化剂失活。其方程式如下：

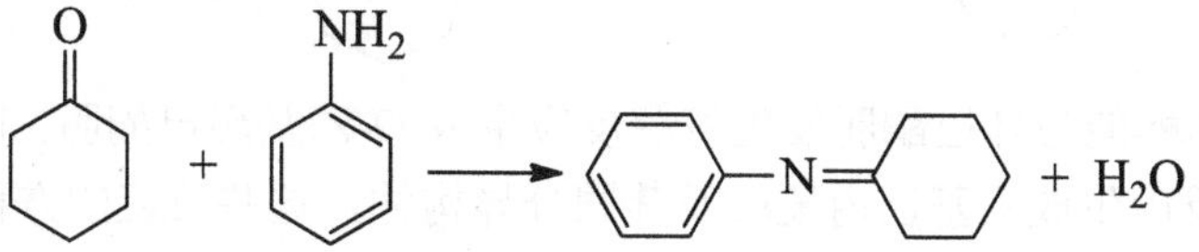

O + NH_2 → N + H_2O

3．己内酰胺的影响

己内酰胺在高温下会发生脱氢反应，生成 1, 3, 4, 5-四氢吖庚因-2-酮及其同分异构体，但这些化合物通过加氢反应能再生成己内酰胺目的产物；同时，己内酰胺作为酰胺类化合物本身并不稳定，还可能发生水解、氧化和加氢反应，分别生成氨基己酸、己二酰亚胺和正己酰胺。这些副产物生成的量很小，仅占所有副产物总量的 2%左右。反应变化如下：

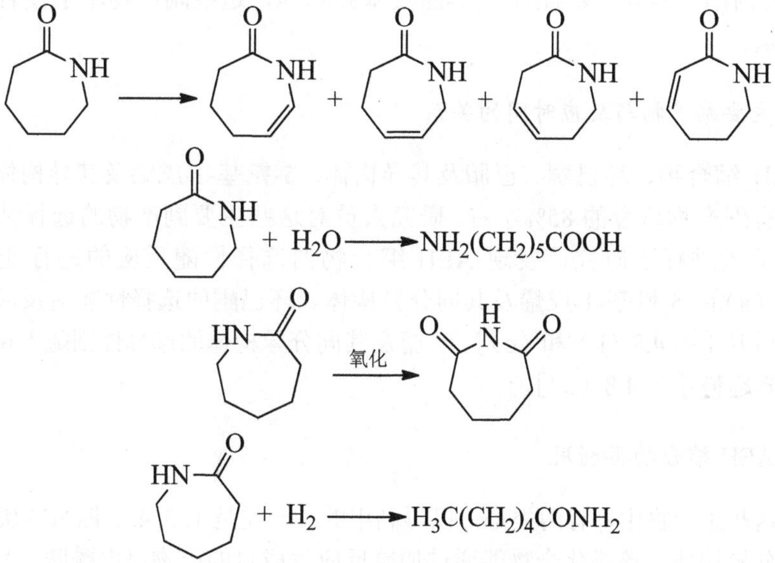

O NH → O NH + O NH + O NH + O NH

O NH + H_2O → $NH_2(CH_2)_5COOH$

HN O —氧化→ O H N O

HN O + H_2 → $H_3C(CH_2)_4CONH_2$

4. 溶剂的影响

研究发现，在高温下溶剂乙醇上的羟基能与己内酰胺的烯醇式结构互变异构体（automerisation of enol form）发生醇解反应，生成乙基-ε-己内酰亚胺缩合物（简称 AEH 缩合物），该缩合物占所有副产物总量的 45%左右。其反应方程式如下：

$$\text{己内酰胺} \xrightarrow{\text{互变异构}} \text{烯醇式结构}$$

$$\text{烯醇式结构} + C_2H_5OH \xrightarrow{\text{醇解}} \text{(N=C-}OC_2H_5\text{环)} + H_2O$$

同时，乙醇能与环己酮肟发生醇解反应生成 *O*-乙基环己酮肟；能与己内酰胺发生烷基化反应生成乙基己内酰胺及其同分异构体，这些反应的方程式如下：

$$\text{(环己基)}{=}NOH + C_2H_5OH \xrightarrow{\text{醇解}} \text{(环己基)}{=}NO{-}C_2H_5 + H_2O$$

$$C_2H_5OH + \text{己内酰胺} \longrightarrow \text{乙基己内酰胺}(-C_2H_5) + H_2O$$

除了生成上述副产物外，还可能形成的副产物有环己基苯胺、乙基己内酰胺、δ-戊内酯、3-*N*-乙基-4, 5, 6, 7-四氢苯并咪唑，这些副产物由于没有标样而未能确认。

5. 主要副产物与反应时间的关系

AEH 缩合物、环己酮、己腈及其异构体、5-氰基-1-戊烯及其异构体等副产物占所有副产物总量的 85%左右。研究人员对这些主要副产物的选择性与反应时间的关系进行了研究，发现 AEH 缩合物的选择性随反应的进行变化不大［图 4.8（a）］；5-氰基-1-戊烯及其同分异构体、环己酮的选择性随着反应时间增加先降后升［图 4.8（b）和（c）］；己腈及其同分异构体的选择性则随着反应的进行呈下降趋势［图 4.8（d）］。

6. AEH 缩合物再利用

在这些副产物中，有两类是可以再利用的。一类是 1, 3, 4, 5-四氢吖庚因-2-酮及其同分异构体，该类化合物能通过加氢反应生成目的产物己内酰胺。另一种是

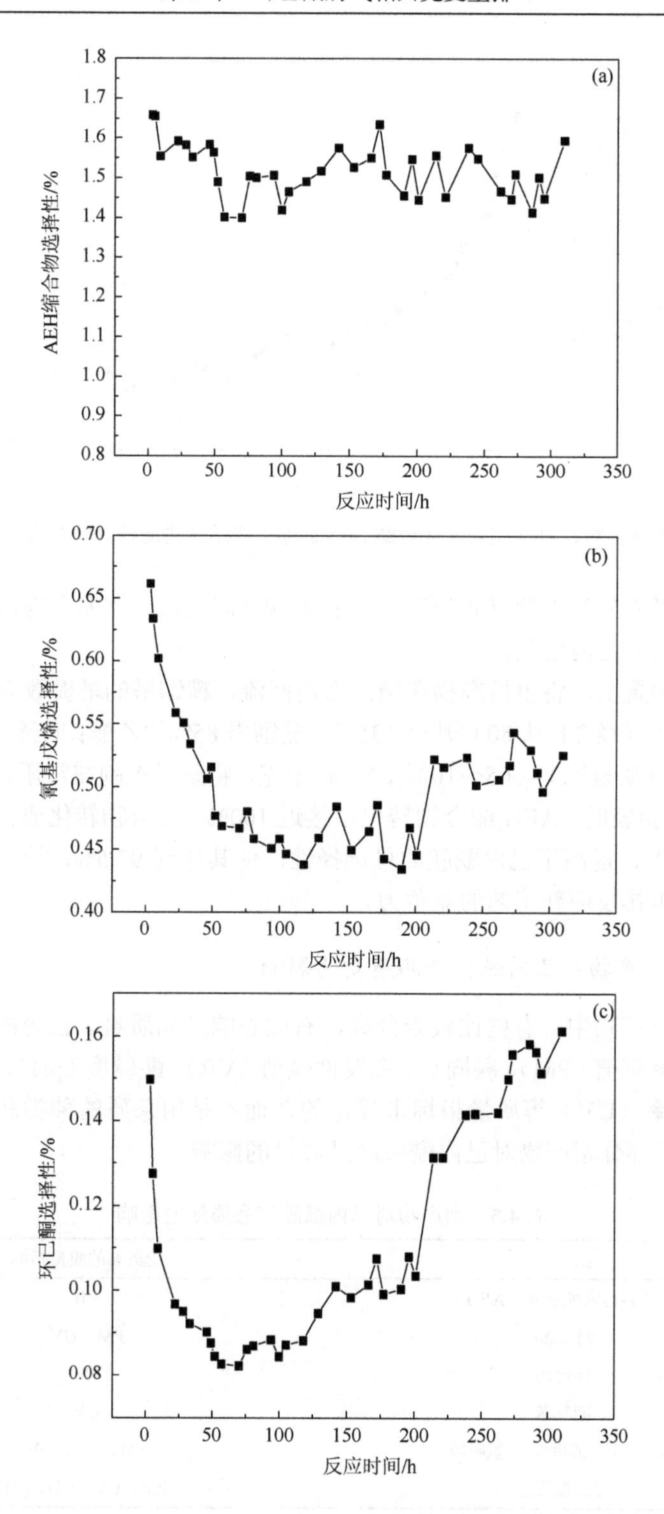
(a)
AEH缩合物选择性/%
反应时间/h
(b)
氰基戊烯选择性/%
反应时间/h
(c)
环己酮选择性/%
反应时间/h

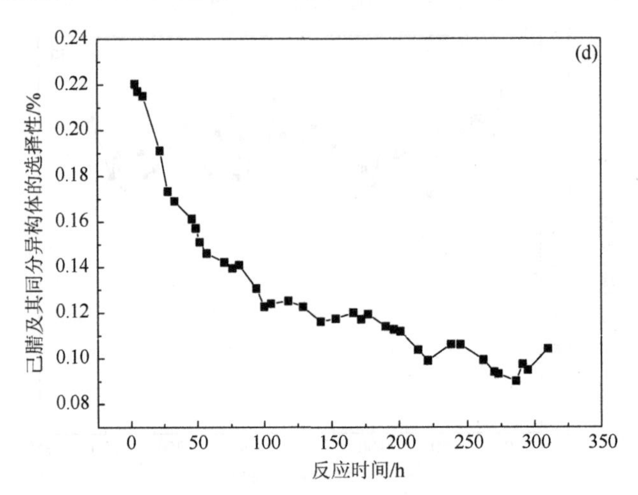

图 4.8　AEH 缩合物、氰基戊烯、环己酮、己腈等主要副产物的选择性与反应时间的关系

乙基-ε-己内酰亚胺缩合物（占所有副产物的 45%左右），该缩合物可以通过水解反应重新生成 ε-己内酰胺。

在蒸馏装置上，将重排产物在精馏塔内回流，精馏塔的塔板数为 7 块，回流比为 1∶2，釜温经 2 h 从 80℃升至 135℃，蒸馏出 85%的乙醇；向釜内加水［水∶AEH 缩合物（质量比）=（5～10）∶1］若干克，将釜温控制在常压，130～140℃加热 2 h。实验表明，AEH 缩合物转化率接近 100%，缩合物转化成己内酰胺的选择性大于 80%，提高了己内酰胺的总选择性，使其达到 97.5%，这一结果增强了气相贝克曼重排反应新工艺的竞争力。

7. 部分副产物对己内酰胺产品质量的影响

在这些副产物中，有些比较难分离，有些影响产品质量。己内酰胺质量的优劣是用高锰酸钾值（PM）、凝固点、挥发性碱值（VB）、酸碱度（pH）、色度（CO）、紫外光吸收率（UV）等质量指标来界定的，而不是用杂质的种类和含量界定。表 4.5 列出了部分副产物对己内酰胺产品质量的影响。

表 4.5　副产物对己内酰胺产品质量的影响

副产物	受影响的质量指标
乙基-ε-己内酰亚胺（AEH）	VB
环己酮	PM、UV
环己醇	PM
硝基苯	UV
苯胺、环己酮肟、八氢吩嗪	PM、VB、UV
己二酰亚胺	PM、UV、CO、pH

4.3　环己酮肟气相贝克曼重排反应产物己内酰胺的精制

己内酰胺作为聚合单体，其产品质量要求非常严格，对杂质的控制要求达到百万分之一级，因此经过重排反应得到的粗己内酰胺需要采用分离提纯精制手段脱除杂质。气相重排作为新开发的工艺，其产物的分离提纯精制优先选择与现有液相重排的分离提纯精制工艺路线相结合，可以节省设备投资，缩短开发周期。因此石科院研究人员采用现有液相重排工艺路线，提出新的产物分离提纯精制路线，包括反应溶剂的回收、蒸馏、苯溶解、水萃取、离子交换、加氢和蒸发等步骤，并考察了各步骤对己内酰胺纯度、紫外光吸收率（UV）、挥发性碱值（VB）、高锰酸钾值（PM）和色度等指标的影响，为气相重排产物的分离提纯精制提供依据。

气相重排产物分离提纯精制简单实验流程示意见图 4.9。己内酰胺的乙醇溶液首先通过蒸馏分别进行乙醇回收，脱除轻、重杂质等操作工序；得到的粗己内酰胺进行苯溶解和水洗，然后用水萃取，得到己内酰胺的水溶液；之后再分别用阴离子树脂和阳离子树脂进行离子交换，得到纯度较高的己内酰胺水溶液；采用非晶态 Ni 合金加氢催化剂进行加氢，之后再蒸发脱水和蒸馏精制，最后获得己内酰胺产品。实验过程中分析样品在每一步的纯度、UV 值、VB 值、PM 值和色度等主要产品质量指标的变化情况。

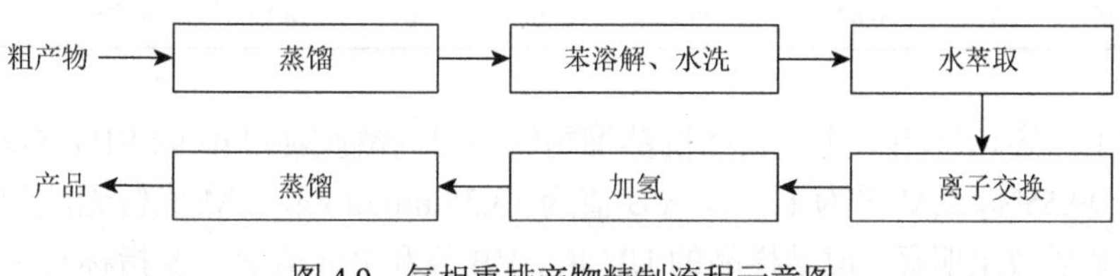

图 4.9　气相重排产物精制流程示意图

4.3.1　蒸馏精制

采用乙醇质量分数为 57.05%、己内酰胺质量分数为 40.72%的气相重排反应产物 1000 g 作原料进行分离提纯精制实验。首先在常压下加热，控制釜温不大于 140℃，塔顶温度为 74℃，脱除气相重排产物中的乙醇溶剂，直到不再有乙醇蒸出为止。之后减压到 1.0 kPa，控制釜温为 140℃，塔顶温度为 85℃，继续蒸发脱除轻杂质，直到不再有馏出物为止，进一步升高釜温至 150℃，塔顶温度至 135℃，馏出的产物为己内酰胺，重杂质留在塔釜被脱除。表 4.6 列出了在各蒸馏步骤中的主要物料的质量组成和色谱分析有机组成情况。由表 4.6 可知，以 1000 g 重排产物为原料进行蒸馏，经过共沸蒸馏回收乙醇后，塔釜料剩余 421.5 g，乙醇在产品中的残留量仅为 0.47%，脱除率达到 99.7%，剩余 1.98 g 乙醇在后续的脱轻杂质步骤中除去。产品经过回收乙醇之后，轻杂质和己内酰胺分别由 20.00 g 和 407.2 g 降到 12.56 g 和 403.5 g，而重杂质由 2.30 g 增加到 3.46 g，这是因为蒸馏脱乙醇过程是在常压、高温下进行，部分轻杂质和己内酰胺随着乙醇蒸出损失，其余部分在高温下转化成重杂质，导致重杂质增加。产品经过脱轻杂质后塔釜料剩余 403.1 g，轻杂质质量分数由 2.98%降到 0.13%，脱除率达到 95.6%，己内酰胺由 403.5 g 减少到 398.5 g，重杂质由 3.46 g 增加到 4.07 g，说明在脱除轻杂质过程中，仍有部分己内酰胺随着轻杂质馏出损失，也有部分轻杂质在高温下转变成重杂质，使重杂质含量进一步增加。最后脱除重杂质，塔顶出料 390.2 g，重杂质质量分数从 1.01%降为 0.33%，脱除率达到 68.3%。轻杂质质量分数为 0.12%，己内酰胺质量分数为 99.55%，蒸馏过程己内酰胺总收率为 95.4%。

表 4.6　气相重排产物蒸馏精制主要结果

分离提纯过程	主要质量组成/g				主要有机组成（质量分数）/%			
	乙醇	轻杂质	己内酰胺	重杂质	乙醇	轻杂质	己内酰胺	重杂质
重排产物	570.50	20.00	407.2	2.30	57.05	2.00	40.72	0.23
回收乙醇	1.98	12.56	403.5	3.46	0.47	2.98	95.73	0.82
脱轻杂质	0	0.52	398.5	4.07	0	0.13	98.86	1.01
脱重杂质	0	0.47	388.4	1.29	0	0.12	99.55	0.33

综上所述，气相重排产物经过蒸馏精制后己内酰胺纯度由 94.81%（除乙醇）提高到 99.55%，UV 值为 11.86，VB 值为 13.35 mmol/kg，PM 值暂无法测出。蒸馏脱除杂质效果明显，但是样品的 UV 值、VB 值和 PM 值等主要指标与工业产品质量的要求相差甚远。

4.3.2　萃取精制

液相重排产物脱除硫酸铵后变为约 70%的己内酰胺水溶液，加入苯进行萃取除去苯溶性杂质。气相重排产物经过粗蒸馏后产品为熔融态，直接加入相当于己内酰胺质量 4 倍的苯溶解而无须配成水溶液，苯溶解后加入相当于己内酰胺质量约 0.15 倍的水洗涤除去水溶性杂质，减少了水的用量，提高了己内酰胺收率。经洗涤后的己内酰胺苯溶液再加入相当于己内酰胺质量 2.3 倍的水进行萃取，除去苯溶性杂质。

萃取精制过程物料质量和产品质量指标见表 4.7。由表 4.7 可知，234.7 g 萃取原料己内酰胺纯度为 99.55%，经过水洗、水萃后己内酰胺纯度增加到 99.83%（除去苯含量），轻杂质质量分数从 0.23%降到 0.087%，重杂质质量分数从 0.22%（质量 0.54 g）降到 0.083%（质量 0.16 g），轻重杂质脱除率分别为 70.4%和 71.2%。水萃取后己内酰胺水溶液中己内酰胺质量分数为 24.8%，实验过程中损失的主要为易挥发性苯，忽略取样损失的己内酰胺，得到己内酰胺的萃取率为 77.1%。

表 4.7　萃取和离子交换精制过程工艺条件和主要结果

分离过程		物料名称	质量组成		有机组成（质量分数）/%			
			m/g	己内酰胺质量分数/%	苯	轻杂质	己内酰胺	重杂质
苯溶		己内酰胺	234.7	—	—	0.23	99.55	0.22
		苯相	934.2	—	—	—	—	—
水洗	入方	水相	36.0	—	—	—	—	—
		己内酰胺苯溶液	1121.0	20.0	—	—	—	—
	出方	水相	35.0	—	6.43	0.054	93.43	0.086
		己内酰胺苯溶液	1116.0	—	79.65	0.030	20.28	0.040
水萃	入方	水相	545.0	—	—	—	—	—
		己内酰胺苯溶液	1116.0	—	—	—	—	—
	出方	苯相	872.8	—	94.77	0.014	5.20	0.016
		己内酰胺水溶液	740.2	24.8	1.64	0.087	98.19	0.083

综上所述，萃取精制使己内酰胺纯度由 99.55%提高到 99.83%，对比蒸馏精制过程杂质脱除情况，杂质脱除量明显变少。这是因为蒸馏精制以后残留的杂质性质和己内酰胺接近，在苯和水中的溶解性能和己内酰胺也接近，要提高杂质的脱除率必须加大苯和水的用量，这样会导致己内酰胺的损失加大，因此必须综合考虑杂质脱除率和己内酰胺回收萃取率。在萃取精制步骤中，经过萃取闪蒸后，己内酰胺的 UV 值和 VB 值分别从 11.86 和 13.35 mmol/kg 降到 0.90 和 3.41 mmol/kg，PM 值仍测不出，可以看出，己内酰胺样品的 UV 值、VB 值和 PM 值等主要指标距离工业产品质量要求仍有很大差距。

4.3.3　离子交换精制

经过水萃后得到己内酰胺质量分数为 24.8%的水溶液，水溶液中含有少量苯，这部分苯需要通过闪蒸方法除去再进行离子交换，否则离子交换树脂易中毒失效。离子交换树脂在液相重排产物精制中主要作用是除去无机离子，在气相重排产物中没有无机离子，使用离子交换树脂主要是利用树脂的吸附能力脱除部分杂质提升产品质量。

水萃后产品进一步闪蒸除去苯，再经过离子交换树脂吸附精制，实验得到的物料质量和产品质量指标变化见表 4.8。从表中数据可知，经过闪蒸后有机相中苯含量从 1.64%降到 0.19%，再经离子交换后苯被完全脱除。己内酰胺水溶液经阴阳离子吸附后其纯度提高到 99.90%，其中的轻、重杂质质量分数分别降到 0.076%和 0.024%。通过对比发现，在离子交换步骤轻杂质几乎没有被脱除，重杂质质量分数由 0.090%（质量 0.165 g）降到 0.024%（质量 0.040 g），脱除率约为 75.8%（忽略取样损失），说明离子交换精制过程对重杂质的脱除效果明显。经过萃取和离子交换精制过程以后，产品的质量指标得到明显改善，经过萃取闪蒸后原料 UV 值和 VB 值分别从 11.86 和 13.35 mmol/kg 降到 0.90 和 3.41 mmol/kg，经过离子交换后进一步下降到 0.41 和 1.15 mmol/kg，降幅明显，PM 值为 76 s，VB 值能达到工业品要求，但是 UV 值和 PM 值仍未达到工业品要求，需要进一步加氢和蒸馏优化。

表 4.8　离子交换精制过程主要结果

分离过程		物料名称	质量组成		有机组成/%				产品指标	
			m/g	己内酰胺质量分数/%	苯	轻杂质	己内酰胺	重杂质	UV 值	VB 值/(mmol/kg)
闪蒸苯	入方	己内酰胺水溶液	740.0	—	1.64	0.087	98.19	0.083	—	—
	出方	己内酰胺水溶液	700.0	26.2	0.19	0.080	99.64	0.090	0.90	3.41
		蒸料	40.0	—	—	—	—	—	—	—
离子交换	入方	己内酰胺水溶液	650.0	26.2	—	—	—	—	—	—
	出方	己内酰胺水溶液	667.8	25.1	0	0.076	99.90	0.024	0.41	1.15

综上所述，己内酰胺纯度越高，杂质的脱除将变得更加困难。经萃取和离子交换精制步骤后，己内酰胺的 UV 值和 VB 值降幅明显，说明脱除的少量杂质对产品质量影响明显。

4.3.4　加氢精制

己内酰胺主要质量指标中的 PM 值是反映己内酰胺中还原性杂质量的多少，这部分杂质主要是和己内酰胺性质接近的不饱和物质，如环己二酮、羟基环己酮等，用常规方法很难除去，需要通过加氢精制脱除。离子交换后的己内酰胺水溶液进入后续的加氢精制步骤，加氢催化剂选用湖南建长石化股份有限公司（简称

“湖南建长”）生产的 SRNA-4 型非晶态镍合金，用量为己内酰胺质量的 1%，加氢工艺条件为反应温度 90℃，反应压力 0.7 MPa，搅拌速率 360r/min，加氢精制得到的实验结果见表 4.9。由表 4.9 数据可知，经过加氢精制后己内酰胺纯度进一步提高达到 99.94%，轻、重杂质含量分别降到 0.052%和 0.0046%，轻杂质含量明显高于重杂质含量，产品指标除 VB 值外，UV 值和 PM 值均得到改善，PM 值达到 7200 s。结果表明，加氢主要脱除的为重杂质，对轻杂质的脱除效果较差，影响 VB 值的主要为轻杂质，如何脱除轻杂质成为提升 VB 值的重要手段。

表 4.9　加氢精制实验主要结果

精制过程	有机组成/%			产品质量指标		
	轻杂质	己内酰胺	重杂质	UV 值	VB 值/(mmol/kg)	PM 值/s
加氢	0.052	99.94	0.0046	0.22	1.45	7200

4.3.5　蒸水和蒸馏精制

加氢后物料中己内酰胺质量分数约为 30%，加氢后还有极其微量的重杂质影响产品的 UV 值和色度，需要通过蒸水和蒸馏己内酰胺才能得到最终的成品己内酰胺。蒸水压力为 0.1 MPa，温度 60～90℃，蒸馏压力为 0.003～0.005 MPa，温度 120～150℃，得到的实验结果见表 4.10。由表中数据可知，通过蒸馏己内酰胺纯度提升有限，仅增加了 0.01 个百分点达到 99.95%。这说明通过蒸馏很难脱除沸点与己内酰胺接近的轻杂质。最终轻杂质剩余 0.047%，重杂质几乎脱除干净，只剩 0.0030%。产品质量指标 PM 值和色度达到优级品水平，UV 值降幅明显，从 0.22 降到 0.070，VB 值降为 1.03 mmol/kg，符合工业合格品要求。

表 4.10　蒸馏精制实验主要结果

精制过程	有机组成/%			产品质量指标			
	轻杂质	己内酰胺	重杂质	UV 值	VB 值/(mmol/kg)	PM 值/s	色度
蒸己内酰胺	0.047	99.95	0.0030	0.070	1.03	10800	1.5

综上所述，借鉴现有液相重排精制方法精制气相重排产物，最终产品纯度可以达到 99.95%，色度和 PM 值可以达到优级品水平，而 UV 值和 VB 值分别能达到一等品和合格品要求。影响 UV 值和 VB 值的杂质种类已有研究报道，影响 UV 值的杂质主要为芳香族胺类、杂环化合物、偶氮化合物及己内酰胺的氧化产物等，影响 VB 值的杂质主要为脂肪族和芳香族胺类、脂肪族酰胺等。如何控制影响 VB

值的杂质含量也有研究，主要是控制合成环己酮肟原料环己酮中己醛和 2-庚酮关键性杂质含量。最终成品己内酰胺色谱图见图 4.10，从图中可以看出，残留的杂质主要是和己内酰胺结构、性质接近的杂质，通过常规的蒸馏萃取步骤均难以脱除，如 *N*-甲基己内酰胺、己内酰胺异构体和八氢吩嗪等杂质。有文献[30]称通过吸附加结晶的方法可有效脱除这些杂质，最终可得到高纯度己内酰胺。因此，需要增加吸附或者利用结晶的方法脱除与己内酰胺性质接近的杂质，进一步提升己内酰胺的产品质量。

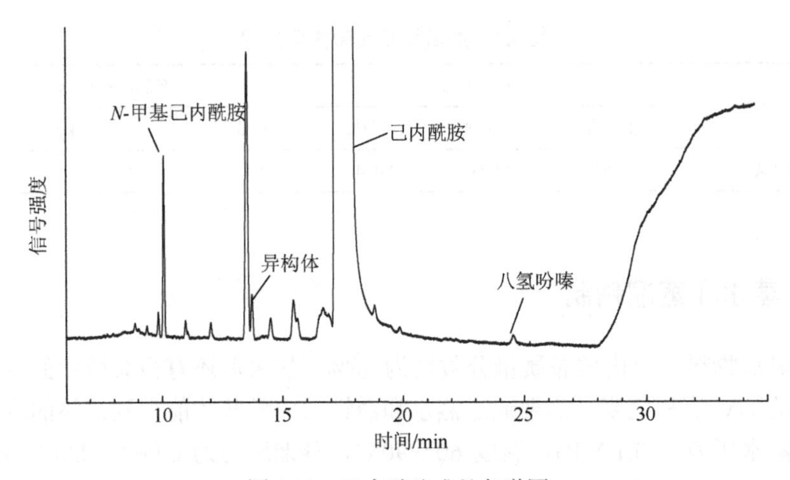

图 4.10　己内酰胺成品色谱图

4.4　环己酮肟气相贝克曼重排工艺中试

石科院自主研制的环己酮肟气相贝克曼重排 RBS-1 催化剂稳定性比以往的固体酸催化剂大大增加。针对流化床操作复杂、物耗能耗增加、分离困难以及对催化剂抗磨性要求高等问题，石科院开发了固定床气相重排新工艺，并在巴陵石化建成了 800 t/a 气相重排工业侧线试验装置，见图 4.11。

侧线试验结果表明，反应运行 700 多小时，环己酮肟转化率仍保持在 99.9%以上，己内酰胺平均选择性达到 96.5%左右，结果见图 4.12。在环己酮肟转化率和己内酰胺选择性更高的情况下，副产物 5-氰基-1-戊烯、己腈、环己酮和环己烯酮的含量均低于日本住友的反应结果，两者对比见表 4.11。2009 年 11 月，“800 t/a 环己酮肟气相贝克曼重排固定床新工艺”通过中国石化技术鉴定，专家一致认为，研究成果达到国际先进水平，具有良好的经济和社会效益，建议尽快进行工业化应用试验。

图4.11　气相重排侧线试验装置

不仅于此，针对环己酮肟气相重排产物的精制，石科院开发了具有自主知识产权的与气相贝克曼重排固定床新工艺相配套的产品精制优化新技术。采用醚（或

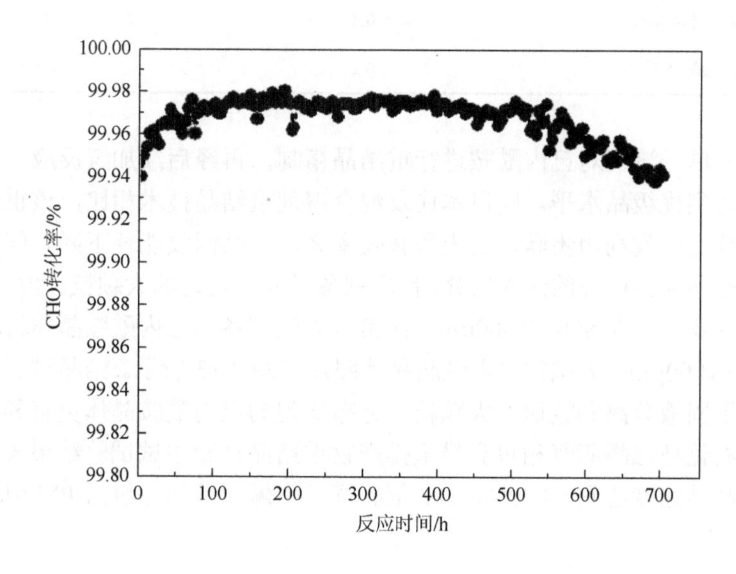

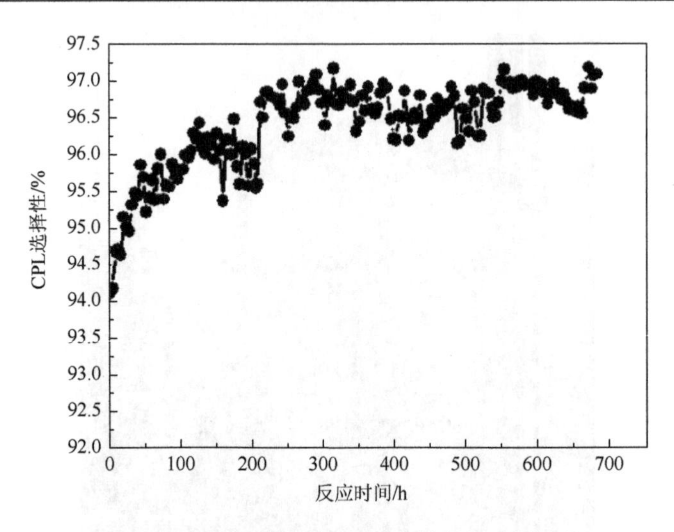

图 4.12　气相贝克曼重排工业侧线装置运转结果

表 4.11　中国石化与日本住友气相重排反应结果对比

名称	中国石化	日本住友
环己酮肟转化率/%	＞99.9	＞99
己内酰胺选择性/%	～96.5	＞95
5-氰基-1-戊烯含量/%	～0.5	～2
己腈含量/%	～0.2	～0.5
环己酮含量/%	～0.3	～1
环己烯酮含量/%	～0.2	～0.5

者卤代烃）单一溶剂对己内酰胺进行重结晶精制，再经后续加氢反应，己内酰胺产品质量达到优级品水平。同日本住友混合溶剂重结晶技术相比，该重结晶技术简化了后续的回收利用步骤，己内酰胺收率高，产品回收能耗下降。同时，通过对结晶过程和成核机理的深入研究，首次制备了分布均匀的大颗粒己内酰胺晶体，晶体粒径主要分布在 800～1600μm，而常规方法制备的己内酰胺晶体粒径主要分布在 300～1000μm，大颗粒己内酰胺晶体照片如图 4.13 所示。结晶过程工业实施的难点在于固液分离和输送，大颗粒和分布均匀的己内酰胺晶体更有利于工业操作。巴陵石化环己酮肟气相贝克曼重排产物重结晶精制中试试验结果表明，己内酰胺结晶产品纯度达到 99.99%，UV 值、挥发性碱含量和加氢后 PM 值均达到优级品水平。

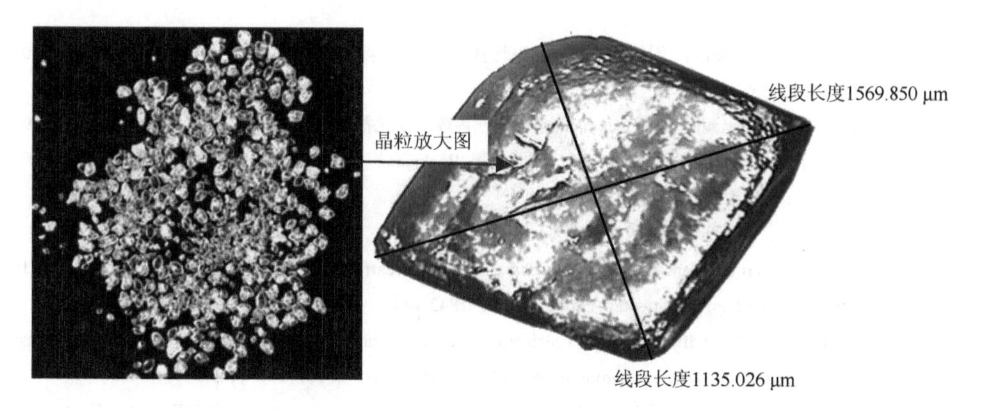

图 4.13　大颗粒己内酰胺晶体照片

参 考 文 献

[1] Izumi Y，Ichihashi H，Shimazu Y，et al. Development and industrialization of the vapor-phase Beckmann rearrangement process[J]. Bulletin of the Chemical Society of Japan，2007，80（7）：1280-1287.

[2] Sato H，Hirose K，Kitamura M，et al. A vapor phase Beckmann rearrangement over high-silicious ZSM-5[J]. Studies in Surface Science & Catalysis，1989，49：1213-1222.

[3] Ichihashi H，Kitamura M. Some aspects of the vapor phase Beckmann rearrangement for the production of ε-caprolactam over high silica MFI zeolites[J]. Catalysis Today，2002，73（1-2）：23-28.

[4] Kitamura M，Ichihashi H. 1.7 The role of alcohols on lactam selectivity in the vapor-phase Beckmann rearrangement reaction[J]. Studies in Surface Science & Catalysis，1994，90：67-70.

[5] Yashima T，Oka N，Komatsu T. Vapor phase Beckmann rearrangement of cyclohexanone oxime on the zeolite catalysts[J]. Catalysis Today，1997，38（2）：249-253.

[6] Hölderich W F，Röseler J，Heitmann G，et al. The use of zeolites in the synthesis of fine and intermediate chemicals[J]. Catalysis Today，1997，37（4）：353-366.

[7] Sato H，Hirose K，Ishii N，et al. Production of epsilon-caprolactam：USA，US 4709024[P]. 1987-11-24.

[8] Sato H，Hirose K，Kitamura M，et al. Production of epsilon-caprolactam：USA，US 4717769[P]. 1988-01-05.

[9] Ichihashi H，Sugita K，Yako M. Process for producing pentacyl-type crystalline zeolites and a process for producing epsilon-caprolactam using the same：USA，US 6303099 B1[P]. 2001-10-16.

[10] Ichihashi H，Ishida M，Shiga A，et al. The catalysis of vapor-phase Beckmann rearrangement for the production of ε-caprolactam[J]. Catalysis Surveys from Asia，2003，7（4）：261-270.

[11] Curtin T，Mcmonagle J B，Hodnett B K. Rearrangement of cyclohexanone oxime to caprolactam over solid acid catalysts[J]. Studies in Surface Science & Catalysis，1991，59：531-538.

[12] Curtin T，McMonagle J B，Hodnett B K. Factors affecting selectivity in the rearrangement of cyclohexanone oxime to caprolactam over modified aluminas[J]. Applied Catalysis A：General，1992，93（1）：75-89.

[13] Sato S，Urabe K，Izumi Y. Vapor-phase Beckmann rearrangement over silica-supported boria catalyst prepared by vapor decomposition method[J]. Journal of Catalysis，1986，102（1）：99-108.

[14] Bautista F M，Campelo J M，Garcia A，et al. $AlPO_4$-TiO_2 catalysts. Ⅴ. Vapor-phase Beckmann rearrangement of cyclohexanone oxime[J]. Studies in Surface Science & Catalysis，1993，78：615-622.

[15] 毛东森，卢冠忠，陈庆龄，等. 固体酸催化环己酮肟 Beckmann 重排制己内酰胺研究进展[J]. 化工进展，2000，19（3）：25-29.

[16] 毛东森，卢冠忠. 环己酮肟气相 Beckmann 重排制己内酰胺催化剂研究进展[J]. 工业催化，1999（3）：3-9.

[17] 陶伟川，毛东森，陈庆龄. 分子筛催化环己酮肟气相 Beckmann 重排制己内酰胺研究新进展[J]. 石油化工，2004，33（5）：475-480.

[18] 杨立新，魏运方. 催化环己酮肟贝克曼重排反应研究进展[J]. 化工进展，2005，24（1）：96-99.

[19] Forni L，Fornasari G，Giordano G，et al. Vapor phase Beckmann rearrangement using high silica zeolite catalyst[J]. Physical Chemistry Chemical Physics，2004，6（8）：1842-1847.

[20] Forni L，Fornasari G，Trifiro F，et al. Calcination and deboronation of B-MFI applied to the vapour phase Beckmann rearrangement[J]. Microporous and Mesoporous Materials，2007，101（1-2）：161-168.

[21] Röseler J，Heitmann G，Hölderich W F. Vapour-phase Beckmann rearrangement using B-MFI zeolites[J]. Applied Catalysis A：General，1996，144（1-2）：319-333.

[22] Kitamura M，Ichihashi H，Tojima H. Process for producing epsilon-caprolactam and activating solid catalysts therefor：USA，US5403801[P]. 1995-04-04.

[23] Flanigen E M. Molecular sieve zeolite technology-the first twenty-five years[J]. Pure and Applied Chemistry，1980，52（9）：2191-2211.

[24] Bein T. Synthesis and applications of molecular sieve layers and membranes[J]. Chemistry of Materials，1996，8（8）：1636-1653.

[25] Grose R W，Flanigen E M. Crystalline silica：USA，US4061724 [P]. 1977-12-06.

[26] Hedlund J，Mintova S，Sterte J. Controlling the preferred orientation in silicalite-1 films synthesized by seeding[J]. Microporous and Mesoporous Materials，1999，28（1）：185-194.

[27] 窦涛，冯芳霞，萧墉壮，等. 硅沸石-1 的合成及催化作用[J]. 燃料化学学报，1997，（2）：152-156.

[28] van Koningsveld H，Jansen J C，van Bekkum H. The monoclinic framework structure of zeolite H-ZSM-5. Comparison with the orthorhombic framework of as-synthesized ZSM-5[J]. Zeolites，1990，10（4）：235-242.

[29] 住友化学株式会社. ε-己内酰胺的生产方法：中国，00104639.X[P]. 2000-10-11.

[30] 联合碳化化学品及塑料技术公司. ε-己内酰胺从其异构体中的分离：中国，99809499.4[P]. 2001-09-12.

第5章　己内酰胺加氢精制

世界上90%己内酰胺的生产采取的是以苯为原料的生产路线，主要包括：苯加氢制环己烷、环己烷氧化制环己酮、环己酮氨肟化生成环己酮肟、环己酮肟贝克曼重排生成己内酰胺，再经过精制得到己内酰胺产品。该路线生产过程复杂，工艺路线长，容易引入和生成大量的杂质，对己内酰胺的质量造成了威胁。其中杂质来源主要有三种：一是由原料引入。二是在反应过程中产生，如环己烷氧化、肟化、重排等，且在后期的精制过程中，辅助原料之间或与己内酰胺之间会发生降解、低聚等副反应。同时在己内酰胺除杂的过程中会产生游离醛、酮、成色的金属盐，以及单官能团酸或胺及其聚合物等起链终止作用的杂质。三是在成品的储运过程中由温度等条件变化导致的变质。

粗己内酰胺中杂质种类多达30余种。虽然这些杂质含量较低，多为微克级甚至更低，但却严重影响成品己内酰胺的质量，尤其是用作尼龙-6纤维高速纺原料时，对杂质要求尤为严格。因为某些杂质的存在会影响己内酰胺的聚合，导致聚合物的分子量分布不符合要求，降低尼龙-6 纤维的抗张强度、耐热性能以及色度等性能指标。工业生产中，对己内酰胺进行精制的工艺技术可采用物理和化学两种方法。

目前工业上一般采用催化加氢或氧化的方法除去粗己内酰胺中的不饱和化合物。当年中国石化石家庄化纤有限责任公司从意大利斯尼亚公司引进的己内酰胺生产工艺，是采用高锰酸钾氧化法除去己内酰胺中的不饱和物质；而南京帝斯曼东方化工有限公司和岳阳巴陵石化从荷兰帝斯曼公司引进的HPO法，则是采用催化加氢的方法除去这些杂质。实际生产表明，氧化法存在不少缺陷。例如，氧化法在氧化除去不饱和物质的同时，也会部分氧化己内酰胺，造成己内酰胺损失；高锰酸钾氧化法会产生大量废水、废渣，污染严重。因此，2000年中国石化石家庄化纤有限责任公司将己内酰胺精制过程中的高锰酸钾氧化工艺改为釜式加氢工艺，既简化了流程，又避免了己内酰胺损失和环境污染。

己内酰胺加氢精制就是通过加氢过程使不饱和杂质饱和，使其物理性质与己内酰胺差别更大，即加氢改变了己内酰胺中一些杂质的性质，使其转变为比己内酰胺沸点更高或更低的化合物，这些化合物在己内酰胺蒸馏过程中随己内酰胺残渣或随蒸馏喷射泵冷凝液被带走，从而改善了己内酰胺的质量。其优点为：①简化溶剂的回收和精制；②有效降低色度指标。

通常的工业加氢精制流程如图 5.1 所示，采用连续淤浆床两釜串联流程，催化剂与加氢原料以一次通过方式进入反应釜进行加氢反应，用后的催化剂经机械过滤而废弃。受己内酰胺热敏性及催化剂消耗成本的制约，工业上一般是在压力0.7 MPa、温度80～90℃、催化剂约50 μg/g的缓和条件下进行加氢，因此低温高活性的催化剂是加氢精制工艺成立的前提和核心，现有工艺中均采用Raney Ni为催化剂。

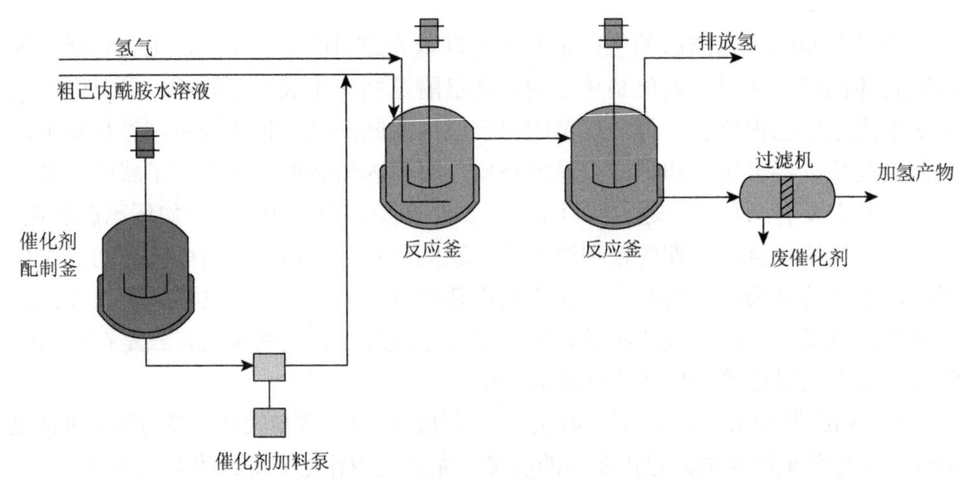

图5.1　己内酰胺加氢精制工艺流程图

目前工业上己内酰胺加氢精制工艺存在着流程复杂、催化剂耗量大、效率低以及催化剂需过滤分离等缺点。近年来，石科院开发了以非晶态镍合金为催化剂的磁稳定床己内酰胺加氢精制新工艺。实验室研究结果表明，在磁稳定床反应器中对己内酰胺水溶液加氢精制，可使己内酰胺水溶液的PM值从60 s提高到3000 s以上，产品质量可以达到优级品。在此基础上建立了6000 t/a的磁稳定床己内酰胺加氢精制工业侧线装置。工业示范结果表明，对于PM值为40～60 s的30%己内酰胺水溶液，经磁稳定床己内酰胺加氢精制后PM值可达2000～4000 s，重复了实验室的研究结果。磁稳定床加氢工艺条件为：反应温度90℃、反应压力0.7 MPa、空速50 h^{-1}、磁场强度35 kA/m。值得提出的是，磁性催化剂与磁稳定床反应器集成，使得反应空速高达50 h^{-1}，显著高于浆态床、固定床和移动床等反应器，实现了反应过程的强化。

5.1　非晶态合金催化剂

5.1.1　非晶态合金催化剂简介

非晶态合金又称金属玻璃或无定形合金，是一种具有长程无序而短程有序结构的合金[1-4]。晶态和非晶态原子结构的对比图见图 5.2[5]。非晶态合金的主要特点是：①原子在三维空间呈拓扑无序状态排列，不存在通常晶态合金所存在的晶界、位错和偏析等缺陷；②组成元素之间以金属键相连，并在几个晶格常数范围内保持短程有序，形成一种类似于原子簇的结构。正是由于非晶态合金的特殊结构，其具有独特的磁性能、机械性能、电性能和化学性能。20 世纪 60 年代以来，非晶态合金已在磁性材料、防腐材料等方面获得广泛的应用。非晶态纳米合金是在非晶态合金的基础上发展起来的。在研究非晶态合金结构时人们发现：非晶态合金兼有非晶、纳米微晶的特征。

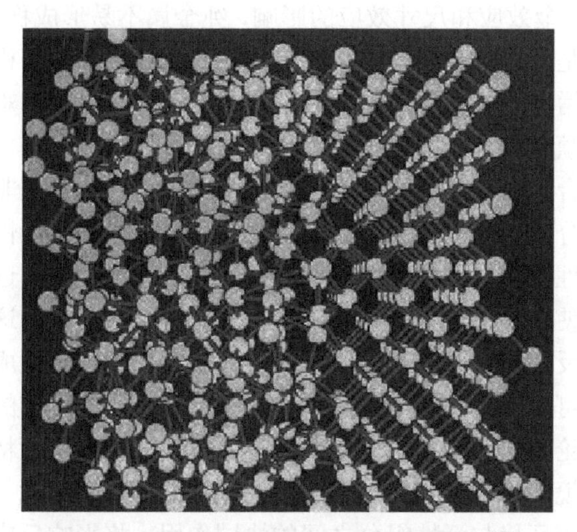

图 5.2 晶态和非晶态原子结构的对比图[5]

图中左侧是无序的非晶态结构，右侧是有序的晶态结构

非晶态合金作为催化材料的研究是从 20 世纪 80 年代开始的[6]。非晶态合金之所以引起催化工作者的兴趣是因为它具有以下特点：①非晶态合金可以在很宽的范围内制成各种组成的样品，从而在较大范围内调变它们的电子性质，以此来制备合适的活性中心；②催化活性中心可以以单一的形式均匀地分布在化学均匀的环境中；③表面具有浓度较高的不饱和中心，且不饱和中心的配位数具有一定范围，使其具有非常高的活性和选择性；④非晶态合金具有各向同性的结构特性；⑤非晶态合金表面的短程有序结构可以作为催化中心的模型；⑥非晶态合金具有比晶态合金更好的机械强度。非晶态合金的上述特点，对其作为模型催化剂及实用催化剂具有十分重要的意义[7]。

然而，在催化活性位性质的研究中，有关非晶态合金的研究是缺少的一个环节。由于非晶态合金不具有高度有序的长程结构，所以无法确定全部原子的坐标，即不能像晶体那样以点阵来描述其结构特征，也不存在晶体中常用的倒易空间，因而阻碍了人们对非晶态合金催化剂活性中心结构及性质的理解。但可认为非晶态合金中的活性位与原子簇类似，因此在基础研究中可将原子簇作为非晶态合金催化剂的结构模型，利用量子化学计算模拟其结构和电子性质，并进一步引入其与反应物分子或原子的相互作用，通过理论与实验结果的比较来推得活性位结构。另外，可以借助一些对揭示非晶态合金结构有效的表征手段如中子衍射、EXAFS等，获得非晶态合金催化剂活性中心的信息，然后与活性结果进行关联。

目前，对非晶态合金催化材料的研究主要有两个方面：一是在保持非晶态结构的前提下，提高它的催化活性和选择性；二是将非晶态合金作为前驱物制备新型催化材料。受合金效应和尺寸效应的影响，纯金属不易形成稳定的非晶态结构。多数非晶态合金是由过渡金属与类金属等构成，类金属含量和构成合金的原子半径差增加，可以增大金属结晶过程中原子通过扩散进行重排的难度，增强合金形成非晶态结构的倾向和稳定性。

对于非晶态合金活性中心的修饰，文献中大多采用在二元非晶态合金体系中添加少量第三组分来实现。第三组分不仅能够改变催化剂中活性原子的分散度，而且能够改变活性位的电子性质，使催化剂的性能发生改变。近来也发现可以通过改变淬冷速度使非晶态合金的原子间距发生有规律的变化，这一变化不仅在几何结构上影响了反应物分子与活性中心原子的匹配，而且会造成催化剂电子结构的变化。该方法可以在不改变催化剂组成的情况下改变催化剂的活性和选择性，故具有重要的理论意义和实用价值。另外，也发现介孔分子筛特殊的纳米孔道结构提供的制备环境，可以影响非晶态合金催化剂的形貌和组成。而不同结构的介孔提供的特殊反应环境与活性组分之间的协同作用，将影响反应进行的路径。这些新方法的出现，不仅丰富了非晶态合金催化剂的制备，而且能够改善催化剂的热稳定性，使得获得最适宜特定反应的高活性、高选择性的催化剂成为可能，为扩展其在工业过程中的应用带来了光明的前景。

5.1.2　石科院 SRNA 系列非晶态合金催化剂的开发与生产

1. 非晶态合金催化剂的制备

根据化学组成的不同，非晶态合金主要可分为两大类：①金属 + 类金属型，主要为Ⅷ族过渡金属 + 类金属；②金属 + 金属型，如前过渡金属 + 后过渡金属或ⅠB 金属、碱金属 + ⅠB 金属、前过渡金属 + 碱金属和锕系元素 + 前过渡金属等。金属-金属类非晶态催化剂主要是含锆的非晶态合金，其重要特征是催化剂有一个明显的诱导期，一般在催化反应初期，活性随时间增加而逐渐增加直至达到稳态。在此期间，催化剂表面发生“龟裂”和其他细微变化，比表面积逐渐增加，最后形成活性金属组分高度分散在“载体”ZrO_2上的多孔结构，类似于负载型催化剂，依活性金属组分的不同，大致有以下几种催化剂体系：Fe-Zr 合金、Ni-Zr 合金、Cu-Zr 合金和 Pd-Zr 合金等。该类催化剂的前驱体是非晶态，在反应过程中部分或全部晶化，失去了非晶态的结构。Al 基的非晶态纳米合金则是近年来研究最广泛的金属-金属型非晶态催化材料。对于 Al 基合金，由于制备条件有限，目前急冷设备还不能实现使 Ni-Al 合金完全形成非晶态合金的极高冷却速率 10^{14}K/s，所以非晶态合金存在纳米晶粒。在非晶态合金中引入 Al 是为了解决非晶态合金作为催化材料比面积小的缺点，而借鉴 Raney Ni（骨架镍）催化剂的制备思想。

按照制备方法分类，非晶态合金主要有两类：一类为急冷法非晶态合金，另一类为原子沉积法非晶态合金。近年来，非晶态合金的概念已不只限于上述非晶态合金，随着合金制备方法的拓展，人们发明了许多制备非晶态合金的方法，如固体反应法、机械合金法和超声波法等。

急冷法是目前制备非晶态合金的主要方法，在一般情况下，熔融的合金冷却到特定的温度后，开始结晶并伴随体系自由能的降低及热量的释放，形成原子有序排列的晶体结构。但若用特殊方法使冷却速率足够快（$>10^5$ K/s），某些合金便有可能快速越过结晶温度而迅速凝结，形成非晶态结构。该法制备的骨架镍催化剂的组成和结构均匀，活性中心均匀分布，并且催化剂具有较高的配位不饱和活性和较多的活性位，但合成催化剂的比表面积小，热稳定性差，使用前还必须要经过活化处理。急冷法对装置要求较高，投资较大，这些缺点限制了急冷法在工业应用上的发展。

原子沉积法是先用各种不同的工艺将晶态材料的原子或分子解离出来，然后使它们无规则地沉积形成非晶态，根据解离和沉积方式的不同，可分为电解沉积、化学还原沉积、离子溅射沉积、真空蒸发和辉光放电等。而其中化学还原沉积法具有设备简单、操作方便、易工业化等优点成为制备非晶态合金研究最活跃的领域。化学还原沉积的最简单方法是利用强还原剂 KBH_4 和 NaH_2PO_2 将溶液中的可溶性盐还原而得到非晶态的沉淀物。化学还原法可以制备出表面原子多、比表面积大和表面能更高的催化剂，然而此方法所制备的催化剂容易被空气中的氧气所氧化而失活，储存条件相对苛刻。另外，其热稳定性差、受热易晶化的特点也限制了其发展。

2. 石科院 SRNA 系列非晶态合金催化剂的开发

长期以来，限制非晶态合金成为实用催化剂的主要问题是：①晶化温度低。当非晶态合金用作催化剂时，活性中心的热稳定性是必须解决的问题之一。从热力学上讲，非晶态合金处于一种亚稳态，所以在反应过程中总是以一定的速率向稳定态转变（图 5.3）。对于给定的非晶态合金催化剂，为了保证其使用寿命，必须在远低于其晶化温度下使用，但要从根本上解决稳定性问题必须充分提高非晶态合金催化剂的晶化温度。②比表面积小。一般方法制备的非晶态合金的比表面积只有 0.1～0.2 m^2/g。

石科院从 20 世纪 80 年代中期开始非晶态合金作为催化材料的研究工作，在国家自然科学基金重大项目“环境友好石油化工催化化学与化学反应工程”等资助下，研发团队进行了大量的、卓有成效的工作，并最终成功开发了 SRNA 系列 Ni 基非晶态合金催化剂。

Ni 基非晶态合金处于亚稳态，其晶化温度为 360℃。在 250℃左右使用，Ni 基非晶态合金就会逐渐晶化，导致其催化活性不断下降[8]，而加氢反应通常在 200～300℃之间进行，因此限制了其在催化反应中的工业应用。按照非晶态合金的相变理论，低于其晶化温度 100℃以上使用，就可以保证非晶态结构的稳定性。Ni 基非晶态合金的晶化过程本质上是 Ni 原子迁移、聚集、晶粒长大的过程。原子半径大的原子受热后迁移速率低，可吸收其他小原子的能量，使得原子半径小的原子丧失动能、无法迁移。利用上述材料学已有的知识，石科院研究人员首次将质量分数为 1%的 Ce 或 Y 等原子半径大的稀土元素加入 Ni 基非晶态合金中[9, 10]。在保证 Ni 基非晶态合金加氢活性的基础上，使得非晶态 Ni 的晶化势能垒由 225 kJ/mol 增加到 545 kJ/mol。由于晶化势能垒的显著增加，Ni 基非晶态合金的晶化温度由 360℃提高到 520℃，确保了在 250℃左右使用时仍能保持非晶态结构[7]。

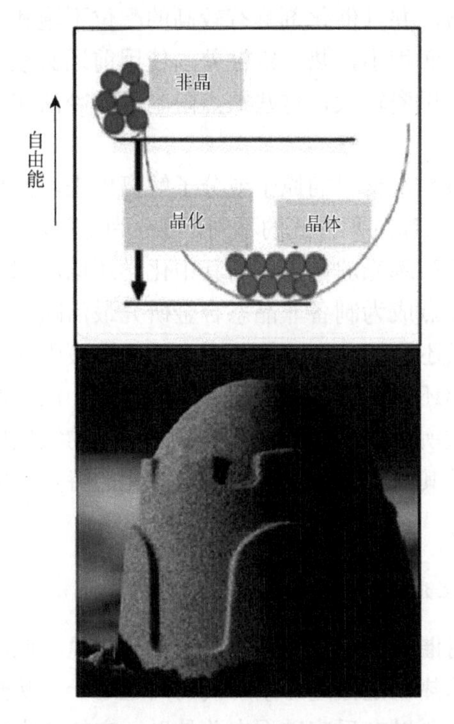

图 5.3　非晶和晶体的自由能对比图，亚稳的非晶态类似图中的沙堡，处于能量上的不稳定态[5]

比表面积小是非晶态合金作为实用催化剂必须要解决的另一个难题。一般方法制备的非晶态合金的比表面积只有 0.1～0.2 m^2/g，石科院研究人员为此借鉴了 Raney Ni 催化剂的活化处理方法。这种方法的核心是在合金体系中加入一定量的铝，经过快速凝固之后再投入碱液中将铝抽取出来，这样便可形成多孔结构，且比表面积可达 100 m^2/g 以上[7]。

加入给电子修饰的类金属 P，制备出 SRNA-1，加入夺电子修饰的 B，制备出 SRNA-2，SRNA-1 和 SRNA-2 可以满足各种不饱和官能团的加氢反应；提高冷却铜辊的转速，使冷却速率增加，得到表面原子配位数更低的 SRNA-3，用于吸附脱硫过程；为配合磁分离技术和磁稳定床，需要进一步提高 SRNA 的磁性，向 SRNA 中引入 Fe，制备出高磁性的 SRNA-4；为满足 SRNA 可以在酸性反应体系中使用，向 SRNA 中引入抗腐蚀元素 Cr，制备耐酸腐蚀的 SRNA-5。

3. SRNA 系列非晶态合金催化剂的工业化生产

石科院从 1984 年起与东北大学材料系（现为材料科学与工程学院）、复旦大学化学系合作，通过学科交叉将冶金工业中的骤冷法制备非晶态合金与化学中制备骨架合金的方法相结合，在克服了非晶态合金热稳定性差、新体系共熔点高等一系列困难后终于研制成功 SRNA 系列非晶态骨架镍合金，其加氢活性显著高于工业上普遍使用的 Raney Ni 合金。

1993 年，石科院与东北大学材料系合作，自行设计了特殊的喷嘴以及选用适宜的坩埚材质，建成了 30 t/a SRNA 系列催化剂生产示范装置，达到了完善 SRNA 系列催化剂制造技术、降低生产成本的目的，生产成品率由 20%左右提高到 93%以上。合金制备采用急冷法，将金属组元按一定的配比加入石墨坩埚中，在高频炉中加热至一定温度熔融，使其合金化，然后靠合金液体的自身重力从坩埚下的喷嘴喷到高速旋转且通有冷却介质的铜辊上，使其快速冷却并沿铜辊切线甩出，形成鳞片状条带。鳞片状条带经研磨后制成母合金。Ni-Al 合金液体的黏度大、熔点高，容易氧化，因此对制造设备提出了更加特殊的要求。在工业示范装置上（图 5.4），他们主要研究了适合 Ni-Al 原料的石墨坩埚、石墨喷嘴以及冷却铜辊，优化了生产工艺条件。

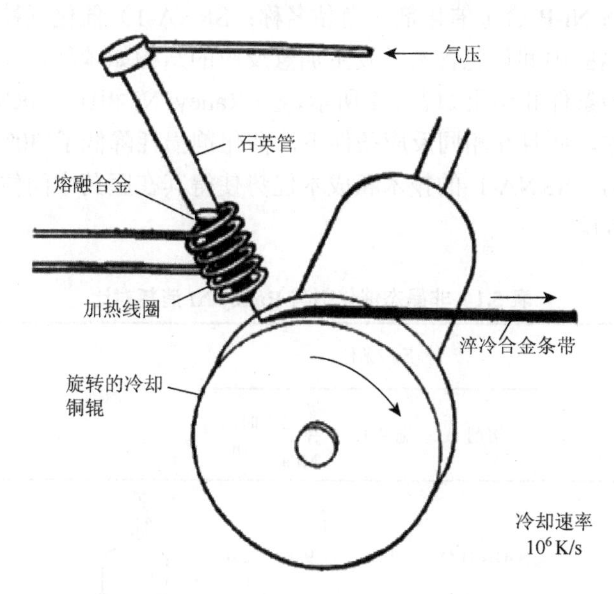

图 5.4　SRNA 系列催化剂生产示范装置示意图

2000 年 7 月，湖南建长建成年产百吨级 SRNA 系列催化剂的工业生产线。产业化过程中，开发了独特的热处理过程，提高了 SRNA 系列催化剂的非晶度，从而进一步增加了其加氢活性。同时，在非晶态催化剂制备流程中，增加了偏铝酸钠的回收利用步骤，将活化母液与洗涤水收集起来，作为生产氧化铝或分子筛的原料。这样不仅可避免环境污染，而且使铝资源得到最大限度的利用，同时降低了 SRNA 系列催化剂的生产成本。

2000 年 10 月，中国石化石家庄化纤有限责任公司应用 SRNA-4 催化剂加氢精制工艺取代了高锰酸钾氧化精制工艺，2001 年 11～12 月对工艺装置进行了工业标定，取得了很好的效果，己内酰胺各项质量指标均达到要求，优级品率达到 100%。

5.1.3 SRNA 系列催化剂的应用

非晶态合金催化剂作为一种新型催化材料确实有明显特点，其表面存在着晶态合金没有的催化活性中心，这可能是由几个原子团组成的基团构成的活性中心，且大多数情况下都是悬空键。非晶态合金比晶态合金具有优越的活性、选择性和抗中毒性能，尤其制备过程环境污染较少，因此是一种很有前途的催化剂。已有研究表明，非晶态合金催化剂可广泛应用于加氢、氧化、裂解和异构化等反应，其中最有希望实现工业化的是加氢反应。

1. SRNA-1 催化剂

采用非晶态 Ni-P 合金催化剂（商品名称：SRNA-1）催化五种医药中间体的加氢反应[11]，这些中间体包含易于发生加氢反应的结构如苯环、碳碳双键、硝基和氰基等。实验条件和结果如表 5.1 所示，与 Raney Ni 相比，SRNA-1 不仅具有较高的反应活性，而且在相同反应条件下，催化剂损耗降低了 30%～70%，具有显著的成本优势。SRNA-1 的技术和成本优势使得其在医药中间体加氢领域的年需求量约为 100 t。

表 5.1 非晶态催化剂与 Raney Ni 消耗对比

底物	反应条件				产物	催化剂消耗/(g/kg)	
	溶剂	温度/K	氢气分压/MPa	时间/h		Raney Ni	SRNA-1
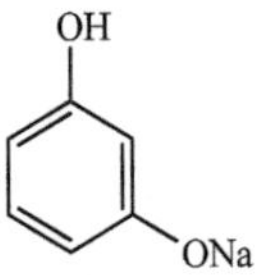 OH ONa	$NaOH \cdot H_2O$	323	9.0	2.0	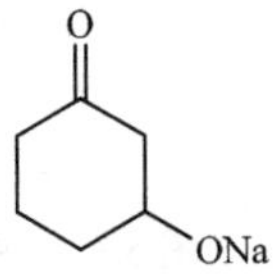 O ONa	100	50

续表

底物	反应条件				产物	催化剂消耗/(g/kg)	
	溶剂	温度/K	氢气分压/MPa	时间/h		Raney Ni	SRNA-1
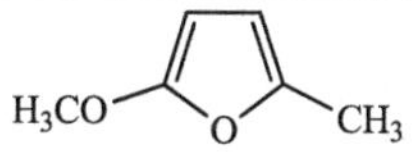 H_3CO O CH_3	$NaOH \cdot H_2O$	303	1.0	3.0	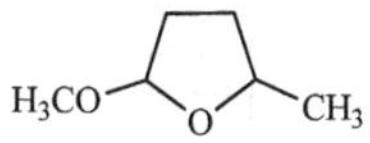 H_3CO O CH_3	75	25
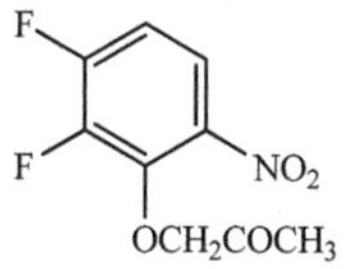 F F NO_2 OCH_2COCH_3	H_2O	353	4.0	4.0	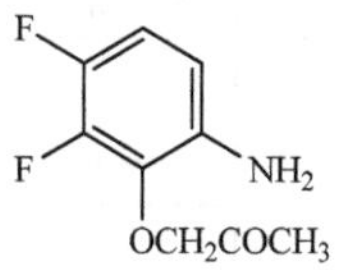 F F NH_2 OCH_2COCH_3	500	300
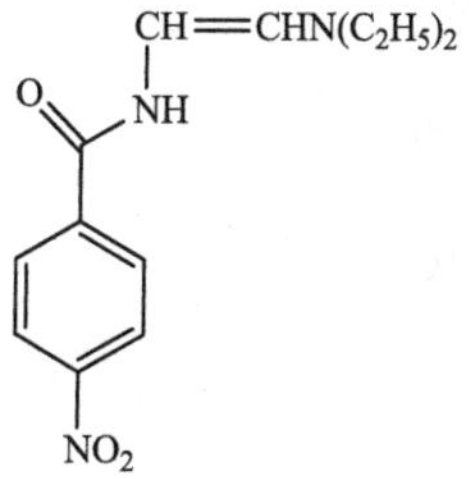 $CH{=}CHN(C_2H_5)_2$ O NH NO_2	C_2H_5OH	303～323	7.0	4.0	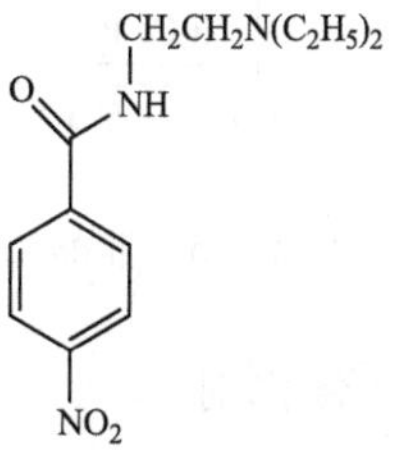 $CH_2CH_2N(C_2H_5)_2$ O NH NO_2	200	90
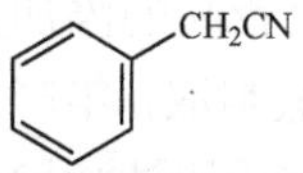 CH_2CN	C_2H_5OH	353～393	8.0	3.0	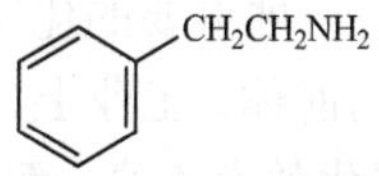 $CH_2CH_2NH_2$	100	70

石科院研究人员选用苯乙烯加氢为探针反应，研究了以急冷法制备的 Ni-P 非晶态催化剂的表面结构和加氢活性[8, 12, 13]。结果表明，非晶态 Ni-P 对于苯乙烯催化加氢具有很高的反应活性，优于晶态 Ni-P，更优于纯 Ni 片，且催化剂表面不同的预处理条件对活性影响很大。进一步的研究表明，在 Ni-P 非晶态合金表面有 α、β 两种吸附态。谱图上 280℃有一对称的脱附峰，可认为是二级脱附。360℃以上有一个弥散的脱附峰，这部分氢来源于进入体相的氢原子，在实际应用非晶态合金作为储氢材料时也就是利用这部分进入体相的氢原子，晶化后 Ni-P 非晶态合金表面氢的 α 态吸附量比 Ni-P 非晶态合金大为减少。

向 Ni-P 非晶态合金中加入少量稀土元素，可明显提高 Ni-RE-P 非晶态合金的热稳定性。DSC 热稳定性谱图（图 5.5）表明：①Ni-P 非晶态合金在室温至 900 K 的过程中，只出现一个 DSC 放热峰，而含有少量稀土 Y、Ce、Sm 的 Ni-RE-P 非晶态合金分别呈现三个 DSC 放热峰。②Ni-P 非晶态合金的第一个 DSC 峰，也是唯一的晶化峰，其峰温为 629 K。而 Ni-Y-P、Ni-Ce-P 和 Ni-Sm-P 非晶态合金的第一个 DSC 峰，峰温分别为 711 K、717 K 和 700 K，并且它们的最大 DSC 放热峰峰温分别为 786 K、803 K、752 K。XRD 和 SEM 分析进一步证实，Ni-RE-P 和

Ni-P 非晶态合金的晶化是随处理温度的升高逐步进行的，即由非晶态到某一亚稳态而最后到达结晶态。在此过程中，从非晶到出现微晶而到体相完全变为晶相。

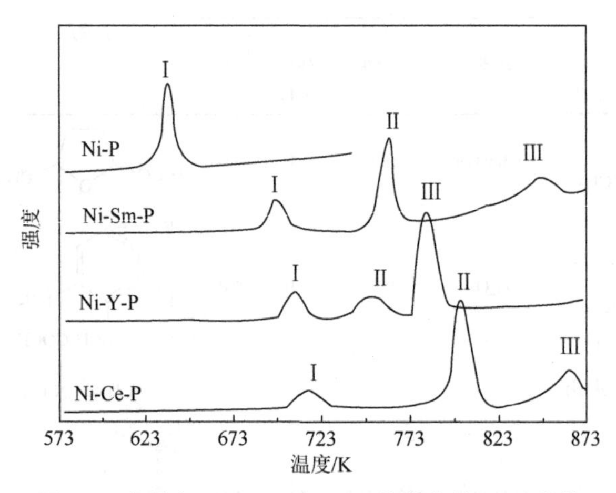

图 5.5 非晶态 Ni-RE-P 和 Ni-P 热稳定性 DSC 曲线

2. SRNA-2 催化剂

山梨醇作为一种重要的化工原料，广泛用作食品、药物、化妆品的添加剂和合成维生素 C 的前体。工业上一般是用 Raney Ni 催化葡萄糖加氢制取，年产量超过百万吨，但催化效率不高。而且在制备 Raney Ni 催化剂时，由于用碱抽提 Ni-Al 合金中的 Al 而产生大量铝酸盐废液，造成环境污染。已有一些工作致力于 Raney Ni 改性或开发负载型 Ru 催化剂来取代 Raney Ni 催化剂，然而前者在制备上相当繁复，后者成本则较高。因此，开发一种高活性、低成本、低污染且易于制备的催化剂是很有意义的。

石科院研究人员采用 SRNA-2 催化剂进行葡萄糖加氢[11]，考察温度、压力、pH、剂糖比和反应时间等因素对加氢反应结果的影响(表 5.2)，并与其他 Raney Ni 类催化剂进行了对比。实验结果表明，SRNA-2 催化剂的葡萄糖加氢活性好于 Raney Ni 催化剂，在较低的压力、较短的反应时间下，就能将葡萄糖完全转化为山梨醇，且产品澄清透明，无碳化现象。

表 5.2 使用不同催化剂的工艺条件及加氢效果

催化剂	温度/K	压力/MPa	时间/min	剂糖比	葡萄糖转化率/%
Raney Ni-1	408	6.5	70	1.6 g/150 mL	99.1
Raney Ni-2	393	4.76	300	2 g/60 mL	99.2
Raney Ni-3	408	7.0	70	1.1 g/150 mL	94.3
SRNA-2	408	5.0	70	1.1 g/150 mL	100.0

3. SRNA-3 催化剂

将源于生物质的含氧烃类化合物，如乙二醇、甘油、山梨醇和葡萄糖等，通过液相催化重整的方法制取氢气是一条全新的绿色制氢路线。相对于目前的烃类蒸气重整制氢技术，它具有能量利用率高、低温操控、原料易得且无毒无害、产物气体含 CO 量低等优点。

石科院采用急冷法制得的 Ni-Al 合金经碱抽提得到牌号为 SRNA-3 的加氢催化剂，并通过 N_2 物理吸附、XRD、SEM、H_2 脱附等表征手段与 Raney Ni 催化剂进行比较，研究了它们在乙二醇液相重整（APR）反应中的催化活性和选择性，并对其催化性能差异进行了探讨。结果表明（表 5.3），通过急冷法制备的 SRNA-3 催化剂较 Raney Ni 具有更高的残余铝含量、更小的比表面积、更大的孔径和孔体积、更小的颗粒、更大的晶粒和晶格常数；在液相重整催化反应中，SRNA-3 催化剂比 Raney Ni 更易生成烷烃，而且生成 CO 量更少，这与两者结构上的差异密切相关，SRNA-3 催化剂可能在结构上更有利于 C—O 键的断裂而使反应趋向于生成烷烃[14]。

表 5.3　SRNA-3 与 Raney Ni 催化性能比较

项目	Raney Ni	SRNA-3	Raney Ni	SRNA-3
温度/K	498	498	538	538
压力/MPa	2.58	2.58	5.13	5.13
体积空速/h^{-1}	4.13	3.60	8.26	3.60
气体转化率/%	97	92	104	102
H_2 选择性/%	35	35	28	21
烷烃选择性/%	44	47	47	59
气体产物摩尔组成				
H_2/%	47.6	47.4	41.4	34.9
CO_2/%	30.4	30.8	31.9	27.2
CO/%	0.02	n.d.	0.03	n.d.
甲烷/%	20.7	22.8	25.6	36.4
乙烷/%	0.97	1.12	0.92	1.43
丙烷/%	0.28	0.23	0.18	0.15
丁烷/%	0.02	0.00	0.01	0.00
液体产物摩尔组成				
甲醇/%	10.2	85.1	34.3	95.1
乙醇/%	48.3	12.9	2.5	3.5
乙酸/%	30.2	0.0	63.2	0.0
乙醛/%	7.3	0.0	0.0	0.0
乙醇醛/%	4.0	0.0	0.0	0.0
2-丙醇/%	0.0	0.2	0.0	0.2
丙酮/%	0.0	1.8	0.0	1.2

注：“气体产物摩尔组成”中各组分含量加和有的不为 100%，是由色谱积分小数取位造成的。n.d.表示未检出。

褚娴文等分别用 $SnCl_4$、$SnCl_2$ 以及 $Sn(n\text{-}C_4H_9)_4$ 作为 Sn 源对 SRNA-3 催化剂进行了修饰[15]。研究表明，Sn 的加入使 H_2 选择性得到大幅提高（图 5.6），且不同 Sn 源修饰的催化剂表现出的催化性能有所区别，其催化性能按以下顺序递减：$SnCl_4 > SnCl_2 > Sn(n\text{-}C_4H_9)_4$。对三种 Sn 源修饰的 SRNA-3 催化剂催化的乙二醇液相重整制氢反应的动力学研究发现，Sn 的修饰作用主要体现在两方面，即抑制甲烷化反应和促进水煤气变换反应的进行。对于同一种 Sn 源修饰的催化剂，其活性和 Sn 在催化剂中的分散情况有关，Sn 的分散情况越好，则活性越高。

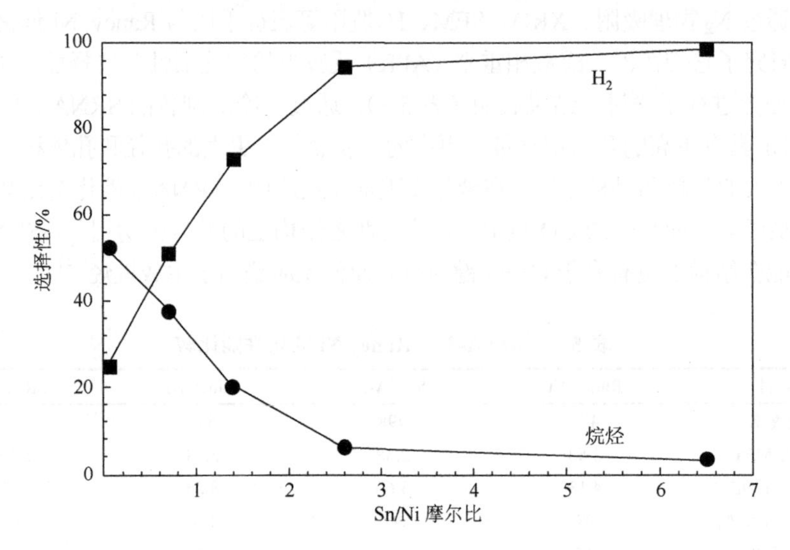

图 5.6　Sn 对 SRNA-3 催化剂性能的影响

对 $SnCl_4$ 修饰的 SRNA-3 催化剂进行了 100 h 稳定性考察。结果表明，添加了 Mo 的 SRNA-3 催化剂初始活性和稳态活性更高，说明 Mo 的加入可以有效提高催化剂的反应活性，同时在反应过程中该催化剂表现出良好的 H_2 选择性，显示了其在生物质制氢中的良好应用潜力。

4. SRNA-4 催化剂

1）SRNA-4 在化纤单体加氢中的应用

SRNA-4 在用于两种化纤单体的加氢过程中表现出良好的性能：用于己内酰胺加氢精制工业装置，加氢后产品的 PM 值（PM 值用于表征产物中不饱和杂质的含量，PM 值高，杂质含量低，PM 值低，杂质含量高）达到 9434 s，大大高于使用常规 Raney Ni 催化剂时的 1478 s，成品己内酰胺的 PM 值为 30000 s，达到优级品标准，同时催化剂单耗也有所下降；用于己二腈加氢制己二胺试验装置，与常规 Raney Ni 相比，己二腈转化率提高了约 10%，己二胺选择性提高了约 1 倍。

分析表明，SRNA-4 催化剂在母合金制备过程中采用的急冷技术使母合金中含有大量的 Ni_2Al_3 相，采用的预处理技术不仅使 Ni_2Al_3 相的含量进一步提高，而且使 Ni_2Al_3 相中的 Al 变得容易抽除，抽 Al 以后形成比表面积很大的骨架，活性组元 Ni 高度分散在骨架上，以非晶态或者纳米晶的形式存在，因而具有大大优于常规 Raney Ni 的加氢活性[16]。

巴陵石化鹰山石油化工厂己内酰胺加氢精制催化剂原设计使用进口 Raney Ni 催化剂。进口催化剂不仅价格昂贵，而且进货手续复杂，占用流动资金多，应用中也时常出现质量不稳定现象。1997 年，巴陵石化鹰山石油化工厂采用国产的 Raney Ni 催化剂代替进口 Raney Ni 催化剂，虽能满足当时的生产需要，但产品 PM 值无法与国外先进水平相比。

石科院研究人员在巴陵石化鹰山石油化工厂的己内酰胺加氢精制工业装置上率先试用了 SRNA-4 催化剂。试验进行了两次：第一次使用催化剂 0.21 t，试验周期为 7 d；第二次使用催化剂 1.2 t，试验周期为 33 d，工业试验的主要结果如表 5.4 所示[17]。

表 5.4　SRNA-4 用于己内酰胺加氢精制工业应用结果

项目	SRNA-4（第一次）	SRNA-4（第二次）	Raney Ni（国产）
原料 PM 值/s	397	203	144
加氢后 PM 值/s	9974	8894	1478
产品 PM 值/s	30000	30000	20000
催化剂单耗/(kg/t)	0.18	0.21	0.22

工业应用结果表明，采用非晶态合金催化剂，加氢后产物 PM 值明显高于 Raney Ni 加氢催化剂，成品己内酰胺的 PM 值达到 30000 s，属优级品。同时，在两次催化剂试用期间，催化剂单耗分别为 0.18 kg/t 和 0.21 kg/t，低于使用国产 Raney Ni 催化剂时的单耗。因此，非晶态合金催化剂作为一种新型加氢催化剂应用于己内酰胺加氢精制过程具有活性高、稳定性好和消耗低等优点。由于 PM 值的大幅度提高，成品己内酰胺的质量大大提高，使巴陵石化鹰山石油化工厂的己内酰胺产品质量达到世界领先水平，不仅可用于一般工业产品，也可用于生产高质量的民用产品，己内酰胺的用途被拓宽。

2）SRNA-4 在双环戊二烯液相加氢反应中的应用

双环戊二烯（DCPD）是环戊二烯的二聚体，主要来自乙烯的副产物 C_5 馏分，占其 15%～20%。随着我国乙烯产量的增加，环戊二烯的量增加很快。双环戊二烯的不饱和性决定了其具有活泼的化学性质，可进行加氢反应、卤化反应、加成反应、聚合反应和解聚反应等；用途十分广泛，如医药、高密度燃料、农药、乙丙橡胶、不饱和树脂、油漆、新型高分子材料、精细化工产品等。双环戊二烯一个重要应用方向是对其进行加氢，形成具有饱和三环结构的三环癸烷，以此为基础可制得一系列有价值的衍生物。

实验室内采用SRNA-4非晶态合金催化剂对双环戊二烯（DCPD）进行了加氢反应考察，研究了搅拌速度、温度、压力和催化剂浓度各条件对双环戊二烯加氢反应的影响。结果表明，DCPD加氢反应为连串反应，中间产物主要为9, 10-二氢双环戊二烯（9, 10-DHDCPD）和少量1, 2-二氢双环戊二烯（1, 2-DHDCPD）；DCPD易于加氢生成中间产物 9, 10-DHDCPD，其继续加氢为四氢双环戊二烯（*endo*-THDCPD）需要较为剧烈的条件。DCPD加氢过程选用两段法，第一段温度为110℃，第二段为130℃，压力均为1.5 MPa，催化剂浓度为1.18%。非晶态合金对DCPD的加氢反应活性明显高于Raney Ni，可进行1, 2位加氢反应生成1, 2-DHDCPD，并且催化剂用量少，反应温度和反应压力低，反应时间短，生成副产物少[18]。

3）SRNA-4在其他加氢反应中的应用

石科院研究人员在实验室中探索将SRNA-4催化剂与磁稳定床结合用于不同的加氢反应，都取得了良好的效果。

在磁稳定床中用SRNA-4吸附脱除苯中有机硫化物，适宜的操作条件下，对硫质量分数为2 μg/g的苯吸附处理后硫质量分数可降至0.02 μg/g以下，脱硫率可达99%以上[19]；SRNA-4用于重整生成油后加氢工艺，与传统固定床后加氢工艺及白土精制工艺相比，具有催化剂装卸方便、反应条件缓和、体积空速大等优点。加氢精制后可以使重整生成油溴值从2.0 g Br/100 g降到0.5 g Br/100 g以下，无芳香烃损失，能够满足工业要求[20]。

将SRNA-4作为吸附剂与磁稳定床相结合，考察了吸附温度、压力、体积空速（LHSV）和磁场强度（H_{ext}）等操作条件对其脱硫性能的影响。结果表明，当原料以液相状态进行反应时，较高的吸附温度和较低的LHSV有利于吸附剂脱硫效果的提高，而操作压力的影响不大；吸附剂在磁稳定床（MSB）状态操作时的脱硫性能明显高于固定床状态；在一定范围内，H_{ext}对脱硫率的影响不明显。在MSB中SRNA-4用于汽油吸附脱硫的适宜操作条件为：压力1.0 MPa，温度100℃，LHSV为12 h^{-1}，H_{ext}为20 kA/m。此时，吸附剂的饱和硫容量为0.83%（质量分数）。XRD和BET分析结果表明，硫转移-氢气处理再生方式比较好，它不会破坏吸附剂的晶体结构，且基本上能够完全恢复吸附剂的脱硫活性[21]。

5. SRNA-5催化剂

1）SRNA-5催化蒽醌加氢反应性能研究[22]

蒽醌法在当前制备双氧水的诸多方法中占据绝对主导地位，在该工艺中蒽醌加氢这一步关系到最后双氧水的收率以及成本，而这又主要取决于蒽醌加氢所用的催化剂。现有的加氢催化剂如骨架镍和钯基催化剂都有不尽人意之处，骨架镍催化剂对蒽醌加氢选择性差，双氧水收率低，并且在制备骨架镍催化剂过程中，需要用碱抽提 Ni-Al 合金中的 Al，生成的铝酸盐会造成环境污染；而钯基催化剂则十分昂贵，在高产值的精细化工产品中可用，但对于双氧水这样的大众产品则成本太高。因此，有必要筛选一种高活性、高选择性、经济的绿色催化剂。

将改性制备的 SRNA-5 催化剂用于 2-乙基蒽醌（eAQ）加氢反应（图 5.7），发现在催化剂中加入适量特定的助剂可以提高催化剂催化蒽醌加氢的活性和选择性。助剂的存在可以降低构成催化剂的晶粒大小，增加表面活性位数量；同时可极化吸附羰基，使蒽醌中羰基加氢变得容易，这可用羰基在助剂的氧化态上发生吸附的机理来解释。Mo、Cr 和 Fe 都是有效的助剂，其中 Mo 在制得的催化剂中既有元素态，又有氧化态；而 Cr 全部以氧化态形式存在。这些氧化物作为良好的电子对接受体，使得吸附在催化剂表面的氢显示正电性，有利于接受羰基中氧的孤对电子，从而提高羰基的加氢速率。

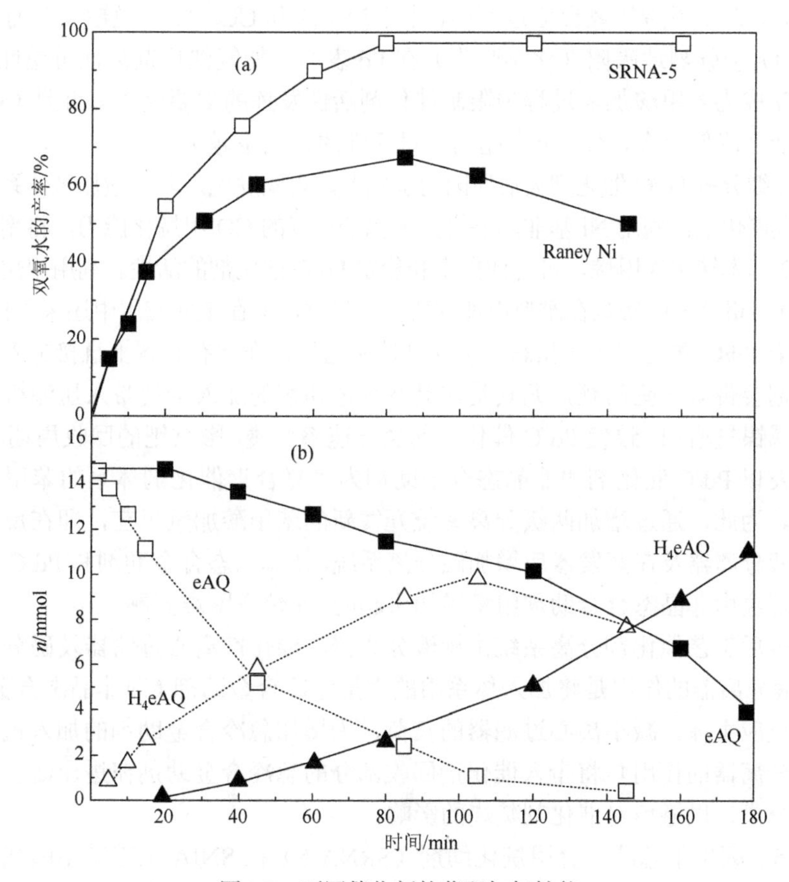

图 5.7　不同催化剂的蒽醌加氢性能

催化剂中强吸附的氢含量高，有利于提高催化剂催化羰基加氢的选择性。催化剂中吸附的所有氢对羰基加氢都有活性，但仅有弱吸附的氢对苯环加氢有效。因此催化剂中弱吸附的氢越多，催化剂对蒽醌中羰基加氢的选择性越差。由急冷方法制备的催化剂，由于存在较多的晶格缺陷，造成氢气在催化剂上的吸附增强，因此可以提高催化剂的选择性。

实验结果表明，相对于传统的 Raney Ni 催化剂，SRNA-5 不仅可以提高反应速率，而且抑制了降解产物的生成，显示了在双氧水生产中的良好应用前景。

2）SRNA-5 在苯甲酸加氢中的工业应用[23]

苯甲酸加氢是意大利斯尼亚公司的甲苯法制备己内酰胺的工艺路线（SNIA 工艺）的重要步骤。其中，苯甲酸加氢过程使用的是贵金属催化剂 Pd/C。Pd/C 催化苯甲酸加氢的产物是环己烷羧酸（CCA），副反应主要为苯甲酸和 CCA 发生脱羧反应生成 CO 和 CO_2 等。由于该催化反应体系比较复杂，其中含有可能导致催化剂失活的物质种类较多。研究表明，苯甲酸加氢催化剂 Pd/C 除受原料苯甲酸中杂质影响外，在苯甲酸加氢反应过程中，由于苯甲酸和 CCA 发生脱羧反应而生成的 CO 和 CO_2 会强烈地吸附（化学吸附）在 Pd 表面，加氢催化剂活性可逆性降低，所以 CO 成为苯甲酸加氢过程中限制催化剂活性发挥的主要因素。并且 CO 含量越高，活性降低越多，CO 压力越高，对活性的影响也越大。

在详细分析 Pd/C 催化剂失活原因的基础上，实验发现，苯甲酸加氢体系加入非晶态合金催化剂，利用 Ni 基非晶态合金催化剂良好的 CO 甲烷化能力，将副反应生成的 CO 基本转化为甲烷，可有效提高和稳定 Pd/C 催化剂的活性。利用甲烷化反应消除 CO 对贵金属的影响在燃料电池的研究中见过，但在工业应用中还未见报道。

由于 Pd/C 催化剂和非晶态合金助剂性质迥异，在现有装置上直接加入非晶态合金助剂会带来一些问题，尤其是非晶态合金助剂的加入会使带入压滤机下流系统的金属镍量增加，致使 Pd/C 催化剂的焚烧速率变慢，影响钯的回收周期。因此，需要开发以 Pd/C 催化剂和非晶态合金助剂为“复合”催化剂体系的苯甲酸加氢新工艺。为此，通过增加两级分离系统开发新的苯甲酸加氢工艺，即在反应器后增加旋液分离器及在蒸发器后增加磁分离系统，使非晶态合金助剂和 Pd/C 催化剂分离，解决由非晶态合金助剂用量增加引起的 Pd 焚烧困难问题。

改进后工艺催化剂分离系统由旋液分离器、催化剂离心过滤器及磁分离器组成。旋液分离器的作用是将加入体系中的大量急冷合金助剂（即非晶态合金助剂）循环回反应主体，减小离心过滤器的负荷，为增加急冷合金助剂的加入量创造条件；磁分离器的作用是将带入催化剂回收部分的急冷合金助剂在进压滤机之前进行有效分离，以避免对催化剂焚烧的影响。

表 5.5 列出了急冷合金甲烷化助剂（SRNA-5）在 SNIA 工艺苯甲酸加氢装置上的工业应用标定结果。由表可见，实验前，在每天向系统中补加新鲜催化剂

150 kg 的情况下，加氢单元生产负荷维持在 6.0 t/h，循环 Pd/C 活性基本稳定在 0.2，而加入急冷合金后，装置负荷提高到 7.0～9.0 t/h，而新鲜 Pd/C 补加量则降至 80 kg/d，补加量大大降低。同时产品 CCA 质量增加。

表 5.5　工业装置加入急冷合金前后主要数据对比

	负荷/(t/h)	$w_{尾气}$		CCA 质量分数/%	循环活性	Pd/C 补加量/(kg/d)
		CO	CH_4			
实验前	6.0	289×10^{-6}	0	97.55	0.20	140～150
实验后	7.0～9.0	145×10^{-6}	50×10^{-6}	98.13	0.25	80

利用急冷合金催化剂提高 Pd/C 催化剂活性主要基于急冷合金催化剂优良的甲烷化能力。实验表明，利用急冷合金作甲烷化催化剂用于苯甲酸加氢反应，不但不影响 Pd/C 催化剂活性，而且由于生成的 CO 转化为甲烷，降低了 Pd/C 对 CO 的吸附，从而提高并稳定了 Pd/C 的活性。向 Pd/C 催化剂中加入镍基甲烷化助剂提高 Pd/C 催化剂活性，是一个崭新的发现，对化学工业中同类催化剂的活化具有指导意义。

5.1.4　其他类型非晶态合金催化剂的应用

除了 SRNA 系列 Ni 基非晶态合金催化剂，石科院研究人员还探索了其他类型非晶态合金催化剂在不同加氢反应中的性能，如非晶态 Fe、Co 催化剂用于 F-T 合成反应，非晶态 Cu 催化剂用于氢解反应等[24]。

石科院研究人员将急冷技术和 Raney 型骨架铁催化剂的制备工艺相结合，制备新型的骨架铁（RQ Fe）催化剂。运用 ICP、XRD、XPS、SEM、H_2-TPD、CO-TPD 和 N_2 物理吸附等方法对骨架铁催化剂进行了表征，系统考察了合金制备方法、抽提条件和 Mn、Cu、K 助剂对骨架铁催化剂组织结构及 F-T 合成反应性能的影响；对优化的含 Mn、K 助剂的急冷骨架铁催化剂进行了 F-T 合成反应性能和长期运行稳定性考察，并与相近组成的沉淀铁催化剂进行比较，为开发新型 F-T 合成催化剂提供科学指导。

研究表明，与 Raney Fe 催化剂相比，RQ Fe 催化剂具有较大的比表面积、孔体积，较小的平均孔径，双孔分布中的大孔孔径相对较小，铁的晶粒较小，具有更多的强 H_2 活性吸附中心和桥式 CO 活性吸附中心。在 F-T 合成反应性能方面，RQ Fe 催化剂表现出更高的活性和低碳烃选择性。原因是 RQ Fe 具有较小的平均孔径，不利于重质烃（高碳烃）扩散出催化剂孔道；催化剂与桥式 CO 吸附位之间结合力相对较弱，不利于碳链的增长。

石科院研究人员分别采用合金化法和浸渍法引入 Mn 助剂，并对比了两种方法对急冷骨架铁催化剂结构及 F-T 合成反应性能的影响。采用合金化法引入 Mn 后，合金中 $FeAl_2$ 相减少，Fe_2Al_5 相增加，并生成了 MnAl 相。合金化法助剂的利用率可以达到 100%，高于浸渍法，后者会导致催化剂单质铁的氧化、比表面积和平均孔径下降；采用浸渍法引入的助剂在催化剂表面富集，而采用合金化法引入的助剂在催化剂中相对分散。在催化剂表面，两种方法引入的锰助剂都以 MnO 形式存在。两种方法引入 Mn 助剂都能显著提高 F-T 合成反应活性、稳定性和链增长能力，抑制二次加氢反应，有利于重质烃和低碳烯烃的生成。

采用合金化法引入 Cu 后，合金中 $FeAl_2$ 相减少，Fe_2Al_5 相增加，并生成了 CuAl 和 $CuAl_2$ 相，促进了铝和碱液的作用，催化剂中小孔和大孔的数量都减少，大孔孔径增加；而采用浸渍法，随着 $Cu(NO_3)_2$ 溶液浓度的增加，催化剂中 α-Fe 相减少，Fe_3O_4 相增加，孔中有 α-Cu 相生成，孔径为 3.4 nm 的小孔数量增加，孔径为 10.8 nm 的大孔数量减少。两种方法都导致催化剂残余铝含量、比表面积、孔体积和平均孔径的下降，铁晶粒长大。Cu 助剂使催化剂表面强 H_2 吸附位和桥式 CO 吸附位数量明显减少，对提高催化剂的 F-T 合成反应活性和稳定性作用不明显。

采用浸渍法引入 K 助剂时，溶液中溶解氧的存在会导致催化剂中单质铁的氧化，K 助剂选择性地覆盖在强 H_2 吸附位和桥式 CO 吸附位上。随着 K 含量的增加，催化剂的 F-T 合成反应活性和稳定性都显著提高，在 0.7%（质量分数）时达到最佳值，K 含量继续增加，F-T 合成反应活性和稳定性则有所下降；K 助剂能有效地抑制甲烷生成和二次加氢反应的进行，促使产物向高碳数烃方向偏移。

石科院研究人员采用合金化法引入 Mn 助剂、浸渍法引入 K 助剂制备了 RQ FeMnK 催化剂（即 K-RQ Fe 系列催化剂），与相近组成的沉淀铁催化剂对比结果表明（表 5.6、图 5.8）：RQ FeMnK 催化剂具有更高的 F-T 合成催化性能。在 543 K、1.5 MPa、2.0 NL/(g Fe·h)、H_2/CO 摩尔比为 1 的反应条件下，在 1000 h 运转期内，CO 转化率达到了 90%以上，甲烷选择性被控制在 7%左右，C_{5+}选择性保持在 70%左右。

表 5.6 不同催化剂 F-T 合成性能

催化剂	x(CO)/%	$S(CO_2)$/%	S(烃)/%			$C_{2\sim4}$烯烃/$C_{2\sim4}$烷烃质量比
			CH_4	$C_2\sim C_4$	C_{5+}	
Raney Fe	68.6	34.7	15.0	38.3	46.7	0.15
RQ Fe	86.3	35.7	17.3	40.2	42.5	0.05
RQ FeMn	93.2	35.1	13.0	36.2	50.8	0.48
K1-RQ Fe	96.8	36.8	12.8	28.3	58.9	0.85
K2-RQ Fe	97.7	37.3	12.1	31.2	56.7	1.24
K3-RQ Fe	83.4	40.3	13.1	29.4	57.5	1.62

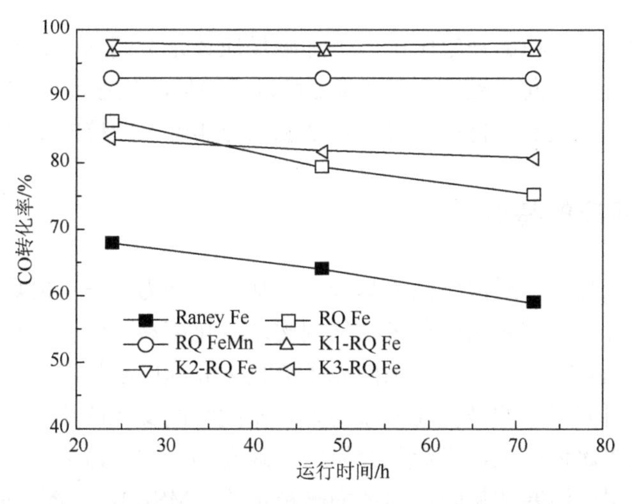

图 5.8　不同催化剂 F-T 合成性能

5.2　磁 稳 定 床

5.2.1　磁稳定床的出现和早期研究

磁稳定床（magnetically stabilized bed，MSB）是磁场流化床的特殊形式，它是在轴向、不随时间变化的空间均匀磁场下形成的、只有微弱运动的稳定床层。

对于磁场流化床及磁稳定床的研究是从 20 世纪 60 年代初期开始的。最早对磁流化床进行研究的是 Filippov，他在 1959～1962 年间发表的几篇文章中研究了随时间变化的非均匀磁场作用下，水为液相、铁颗粒为固相的液固流化床。他的主要贡献在于首先发现了磁稳定床的一些特点，同时用一张近似的相图来反映不同流速和磁场强度下流化床的特性，在相图中，他描述了磁场液固流化床的几种操作形式。

Tuthill[25]在 1969 年的专利中第一次提出了“稳定床”这一概念。他在专利中指出，利用磁场可以使铁磁性颗粒或其混合物为固相的气固流化床保持稳定操作，同时阻止了床层中气泡的形成。此项专利声称交流电和直流电都可以用来激发磁场，但是在其报告中只有使用交流电的例子。Tuthill 认为磁场强度应合理设置，使得气泡得到控制而不引起颗粒团聚，在床层稳定时，压力降保持恒定的同时不会有颗粒带出。

70 年代后期至 80 年代，以 Rosensweig 等[26-32]发表的一系列文章和专利为代表，标志着对磁稳定床进行真正系统研究的开始。Rosensweig 在代表 Exxon 公司申请的专利中指出：在磁稳定床中，外加磁场应该是空间均匀、不随时间变化，而且相对于气流是轴向的磁场，气流速度可以是最低流化速度的 10～20 倍，同时流化颗粒既可以是铁磁性材料，也可以是磁性与非磁性颗粒的混合物。

5.2.2　磁稳定床的特点

磁场流化床是在普通流化床的基础上增加了一外力场——磁场，如果按流化介质划分，可分为液固磁场流化床、气固磁场流化床和气液固三相磁场流化床；如果从磁场方向划分，它可分为轴向磁场流化床和横向磁场流化床。对磁场流化床的外加磁场研究最多的是空间分布均匀、不随时间变化的稳恒磁场，通常由亥姆霍兹线圈或永磁体产生，当流化介质的流速在高于最小流化速度又未达到带出速度之前，床层呈活塞状膨胀，称之为磁稳定床（MSB），见图 5.9。对应于外加磁场，要求流化床内的流化介质要有磁响应性，磁性颗粒在流化床中除了受重力、浮力、曳力作用外，还受磁场力以及在较高磁场下被磁化颗粒之间的相互作用力，随着磁场强度的变化磁性颗粒表现出不同的流化现象。

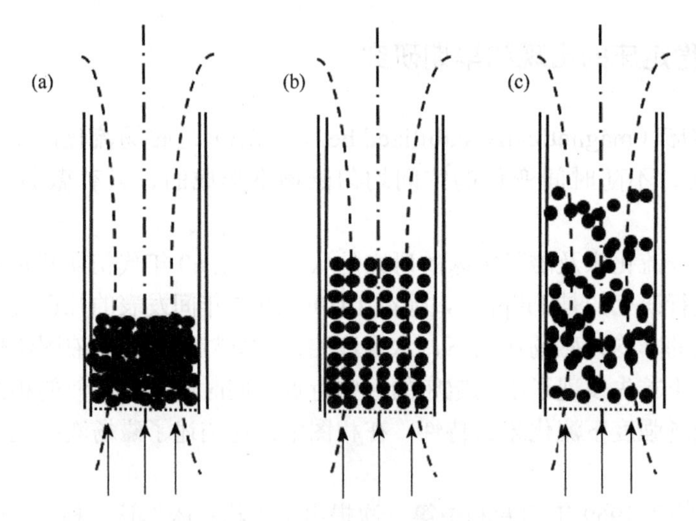

图 5.9　不同磁场强度下的磁场流化床状态

（a）磁固定床；（b）磁稳定床；（c）磁鼓泡床

总结前人的研究结果发现，磁稳定床兼有固定床和流化床的许多优点。它可以像流化床那样使用小颗粒固体而不至于造成过高的压力降；外加磁场可以有效地控制相间返混，均匀的空隙度又使床层内部不易出现沟流；细小颗粒的可流动性使得装卸催化剂非常顺利；磁稳定床不仅可以避免流化床操作中经常出现的颗粒流失现象，也可以避免固定床中可能出现的局部热点，同时磁稳定床可以在较宽的范围内稳定操作，还可以破碎气泡改善相间传质。总之，磁稳定床是不同领域知识（磁体流动力学与反应工程）结合形成新思想的典范，是一种新型的、具有创造性的床层形式。

5.2.3　磁稳定床的应用

由于磁场流化床在众多方面都显示出其独特的优势和应用价值，研究人员对其应用开展了广泛的研究，目前的研究工作主要集中在以下三个方面：含铁磁性颗粒的催化反应或以铁磁颗粒作载体的生化反应等；过滤、除尘、分选物料；流化黏性颗粒。

1. MSB 在化工环保中的应用

MSB 由于其特殊的磁效应可以用于污水处理、烟气脱硫除尘、空气净化除尘以及汽车尾气净化等许多方面。一般认为磁场的作用主要分为物理作用和化学作用，物理作用是利用待除杂质颗粒的磁性进行分离，化学作用主要是磁场能降低化学反应的表观活化能，从而加速化学反应的进程。

传统流化床除尘器因容易产生气泡而效率较低，而运用磁稳定床后，由于有流通截面大、气固接触好、床层动压降小、无气体短路等优点，过滤除尘效率可高达 99%以上[33]。张云峰等[34]提出了将磁流化床技术应用于烟气脱硫的新思路，并设计了实验装置，进行了多种工况下的脱硫实验，实验结果显示磁场和铁磁性颗粒确实对流化床中的脱硫反应有着明显的催化作用。在采用直径为 220 μm 铁磁颗粒为床料、磁感应强度为 40 mT、钙硫质量比为 1.85、入口烟气温度为 250℃的条件下进行脱硫，脱硫效率可以达到 85.93%。同时发现磁性颗粒粒径越小，脱硫效率越高，而非磁性颗粒对脱硫反应的作用不如磁性颗粒对脱硫反应的作用明显，这些规律的获得对磁流化床烟气脱硫技术的推广应用是非常有用的。

利用旋转磁场流化床进行氧化还原反应，直接从镀铜废液中回收铜，回收率为 98.696%，纯度为 97%以上。该装置结构简单、使用效果好、回收成本低，也可直接回收含 Ag^{+}、Cr^{2+}等废液中的重金属，为处理电镀废液和其他含重金属离子的工业废水找到了经济合理的新途径[35]。

2. MSB 在生化工程中的应用

目前在生化工程领域中应用 MSB 最多的是生物转化过程。传统的固定化酶反应器多采用固定床，存在着轴向压降大，细小、表面非刚性的载体在操作中易破碎，高黏度底物和粉末状底物易堵塞床层，温度、pH 不易于控制等缺点。应用 MSB 作固定化生物反应器可有效避免上述问题，酶或其他生物活性物质固定于磁敏性载体上，在磁场作用下可扩大操作范围，减少颗粒间摩擦，提高传质效率。另外，还可以利用外部磁场控制磁性材料固定化酶的运动方式和方向，替代传统的机械搅拌方式，提高固定化酶的催化效率。

MSB 技术在分离纯化蛋白质、培养动物细胞等方面，很早就在国外有了成功应用的例子。Sada 等[36, 37]研究了外加旋转磁场、周期性通断电磁场和上部加恒定磁场的流化床中的酶催化反应。实验分别将脲酶、葡萄糖氧化酶和过氧化氢酶固定在磁敏性聚乙烯颗粒上，考察了它们在磁场流化床中的反应活性、传递性能等。结果表明，旋转磁场和周期性通断电磁场均可起到搅拌作用，减薄边界层厚度，增加传质过程；磁场流化床的操作液速提高而无颗粒夹带出现；流化床处理能力增强，反应转化率与固定床相当。

Odabaşl 等[38]研究了聚甲基丙烯酸-2-羟乙酯磁性小球结合 MSFB 反应器清除系统性红斑狼疮患者血液中的病原抗体。发现抗双链 DNA 抗体的吸附量随着液相流速的增大明显下降，随着抗双链 DNA 抗体浓度的增大呈先增大后趋于平衡的关系，抗双链 DNA 抗体的最大吸附量可以达到 97.8 mg/g。由于磁性聚甲基丙烯酸-2-羟乙酯小球具有很好的血液相容性，该方法在医学上具有很好的应用前景。

将 MFB 应用于酶催化主要有两个问题，一是酶的固定问题，需要在保证酶的催化活性的前提下将其包覆在铁磁性颗粒上，并将其粒径控制在适用范围之内；另一个则是要考虑磁场对酶活性的影响。不同的酶对磁场有不同的反应，有的生物酶在磁场下会失去活性，磁场强度对活性也有一定的影响。

3. MSB 在能源领域的应用

在能源领域，MSB 主要应用于干法选煤、催化加氢和生物能源制备等方面。在我国，随着原煤质量的下降和环境保护要求的提高，需要分选的煤炭数量和分选的深度在不断上升。磁稳定床的特点使其特别适合对物料按密度进行分选，尤其是细粒物料的分选。樊茂明等[39, 40]根据磁稳定床具有均匀稳定的堆密度和良好的似流体特性的特点将其用于干法选煤，用从燃煤电厂粉煤灰中回收的磁珠（主要化学成分为 Fe_2O_3、Fe_3O_4）作为 MSB 的流化介质，有效地消除了普通流化床中存在的分选后物料返混现象，磁场与普通流化床能量正向叠加，大大激活了流化床分选能力，分选效果良好，降低了分选下限，拓宽了其分选适应性。

经过近 60 年的发展，磁稳定床已经在众多领域发挥作用，但对其研究仍然不够充分，要真正将其用于工业化生产面临着以下几个问题：一是 MSB 传递机理的研究以及模型的建立，二是磁性颗粒的制备。由于引入了外力场，传统流化床的模型大部分不能直接应用于 MSB，目前流区过渡的机理以及定量化预测及识别等问题尚未解决，因此需要对 MSB 的流体力学以及传热、传质的特性和机理进行深入的研究，建立适当的数学模型，找到合适的操作条件。这一方面有赖于更新的探测技术和设备，另一方面则有赖于新型反应器模型以及大型冷模装置的设计和开发。不同的工业生产目的对 MSB 磁性颗粒的要求也不同，在将 MSB 用于催化反应时，要求在将催化剂与磁性颗粒共包覆的同时还要保证其催化活性，操作温度也不能高于铁磁颗粒的居里温度。因此 MSB 在工业上的应用很大程度上限制在催化剂是磁性物质的范围内，要求比较苛刻。另外，MSB 应用于工业生产时还要考虑磁场发生装置的优化设计以及磁场的存在对周围操作的影响问题等。

5.2.4　石科院磁稳定床的应用研究

石科院长期致力于磁稳定床工业化应用的研发工作，针对不同的反应体系制备了一系列磁性催化剂，包括磁性氧化物催化剂、负载型双金属的磁性加氢催化剂、磁性阳离子交换树脂等，与磁稳定床集成使用，目前已取得了一部分可喜的成果。例如，非晶态镍合金催化剂与磁稳定床集成，用于己内酰胺加氢精制，替代从国外引进的氧化精制技术，使装置投资和装置操作费用显著下降，实现了污染物的“零排放”。磁稳定床反应器在国际上首次实现了工业应用，其反应空速达到 50 h^{-1}，显著高于浆态床、固定床、移动床和流化床等反应器，强化了催化反应过程；非晶态镍合金催化剂与磁分离集成，用于苯甲酸加氢过程，使装置负荷提高了 15%，Pd/C 催化剂用量下降了 50%，强化了苯甲酸加氢反应过程；赋予贵金属催化剂和固体酸催化剂磁性，并与磁稳定床集成，显著提高了乙炔选择性加氢的反应空速、转化率和选择性，以及烯烃叠合反应的空速和柴油收率，形成了新技术的生长点。磁性催化剂与磁稳定床反应器相结合强化了反应过程，为提升传统技术水平提供了新的途径。

1. *磁性 Pd_2O_3 催化剂与磁稳定床反应器相结合用于乙炔选择性加氧反应*[41]

烃类蒸气裂解制烯烃过程中产生的少量炔烃和二烯烃是烯烃聚合的有害杂质，目前最为经济有效的脱除这些少量杂质的方法是通过催化选择加氢将其转化为单烯烃。但传统的前加氢工艺存在着加氢选择性差、绿油生成量大、催化剂再生周期短、反应器易“飞温”等缺点。已有研究表明，单靠简单的催化剂改进效果不明显，需要用一种新型的选择加氢工艺替代原有工艺。

前加氢反应条件温和，所要除去的炔烃浓度和反应温度都较低，与磁稳定床工艺要求相吻合，这就为磁稳定床反应器应用于炔烃选择加氢提供了可行性。但传统的固定床催化剂没有磁性，无法应用于磁稳定床反应器中。如果能将细颗粒、磁性、催化性能以及磁稳定床有效结合，不仅可以使反应界面增大、传质阻力降低，避免当前固定床工艺中不能使用细颗粒催化剂的缺点，还可以使催化剂具有超顺磁性能，在无外加磁场时颗粒不易聚集、分散性好，而在外加磁场作用下，能很方便地控制反应进行、产品分离以及回收等。

基于以上考虑，石科院研究人员提出了将磁性组元和催化活性组元进行组装的新构思，即通过特殊制备方法，将骨架载体 Al_2O_3、磁性尖晶石铁氧体和催化活性组分 Pd 进行组装，形成具有一定复合结构的超细磁性 Pd/Al_2O_3 催化剂，并与磁稳定床反应器结合用于选择加氢反应，替代传统的固定床选择加氢工艺。

首先采用成核晶化隔离法制备铁基层状前体 $MFeFe\text{-}CO_3\text{-}LDHs$（M = Mg、Ni、Co），经焙烧得到晶相单一的磁性尖晶石铁氧体，其中镍铁尖晶石铁氧体的磁畴结构单一，具有较高的比饱和磁化强度和较低的矫顽力，适合作为复合磁性载体的磁核。

然后采用经 SiO_2 包覆改性的 $NiFe_2O_4$ 作为磁核，与铝溶胶混合喷雾成型制备磁性微球氧化铝载体。实验结果表明，磁核经 SiO_2 改性后可以防止 $NiFe_2O_4$ 和 Al_2O_3 在高温下进一步反应，对磁核起到了很好的保护作用；通过调变磁核在载体中的比例，可以制备出符合不同磁学性能的氧化铝载体；通过改变焙烧温度，可以制备出具有不同表面结构以及晶型的磁性氧化铝载体。

最后以磁性氧化铝为载体，金属 Pd 为主活性组分，添加其他助剂，制备出所需的磁性催化剂。磁性 Pd/Ag 双金属催化剂的物性表征结果表明，催化剂中活性组分 Pd 和助剂金属 Ag 组分在催化剂表面呈蛋壳型分布；150℃氢气气氛下，催化剂上 Pd/Ag 氧化物能够同时被还原，在催化剂载体表面上生成合金。Pd/Ag 在催化剂表面生成合金会改变原来 Pd 的晶相结构，使得体相 Pd 对氢的吸附显著下降，提高了乙炔加氢反应的选择性；Ag 对 Pd 的 3d 电子结合能有影响，而 Pd 对 Ag 的 3d 电子结合能的影响不显著。催化剂表层 Pd 和 Ag 生成合金，Ag 会向表面偏析而在表面富集，这使得表面 Pd 的数量减少，减少表面 Pd-Pd 相邻的原子簇数量，Ag 原子占据合金颗粒边角位置，减少催化活性高、选择性低的边角 Pd 原子数量。这种电子效应和结构效应使得 Pd/Ag 催化剂催化乙炔加氢的选择性比纯 Pd 催化剂高。

在磁稳定床实验装置上考察了各种工艺条件对催化剂催化乙炔加氢性能的影响，并与工业催化剂 G83C 进行了对比。对比结果表明（表 5.7），低空速（$<5000\ h^{-1}$）条件下，磁性 $Pd\text{-}Ag/Al_2O_3$ 催化剂的催化加氢活性高于 G83C，但乙烯选择性相对较低。反应温度为 95℃时，随着反应空速由 $5000\ h^{-1}$ 提高到 $15000\ h^{-1}$，磁性 $Pd\text{-}Ag/Al_2O_3$ 催化剂一直保持较高的催化活性，乙烯选择性逐渐由 41.25%升高到 89.20%；G83C 催化剂的催化加氢活性则逐渐由 100%降低至 35.85%，乙烯选择性由 33.88%升高至 61.28%，表明磁性 $Pd\text{-}Ag/Al_2O_3$ 催化剂更适应在较高空速条件下使用。随着反应空速进一步提高，相应地提高反应温度，磁性 $Pd\text{-}Ag/Al_2O_3$ 催化剂仍能表现出较好的催化加氢性能，而在相同条件下催化剂 G83C 的催化加氢活性很低，说明 G83C 不适合在高空速条件下操作。

表 5.7　磁性 Pd-Ag/Al_2O_3 与 G83C 催化剂的催化加氢结果对比

GHSV/h^{-1}	T/℃	$x(C_2H_2)$/%		$S(C_2H_4)$/%	
		Pd-Ag/Al_2O_3	G83C	Pd-Ag/Al_2O_3	G83C
3000	75	100	91.52	31.60	48.83
5000	85	98.87	82.66	55.19	57.16
5000	95	100	100	41.25	33.88
8000	95	99.75	86.69	87.62	58.92
15000	95	97.17	35.85	89.20	61.28
20000	100	98.86	41.59	85.11	55.34
40000	110	100	22.37	88.55	56.33
60000	120	99.18	8.66	83.87	60.41

实验结果表明，在高反应空速条件下，磁性 Pd-Ag/Al_2O_3 催化剂具有良好的催化乙炔加氢活性和乙烯选择性，并且乙炔加氢活性和乙烯选择性均优于进口催化剂 G83C，能够满足工业乙烯装置中前加氢脱炔的要求，具有良好的工业应用前景。

2. *磁性氧化物催化剂与磁稳定床相结合用于烯烃叠合反应*[42]

烯烃叠合是一种有前景的生产柴油的酸催化工艺，产物中硫和芳烃含量少，是一种清洁燃料。烯烃叠合工艺较为成熟，但所用催化剂和反应器还存在催化剂易失活、产品质量较差、反应器内易形成热点以及操作灵活度差等不足，因此除了开发具有优异叠合性能的催化剂外，新型反应器的开发也至关重要。石科院研究人员提出了将磁性固体酸催化剂 $NiSO_4/\gamma\text{-}Al_2O_3$ 和磁稳定床集成用于流化催化裂化（FCC）轻汽油叠合制柴油的新工艺，一方面利用磁稳定床的优势来达到对反应过程控制和强化的作用；另一方面则利用小粒径固体酸催化剂来增大接触面积，降低传质阻力，提高催化效率。

石科院研究人员采用共沉淀法制备出磁畴结构单一、磁响应性能好、具有超顺磁性且比饱和磁化强度高达 77.44 emu/g 的强磁性 Fe_3O_4 超细粒子。通过两步法对制备的强磁性 Fe_3O_4 超细粒子表面进行 SiO_2 包覆改性，实验结果表明，SiO_2 包覆量（质量分数）为 15%时即能在 Fe_3O_4 表面形成致密且均匀的包覆层，此复合磁性粒子经 600℃焙烧后没有产生无磁性 $\alpha\text{-}Fe_2O_3$ 相，其分散性和热稳定性得到了显著改善。

以 SiO_2 包覆改性的 Fe_3O_4 为磁性粒子，采用胶溶法制备出磁性 $\gamma\text{-}Al_2O_3$ 载体。复合磁性粒子含量对磁性载体的磁性能影响较大，当其质量分数为 30%时，载体经 600℃焙烧后的比饱和磁化强度为 15.12 emu/g。通过改变磁性粒子含量和焙烧温度还可以制备具有不同比表面积和孔结构的磁性 $\gamma\text{-}Al_2O_3$ 载体。

采用浸渍法制备了磁性固体酸催化剂 $NiSO_4/\gamma\text{-}Al_2O_3$，当 Ni 负载量（质量分数）为 7%时，催化剂经 500℃下焙烧后，$NiSO_4$ 在磁性 γ -Al_2O_3 载体表面呈单层分散，其总酸量达到 14.50 mL/g，比饱和磁化强度为 12.40 emu/g，磁性能够满足磁稳定床的应用要求。

分别在固定床和磁稳定床上考察磁性催化剂的叠合反应性能，实验结果表明（表 5.8），在外加磁场强度为 30 kA/m 的磁稳定床中，FCC 轻汽油叠合制柴油的反应温度可降至 170℃，液时空速可提高到 2.0～6.0 h^{-1}，柴油收率可达 39.7%～45.6%，即在保证柴油收率的条件下，与固定床反应器相比，磁稳定床工艺具有更好的传质传热效果、更大的生产能力和操作灵活度。磁稳定床工艺中，FCC 轻汽油叠合后产生的汽油馏分含有较多的饱和烃和较少的烯烃，此馏分经浅度加氢后可作为生产乙烯的优质原料；柴油馏分不含硫，并且仅含少量芳烃，十六烷值高，具有良好的低温流动性，是一种优质的清洁柴油。

表 5.8　磁性 $NiSO_4/Al_2O_3$ 催化剂在固定床和磁稳定床反应器中催化性能的比较

项目	磁稳定床反应器	固定床反应器
反应温度/℃	170～190	190
反应压力/MPa	3.0	3.0
液时空速/h^{-1}	2～6	1～2
磁场强度/(kA/m)	30	
柴油收率/%	39.7～45.6	37.9～41.6

3. 磁性阳离子交换树脂与磁稳定床反应器相结合用于异丁烯/甲醇醚化反应[43]

醚类物质具有较高的辛烷值，是提高汽油辛烷值最理想的调和组分之一。虽然美国的甲基叔丁基醚（MTBE）泄漏事件造成地下水和饮用水污染，导致从 2003 年起美国部分州开始禁用 MTBE，但目前除美国外，其他国家短期内还不会禁用 MTBE，尤其是在我国。我国裂化汽油密度大，而且辛烷值低，另外我国的汽油调和组分中流化催化裂化（FCC）汽油占成品汽油的 80%以上，其特点是烯烃含量高，因此生产清洁汽油必须降低烯烃含量，而合理利用 FCC 汽油中的轻烯烃既可降低烯烃含量又可提高汽油辛烷值。FCC 轻汽油醚化生产混合醚工艺可将 FCC 轻汽油中的活性烯烃（能够进行醚化反应的烯烃）转化为叔烷基醚，不但降低了汽油中的烯烃含量，还可提高汽油的辛烷值和氧含量，并可降低汽油的蒸气压。因此 FCC 轻汽油醚化技术是生产环境友好清洁汽油的理想技术之一。由于我国汽油辛烷值较低，烯烃含量高，在我国加快推广和应用 FCC 轻汽油醚化技术尤为重要。

醚化技术中阳离子交换树脂被公认为是最合适的催化剂，但由于原料中含有碱氮，以及反应过程中叠合反应的发生，生产过程往往需要停工来更新催化剂，特别是对于主反应前的保护床催化剂。

如前所述，磁稳定床反应器有诸多优势，如果能在磁稳定床上进行醚化反应，必然能够增大反应效率。但到目前为止业界尚无可用作酸性催化剂的磁性树脂的报道。因为阳离子交换树脂均由两步法合成，先是将苯乙烯与二乙烯基苯单体进行聚合形成所谓的“白球”，再将“白球”用浓硫酸磺化，再经稀酸和水洗涤，制成阳离子型的树脂。在磺化过程中，绝大部分提供磁性的物质会被腐蚀殆尽。因此制备磁性树脂存在技术上的困难。

石科院研究人员在磁性树脂的合成方面进行了探索。初期以两步法合成了强酸性大孔磁性阳离子交换树脂，但是两步法合成的磁性树脂以铁粉为磁核，其密度大，在磁性树脂中占有较大体积，导致磁性树脂的功能层较少。因此又进一步以纳米四氧化三铁为磁核，制备了纳米磁核的磁性树脂。铁氧化物 Fe_2O_3 和 Fe_3O_4 是研究非常广泛的磁性纳米颗粒。得到广泛研究的磁性纳米颗粒还包括钴铁氧化物、铁铂合金、锰铁氧化物等。此处使用的氧化铁以共沉淀法制得，XRD 测定结果表明，其颗粒大小约为 20 nm。制备时考虑到氧化铁是无机物，而树脂单体苯乙烯和二乙烯基苯为有机物，为了增加氧化铁在有机单体中的分散程度，使用十一烯酸为相间介质修饰 Fe_3O_4。聚合后得到的树脂又在 393 K 以 98%的硫酸磺化 12 h，最后得到磁性强酸性树脂。合成出的磁性强酸性树脂的比表面积为 46 m^2/g，以滴定法测定的离子交换率为 3.45 mmol H^+/g，其中 Fe_3O_4 的含量为 17.2%，在磺化前氧化铁的含量为 29%，说明在磺化过程中虽存在氧化铁的损失，但是仍有部分稳定存在。对所合成的磁性树脂进行了 XRD 测试，样品中的 Fe_3O_4 在 2θ 为 221°、311°、400°、422°、511°和 440°的位置产生了相应的衍射峰，说明即使经过磺化过程，氧化铁还是以 Fe_3O_4 的形式保留在树脂中，从峰强度来看，其也表明氧化铁的量比磺化前有所下降。磺化过的磁性树脂的比饱和磁化强度为 12.3 emu/g，可以满足磁稳定床使用。

石科院研究人员使用上述磁性强酸性树脂为催化剂在异丁烯醚化中进行了催化性能的研究，分别在固定床反应器和磁稳定床反应器进行了醚化催化反应。具体反应条件为：反应温度 338～358 K、空速 25～62.5 h^{-1}、系统压力为 0.6～1.0 MPa、醇烯摩尔比为 2.1。反应结果表明，磁性树脂的磁性可以满足磁稳定床的使用，在磁稳定床的磁场强度为 10～40 kA/m 时均表现出良好的醚化活性。图 5.10 给出的是磁性强酸性树脂（磺酸树脂）在磁稳定床反应器中的醚化活性与在固定床中的对比，可以发现，反应转化率提高了近 20%。

4. 非晶态 Ni 合金催化剂与磁稳定床反应器相结合用于 CO 加氢反应[44]

氢作为一种重要的化工原料以及未来世界的主力“绿色”能源，在国民经济发展中起着越来越重要的作用。目前大量的工业用氢主要由天然气或轻油蒸气转化法、重油或煤的部分氧化法等方法制得。但是这样制得的 H_2 不可避免地会含有少量 CO、CO_2，如果不经处理直接使用会造成后续过程中催化剂中毒失活，并且 CO 掺入原料气还会影响最终产品质量，因此在供给下游用户使用前必须对 H_2 进行提纯处理。

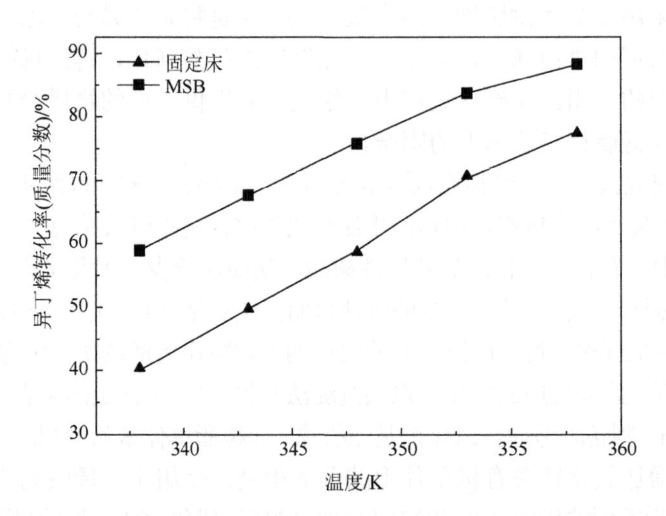

图 5.10　不同温度下磁性磺酸树脂在磁稳定床和固定床中醚化反应效果

甲烷化法是工业应用较为成熟的一种氢气提纯方法，但仍然存在着反应温度高（280～350℃）、空速低（3000～9000 h^{-1}）、催化剂更换困难等问题，并且存在严重安全隐患。为了解决现有工艺中存在的缺陷，石科院研究人员开发了一种新型工艺，采用低温加氢催化活性高的非晶态 Ni 合金催化剂（SRNA-4）和适合过程强化的磁稳定床（MSB），来实现甲烷化这一反应过程。

石科院研究人员针对 SRNA-4 催化剂易于自燃的缺点，开发出非自燃、高活性的 PSRNA 系列非晶态 Ni 合金催化剂。实验结果表明，采用低浓度碱浸取抽铝的方法制备非晶态催化剂，不但碱用量远远小于传统方法，而且制备出的催化剂结构没有明显破坏，具有良好的铁磁性、较大的 BET 比表面积以及较高的 CO、CO_2 甲烷化催化活性。

对气固磁稳定床流体力学特性的研究表明，最小流化速度、最小流化状态下的床层空隙率与磁场强度无关，可采用经典预测公式得出；最小鼓泡速度随磁场强度、固体颗粒的粒径增大而增大；床层固含率随气速和固体颗粒粒径的增大而减小、随磁场强度的增大而增大；不同磁场强度下气固磁稳定床中床层动压降随气速的变化与流化床相近。床层动压降先随气速增大而线性增加，到最大值后下降，随后则基本保持恒定。

对气固磁稳定床传热特性的研究表明，在一定的磁场强度下，表观气速增加，对应的气固传热系数增加较大，当表观气速增大到一定程度后，继续增加气速则气固传热系数基本没有变化；磁场强度增加，颗粒聚集程度增加，气固传热系数减小。

表 5.9 对比了以 SRNA-4 为催化剂的磁稳定床（MSB）甲烷化新工艺和现有蒸气裂解制乙烯副产“甲烷氢”馏分的甲烷化工艺条件和脱除 CO 的效果。对比结果表明，将非晶态 Ni 合金催化剂和磁稳定床结合的低温 CO 甲烷化新工艺具有明显的优势，在低温（≈160℃）、大空速（GHSV = 50000 h^{-1}）的操作条件下能够将 H_2 中 2000～2500 μg/g 的 CO 含量降低到＜1 μg/g。针对不同的原料气，采用这种新工艺可以降低反应温度（20～120℃）、提高空速 5～10 倍，不但能够降低能耗以及催化剂装量，而且可以在线更换催化剂，实现装置长周期运转，具有明显的经济效益和操作优势。

表 5.9　新工艺与现有工艺的对比

项目	中国石化燕山石化公司、中国石化上海石油化工股份有限公司	中国石油辽阳石油化纤有限公司	石科院
催化剂牌号	C31-4	MT15	SRNA-4
生产厂商	CCI	Procatalyse	湖南建长
外形尺寸	Φ6.5 mm	Φ2.5 mm	Φ125～180μm
催化剂组成	Ni/Al_2O_3	$Ni\text{-}Co/Al_2O_3$	非晶态 Ni 合金
进口温度/℃	280	260～285	160
反应压力/MPa	3.1	2.9	3.0
空速/h^{-1}	6500	6500	50000
入口 CO 含量/(μg/g)	4700	2600	2000～2500
出口 CO 含量/(μg/g)	＜3	＜10	＜1

5. *磁稳定床的其他应用*

多年以来，石科院研究人员一直致力于磁稳定床的应用拓展研究，在磁稳定床上分别开展了重整轻馏分油加氢生产新配方汽油组分、己内酰胺加氢精制、重整生成油后加氢等过程的研究，并且系统研究了气固、液固以及气液固三相磁稳定床的流体力学特性、传质传热特性，为进一步的研发工作打下坚实的理论基础。

重整生成油中含有少量烯烃，烯烃的存在影响产品的色度和稳定性，因此必须将其除去。国外普遍采用白土精制工艺来除去重整生成油中的烯烃，但此工艺存在一些弊端，如白土使用周期短、换料装卸比较麻烦、空速较低、装置处理能力低等。我国于 20 世纪 70 年代自行开发的重整生成油后加氢工艺虽具有流程简单、能耗低、无污染等优点，可是随着双（多）金属重整催化剂的逐步推广应用，重整操作苛刻度提高，此工艺将影响重整催化剂水-氯平衡，增加循环氢系统压降，而且若操作条件控制不当还会使重整生成油中的部分芳烃加氢饱和，造成芳烃损失。因此，开发性能优良的加氢催化剂和新型重整生成油后加氢工艺是非常有意义的。

石科院开发的磁稳定床重整生成油后加氢工艺与白土精制工艺相比[20]，具有无污染、空速高、催化剂装卸方便等优点，但其设备投资可能较高。磁稳定床工艺与采用 Mo-Co/Al_2O_3 催化剂及改性 Pt/Al_2O_3 催化剂的传统固定床后加氢工艺的比较见表 5.10。与传统固定床后加氢工艺相比，磁稳定床工艺具有反应温度低、反应压力低、空速高、氢油比低等优点。

表 5.10　磁稳定床工艺与传统固定床工艺的比较

比较项目	传统固定床工艺		磁稳定床工艺
催化剂	Mo-Co/Al_2O_3	改性 Pt/Al_2O_3	急冷合金
反应温度/℃	330	180	100
反应压力/MPa	1.61	2.0	1.0
空速/h^{-1}	4.5	4.0	20
氢油比(*V*/*V*)	1000	250	50
原料油溴价/(g Br/100 g)	0.7	2.1	2.0
加氢后油溴价/(g Br/100 g)	0.2	0.02	0.28

5.3　非晶态 Ni 与磁稳定床用于己内酰胺加氢精制的工业应用

2002 年，为结合中国石化石家庄化纤有限责任公司的扩能改造，在中国石油化工股份有限公司的支持下，石科院与中国石化石家庄化纤有限责任公司合作开展了磁稳定床用于 SNIA 己内酰胺加氢精制的开发研究。小试结果表明，磁稳定床用于 SNIA 己内酰胺加氢精制，加氢效果明显优于釜式工艺。在磁稳定床用于 SNIA 己内酰胺加氢精制小试研究、磁稳定床冷模研究、磁稳定床用于 HPO 己内酰胺加氢精制中试研究的基础上，2003 年中国石化在石家庄化纤有限责任公司建成设计能力为年处理纯己内酰胺 3.5 万 t 的磁稳定床 SNIA 己内酰胺加氢精制工业装置（这是世界上第一套工业化的磁稳定床工业生产装置）。工业试验结果表明，该装置运行可靠、开停车方便、加氢效率高、催化剂耗量低，经济效益显著，并且原设计处理能力 35 kt/a 的装置，在提高空速和提高磁场强度的条件下，实际处理能力可以达到 65 kt/a，大幅度地降低了装置的投资。同时还为该公司生产能力由每年 6.5 万 t 扩大到 16 万 t 奠定了加氢精制单元的技术基础。

5.3.1　液固两相磁稳定床流体力学特性研究

与气固磁稳定床相比，人们对于液固和气液固三相磁稳定床的研究比较少，并且前人的研究存在一些局限性：①固体粒子大多选用铁粒，而工业生产过程中使用的催化剂的铁磁性、密度、颗粒球形度等性质可能与铁粒有较大差别；②所选用的流化粒子也比较粗，而工业生产过程中使用的催化剂颗粒通常比较细，颗粒过粗就不能提供足够的活性表面，或由于内扩散的影响，不利于化学反应的进行；③研究所用的床径较小，可能壁面效应较大；④定性研究较多，定量研究较少。为了给气液固三相磁稳定床流体力学特性研究提供知识基础，同时给液固两相磁稳定床的操作和设计提供依据（如采用溶解氢的加氢过程），石科院在实验室内建立了一套磁稳定床冷模实验装置（图 5.11），以不同粒径的工业实用急冷合金催化剂为固相、水为液相，在 Φ140 mm 的磁稳定床中对液固磁稳定床的流体力学特性进行了研究。

1. 液速和磁场强度对床层结构及状态的影响

图 5.11　磁稳定床冷模实验装置

液速和磁场强度对磁稳定床的操作状态有明显影响。实验考察了不同外加磁场作用下，SRNA-4 催化剂随液速变化在床层中的流动情况，结果如图 5.12 所示。当液速较低时，固体颗粒的重力大于流体流动的曳力，床层颗粒静止，床层表现为固定床形式，而这种固定床不同于颗粒的简单堆积，床层高度比简单堆积时稍高，是一种较为疏松的固定床；当液速提高时，流体流动曳力增大，床层有较大膨胀，颗粒在自身重力、流体流动曳力和颗粒之间的磁力作用下沿磁力线方向（与流体流动同向）排成链状，床面上有许多伸出的链，床内有链的痕迹，但床层没有明显运动，床层上界面清晰、平稳，床层操作很稳定；流速继续提高，床层进一步膨胀，有很明显的链排列，床层显得很疏松，链有明显摆动且时断时续，颗粒振动比较剧烈，稳定床床层接近崩溃；流速再提高，曳力完全克服了重力和磁力，径向剪应力也趋近于零，颗粒完全流化，呈散粒状做自由运动，床层上界面不再清晰，部分细颗粒被液体带出。

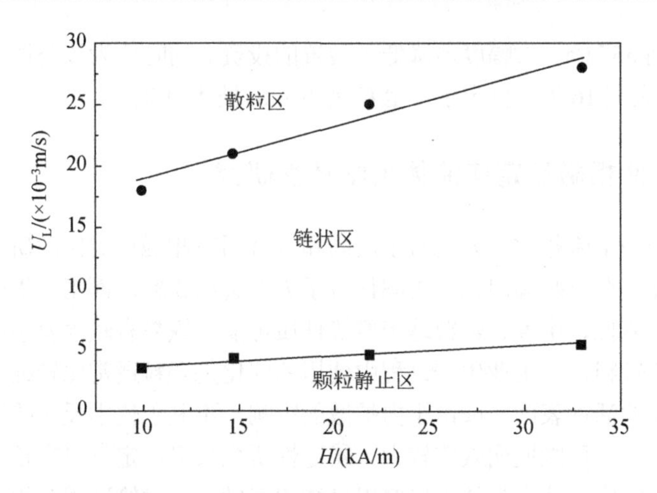

图 5.12　不同液速范围内的床层操作状态

随磁场强度由小到大变化，床层表现出三种形式：散粒状态、链式状态、磁聚状态。当磁场强度很小时，颗粒的磁化程度低，因此颗粒间的相互作用力小，颗粒都以单个粒子状态存在于床层中做自由运动［图 5.13（a）］，此时床层空隙率较大。当磁场强度提高到一定值时，床层形成链式床［图 5.13（b）］，此时颗粒二聚、三聚甚至多聚，沿磁力线方向排成链状，床层操作非常稳定，床内颗粒只有微弱运动，空隙率也较大。磁场强度继续提高，颗粒聚成团［图 5.13（c）］，床层空隙率比较小，液体形成沟流，床面不平稳。

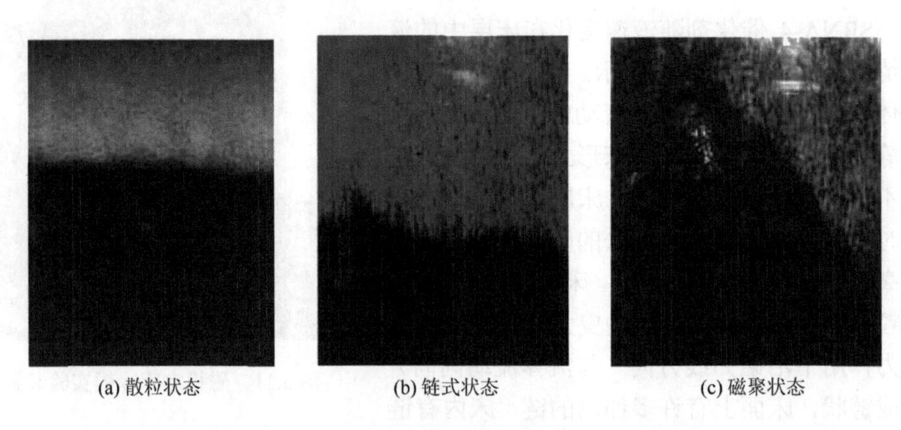

(a) 散粒状态　　(b) 链式状态　　(c) 磁聚状态

图 5.13　磁场强度对床层操作状态的影响

当磁稳定床反应器的操作处于散粒状态时，由于返混严重，反应转化率低，同时操作域窄，易造成颗粒流失。而在磁聚状态操作时容易形成沟流，不能使所有催化剂颗粒发挥作用。只有在链式状态下操作时，颗粒排成链状，链与链之间的空隙比较均匀，不易形成沟流，液固接触好，对反应有利。因此使床层保持链式状态是保证磁稳定床反应器高效操作的一个重要因素。

2. 床层动压降

图 5.14 为液固磁稳定床中床层动压降随液速的变化。由图可见，床层动压降先随液速增大而直线增加，而后则基本保持恒定。转折点处的液速称为最小流化速度。操作程序不同，流化曲线有所差异。按液速由小到大程序操作时，流态化曲线转折点处的液速低于相反顺序时流态化曲线转折点处的液速。实验发现，在一定范围内，磁场强度越大，流化曲线的斜率越小。

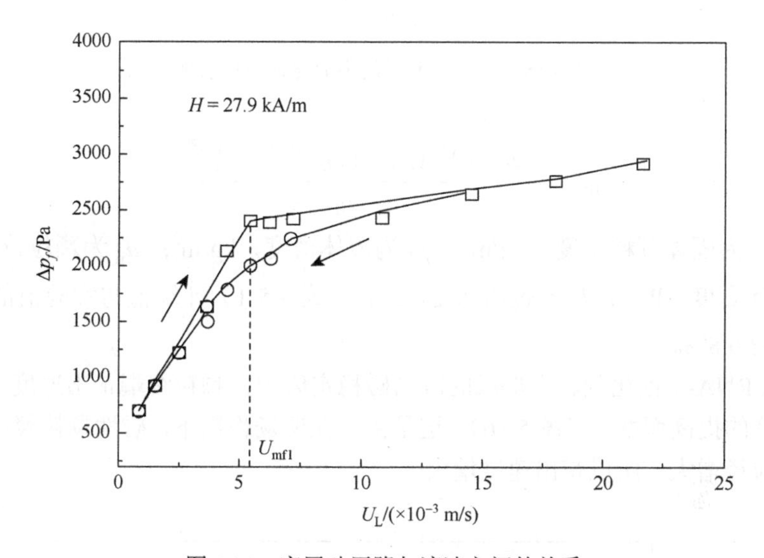

图 5.14　床层动压降与液速之间的关系

3. 最小流化速度和带出速度

研究发现，在液固磁稳定床中，最小流化速度随磁场强度的提高而增大。本书在以 SRNA-4 催化剂为固相的液固磁稳定床研究中，也得到了类似的规律，见图 5.15。

尽管在磁稳定床中，除床面粒子外，其余粒子在稳定状态下不受净磁力，在磁场作用下磁性颗粒二聚、三聚或多聚，颗粒聚集之后平均颗粒径增大，因此最小流化速度提高。

为了给液固磁稳定床的设计计算提供依据，通过理论分析找出最小流化速度与颗粒粒径及磁场强度之间的关系，然后用实验数据对其进行关联，得到以 SRNA-4 催化剂为固相的液固磁稳定床的最小流化速度（U_{mf1}）与颗粒粒径及磁场强度的关联式：

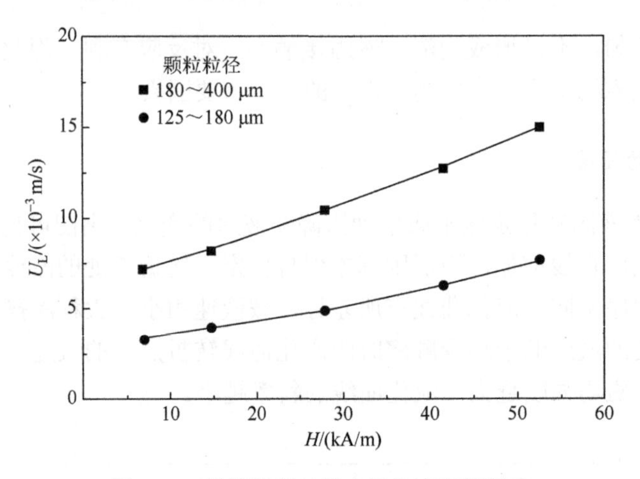

图 5.15　磁场强度对最小流化速度的影响

$$U_{mfl} = \frac{3.02 \times 10^{-7} (\rho_s - \rho_l) g d_p^{0.7882} e^{1.68^{\times 10^{-5} H}}}{\mu_l} \tag{5-1}$$

式中，ρ_s为固体颗粒密度，kg/m^3；ρ_l为液体密度，kg/m^3；d_p为颗粒粒径，m；μ_l为液体黏度，Pa·s；H为磁场强度，A/m。式（5-1）计算值与实验值的平均相对偏差为 6.8%。

在 SRNA-4 催化剂、水形成的液固磁稳定床中，颗粒终端带出速度（U_t）随磁场强度的提高而增大（图 5.16）。这是由于在磁场作用下，磁性颗粒聚集之后平均颗粒粒径增大，所以带出速度增大。

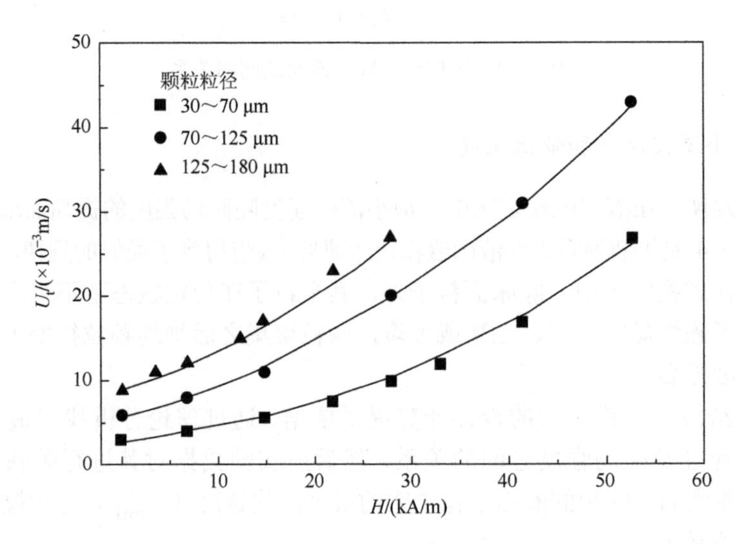

图 5.16　磁场强度对带出速度的影响

通过对磁性颗粒的受力分析，再用实验数据关联，得到了以 SRNA-4 催化剂为固相的液固磁稳定床的颗粒终端带出速度与颗粒粒径及磁场强度的关联式：

$$U_t = \frac{3.99\times10^{-6}(\rho_s - \rho_l)gd_p^{0.994}e^{4.14\times10^{-5}H}}{\mu_l} \quad (5\text{-}2)$$

式中，U_t 为带出速度，m/s。式（5-2）计算值与实验值的平均相对偏差为 6.7%。

4. 床层空隙率

床层空隙率是流化床的重要参数。在普通流化床中关于液速对床层空隙率的影响，多数研究者都接受 Richadson-Zaki（R–Z）方程。对以 SRNA-4 催化剂颗粒为固相的液固磁稳定床，也可用 R-Z 方程来表示其床层膨胀，用实验数据回归得到床层空隙率（ε）的计算式为

$$U_l / U_t = \varepsilon^n \quad (5\text{-}3)$$

$$n = 0.4109e^{3.18\times10^{-5}H} \quad (5\text{-}4)$$

式中，U_l 为液体表观流速，m/s。式（5-3）计算值与实验值的平均相对偏差为 13.8%。

实验测定了液固磁稳定床床层空隙率的轴向和径向变化，结果分别如图 5.17 和图 5.18 所示。床层上部空隙率比下部稍大，但变化很小，说明轴向床层空隙率分布是均匀的。床层空隙率径向分布也是比较均匀的，但管中心部位空隙率稍大。这是由管中心处的流速比管壁附近高、管中心处的磁场强度比管壁附近低所造成的。

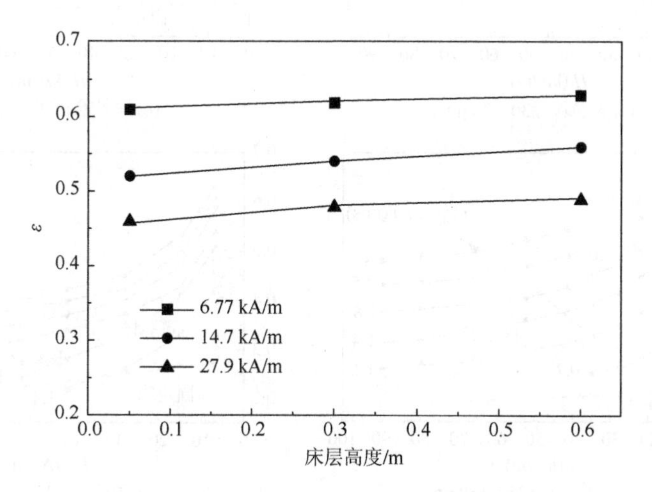

图 5.17　液固磁稳定床床层空隙率轴向分布

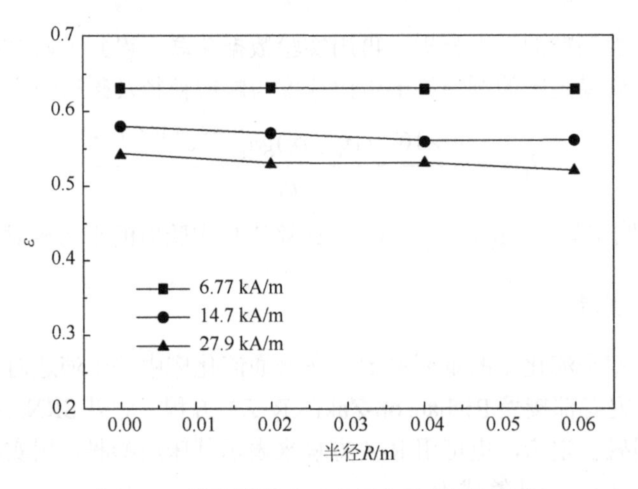

图 5.18　液固磁稳定床床层空隙率径向分布

5. 液固磁稳定床操作相图

图 5.19 是由急冷合金催化剂颗粒和水形成的液固两相磁稳定床的操作相图。

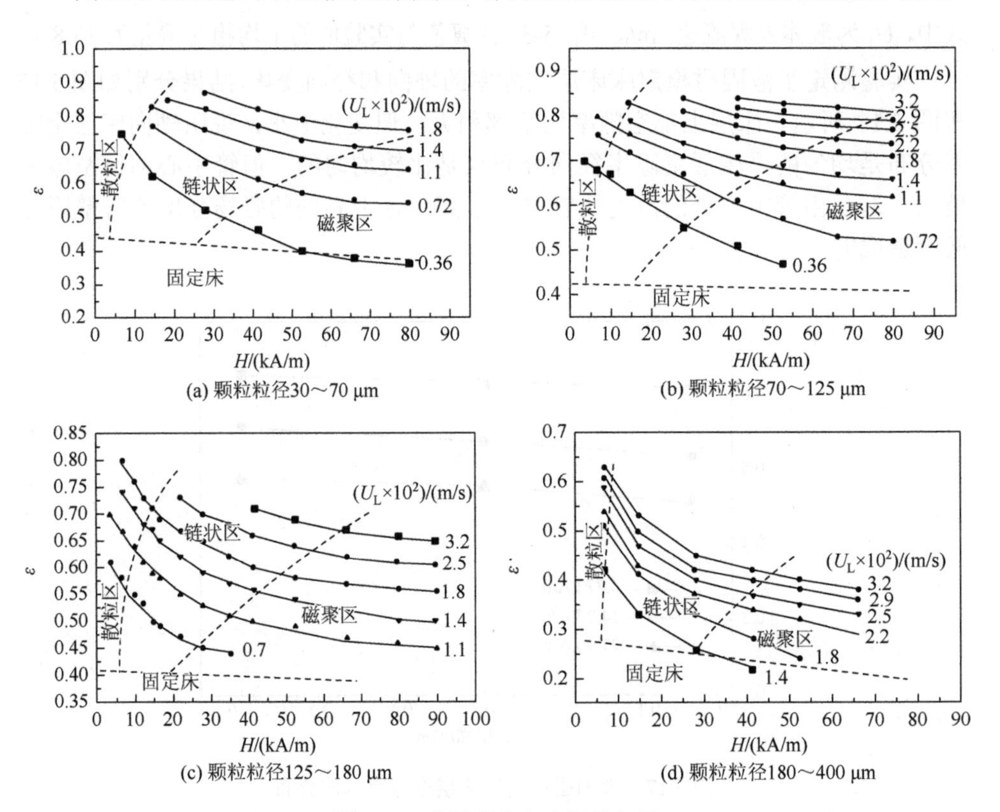

图 5.19　液固磁稳定床操作相图

由图可见，在液固磁稳定床中，当液速较小时（低于最小流化速度），床层为固定床，此时床层空隙率较小。当液速大于最小流化速度后，随磁场强度变化，床层分为三区，散粒区、链状区和磁聚区：在散粒区和链状区，床层空隙率随磁场强度增大而大幅度降低；在磁聚区，床层空隙率随磁场强度增大而缓慢降低。当液速较小时，床层空隙率随磁场强度增大而降低的幅度较大。当液速较大时，床层空隙率随磁场强度增大而降低的幅度较小。前已述及，对化学反应有利的操作区间为链状区，所以在磁稳定床的操作中对不同粒径的催化剂应控制液速和磁场强度，使床层操作处于链状区。

综上所述，为指导工业反应器的开发，石科院系统研究了以工业实用催化剂为固相的液固磁稳定床的操作行为。主要认识包括：①液速小于最小流化速度时，床层动压降随液速增加而线性增大；当液速大于最小流化速度时，床层动压降变化不大，约等于单位截面积上的固体重量。②最小流化速度和颗粒带出速度均随磁场强度增大而增大。获得了最小流化速度与颗粒粒径、磁场强度、颗粒和液体物性之间，颗粒带出速度与颗粒粒径、磁场强度、颗粒和液体物性之间，床层空隙率与液速、颗粒带出速度和磁场强度之间的定量关系。③随磁场强度由低增高，床层结构依次为散粒状态、链式状态和磁聚状态。散粒状态与链式状态间的临界磁场强度以及链式状态和磁聚状态间的临界磁场强度可根据由曳力与磁力之比而推导出的数据的大小来确定。利用这些科学认识，他们对工业反应器进行了放大研究。

5.3.2　磁稳定床用于 SNIA 己内酰胺加氢精制小试研究

1992 年，石科院研究人员开展了以非晶态合金催化剂为固相的气液固三相磁稳定床的基础研究，探索研究了气液固三相磁稳定床反应器在石油化工的加氢领域中应用的可行性。1999 年，在气液固三相磁稳定床中，对己内酰胺加氢精制进行了小试探索。

磁稳定床中己内酰胺加氢精制试验流程如图 5.20 所示，主要包括原料供给、预热、反应、冷却和气液分离等部分。磁稳定床反应器由反应管、分布器和外加线圈组成，反应管为 Φ25 mm×5 mm 的 1Cr18Ni9Ti 不锈钢管，长度为 500 mm；分布器由 200 目的不锈钢丝网和无纺布制成；外加的 6 个线圈都是用 1 mm×3 mm 的扁平铜线均匀绕制而成的，每个线圈的匝数为 370 匝，线圈内径 55 mm，外径 165 mm，厚度 35 mm。

试验采用急冷法制备的大比表面积镍系非晶态合金（SRNA-4）为加氢催化剂，所用 SRNA-4 催化剂的粒径为 30～70 μm。试验所用原料为中国石化石家庄化纤有限责任公司 30%（质量分数）己内酰胺水溶液。己内酰胺水溶液的加氢效果用

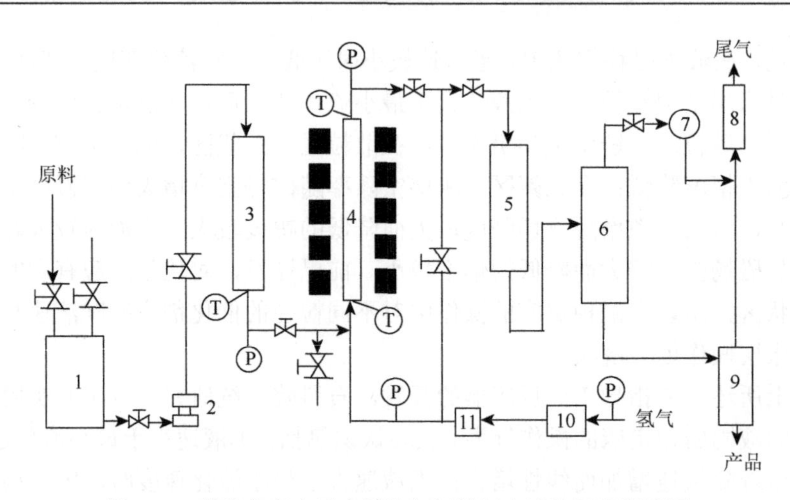

图 5.20　磁稳定床中己内酰胺加氢精制小试装置流程简图

1. 原料罐；2. 进料泵；3. 预热器；4. 反应器；5. 冷却器；6. 气液分离器；7. 背压阀；8. 转子流量计；9. 产品罐；10. 质量流量计；11. 单向阀；P. 压力检测；T. 温度检测

溶液的 RIC 值来评价，RIC 值越高，表明己内酰胺水溶液中不饱和物的含量越高。

在气液固三相磁稳定床反应器中对两种原料进行了加氢精制试验，原料 1：中国石化石家庄化纤有限责任公司 30%己内酰胺水溶液，原料 2：中国石化石家庄化纤有限责任公司 30%己内酰胺水溶液经连续搅拌釜式反应器（CSTR）加氢后的物料。反应条件为温度 90℃，压力 0.7 MPa，空速 20～30 h^{-1}，氢液体积比 5.0，磁场强度 24 kA/m。试验结果见表 5.11。小试结果表明，该公司 30%己内酰胺水溶液，CSTR 未加氢的原料，经磁稳定床加氢后 RIC 值可以降低 37%；CSTR 加氢后的原料，经磁稳定床再加氢后 RIC 值可以再降低 25%。

表 5.11　磁稳定床加氢小试试验结果

原料	RIC 值		
	初始进料	空速 20 h^{-1}	空速 30 h^{-1}
原料 1	12.96	8.16	8.68
	13.73	7.08	8.46
原料 2	11.45	8.61	8.89
	9.98	4.18	6.22

5.3.3　己内酰胺加氢精制磁稳定床反应器模拟

建立数学模型对反应器进行模拟，是新型反应器放大过程中的重要环节。尽管国内外学者对气固流化床进行适当地简化后提出了众多的气固流化床数学模型，但由于磁稳定床既不同于固定床又有别于普通流化床，有其独特的复杂性，人们对磁稳定床数学模型的研究还很少。石科院研究人员等建立了重整生成油后加氢、己内酰胺加氢精制的气液固三相磁稳定床反应器的简单数学模型，并用实验室数据回归出了模型参数。这些模型都相对比较简单，是在磁场强度固定的条件下建立的，模型中未考虑磁场强度的影响，且文献中未见有关气固和液固磁稳定床反应器数学模型的研究报道。

石科院研究人员根据液固磁稳定床中己内酰胺加氢精制过程的特性，在液固磁稳定床冷模研究和己内酰胺加氢精制动力学研究的基础上，建立了液固磁稳定床反应器数学模型，对己内酰胺加氢精制的液固磁稳定床反应器进行了模拟计算，并用中试试验数据对模拟结果进行了验证。

1. 液固磁稳定床数学模型的建立

采用溶解氢的液固磁稳定床己内酰胺加氢精制过程，是多种不饱和化合物参与的液固两相反应过程，其反应和流动过程是比较复杂的。根据磁稳定床的特点，并结合该过程的某些特性，可作如下假定：

（1）操作处于稳态；

（2）反应仅在被液体包围的催化剂粒子表面发生；

（3）尽管加氢过程是放热反应，由于反应量很少，放热量很小，可认为反应器是等温反应器，在反应器中无轴向和径向温度梯度；

（4）由于磁稳定床己内酰胺加氢精制过程在高空速下操作，可忽略液相径向扩散，认为径向无浓度梯度；

（5）催化剂粒子全部润湿；

（6）反应体系中无冷凝和蒸发。

在液固磁稳定床中，液相与无磁场常规流化床中类似，对液相可考虑轴向扩散。对于轴向扩散液相中的反应物，其物料平衡服从式（5-5）：

$$\varepsilon_1 E_{zl}\frac{\mathrm{d}^2 C}{\mathrm{d}Z^2}-U_1\frac{\mathrm{d}C}{\mathrm{d}Z}-K_s a_p \varepsilon_s (C_1-C_s)=0 \tag{5-5}$$

式中，a_p 为单位体积固体颗粒的表面积，m^2/m^3；C 为反应物浓度，$kmol/m^3$；C_l 为液相反应物浓度，$kmol/m^3$；C_s 为颗粒表面的反应物浓度，$kmol/m^3$；E_{zl} 为液相轴向扩散系数，m^2/s；K_s 为液固传质系数；U_l 为液体表观流速，m/s；Z 为床层轴向距离，m；ε_s 为床层固含率；ε_l 为床层空隙率。

固体催化剂表面的反应物浓度将有赖于固体的混合。在磁稳定床中，磁性颗粒在外加磁场作用下磁化后相互吸引，颗粒二聚、三聚或多聚，颗粒的表观粒径增大。在液固磁稳定床流体力学研究中观察到，由于磁场强度在径向存在梯度，床层中心磁场强度较低，颗粒聚集程度小，加上床中心液速高，因此颗粒随液体一起向上移动；而床壁处磁场强度较高，液速较低，颗粒沿床壁向下移动，但颗粒的移动速度较慢。由于液固磁稳定床中己内酰胺加氢精制是在高空速下操作的，固体混合时间（达到床中固体完全混合所需的时间）较长。固体混合对反应转化率的影响取决于固体混合时间与反应速率的关系。当反应速率远大于固体混合速率时，在发生任何明显的固体运动之前就会反应，且反应速率与固体无混合时的反应速率相同。当反应速率相对于固体混合速率来说很低，则在发生明显的反应之前就会发生固体的完全混合。因此，在普通流化床分析中，一般采用固体完全混合和固体无混合两种极限情况。在液固磁稳定床己内酰胺加氢精制中，由于固体混合时间较长，而反应速率较快，可按固体无混合的情况来处理。

$$\varepsilon_1 E_{zl}\frac{d^2C}{dZ^2}-U_1\frac{dC}{dZ}+(1-\varepsilon_1)r=0 \tag{5-6}$$

边界条件为

$$Z=0,\quad \varepsilon_1 E_{zl}\frac{dC}{dZ}+U_1C_0=U_1C \tag{5-7}$$

$$Z=h,\quad \frac{dC}{dZ}=0 \tag{5-8}$$

式中，C_0为不饱和物起始浓度，kmol/m^3；h为床层高度，m；r为反应速率，kmol/(s·m^3)。

式（5-6）中涉及床层空隙率，这是流化床的重要参数。对于在普通流化床中液速对床层空隙率的影响，多数研究者都接受R-Z方程[45]。文献中有关磁稳定床中床层空隙率的研究报道比较少。对含有磁粉的聚丙烯酰胺凝胶颗粒为固相的液固磁稳定床的研究表明，在磁场作用下的床层空隙率与表观液速的关系曲线形状与无磁场下相同，认为在均匀磁场作用下，液固床膨胀特性仍遵从R-Z方程，同时U_t与n均随磁感应强度（B）的增大而增大：

$$U_t=12.7e^{0.0207B} \tag{5-9}$$

$$n=2089\,e^{0.0109B} \tag{5-10}$$

但其关联式中未表示出颗粒粒径对床层膨胀的影响。

马兴华等[46]对以钢珠为固相的液固磁稳定床研究中认为，在液速不变时，散粒区的床层空隙率（ε_p）和磁聚区的床层空隙率（ε_m）不随磁场强度变化，得到链状区的床层空隙率与磁场强度的关系为

$$\frac{\varepsilon-\varepsilon_m}{\varepsilon_p-\varepsilon_m}=\exp\left[-\left(\frac{H}{H_0}\right)^s\right] \tag{5-11}$$

式中，H_0为系统特征磁场强度，A/m。

多文礼、郭慕孙通过因次分析，将液固磁稳定床的床层空隙率表示为

$$\varepsilon = k\left[\frac{\mu_{\mathrm{m}}(H_0^2 + H^2)}{\rho_1 U^2}\right]^b Re^{\alpha} Ar^{\beta} \tag{5-12}$$

式中，k 为常数；μ_{m} 为黏度；U 为液体流速；Re 为雷诺数；Ar 为阿基米德数，表示物性参数的影响。

$$Ar = \frac{d_{\mathrm{p}}^3 \rho_1(\rho_{\mathrm{s}} - \rho_1)g}{\mu_1^2} \tag{5-13}$$

石科院研究人员在内径140 mm的冷模装置中研究了以SRNA-4催化剂颗粒为固相的液固磁稳定床中床层空隙率随磁场强度、液速及颗粒粒径的变化。研究表明，床层空隙率随磁场强度的增大而降低，随液速的增大而增大，随颗粒粒径的增大而降低。并用 R-Z 方程来表示液固磁稳定床的床层膨胀，用实验数据回归出了模型参数，得到以 SRNA-4 催化剂颗粒为固相的液固磁稳定床的床层空隙率的计算式为

$$U_1 / U_{\mathrm{t}} = \varepsilon_1^n$$

$$n = 0.4109\mathrm{e}^{3.18\times10^{-5} H}$$

$$U_{\mathrm{t}} = \frac{3.99\times10^{-6}(\rho_{\mathrm{s}} - \rho_1)g d_{\mathrm{p}}^{0.994}\mathrm{e}^{4.14\times10^{-5} H}}{\mu_1}$$

式中，d_{p} 为颗粒粒径，m；H 为磁场强度，A/m；U_1 为液体表观流速，m/s；U_{t} 为带出速度，m/s；μ_1 为液体黏度，Pa·s；ρ_1 为液体密度，kg/m^3；ρ_{s} 为固体颗粒密度，kg/m^3。

以上三个公式即分别为前面提到的式（5-3）、式（5-4）和式（5-2），在液固磁稳定床己内酰胺加氢精制模拟中用式（5-3）来计算床层空隙率。

文献中有一些关于磁稳定床中液相轴向扩散的研究，但轴向扩散系数计算的数学模型很少。前人的研究表明，磁稳定床中液相轴向扩散系数比普通流化床低，轴向扩散系数随液速的增加而增大，随磁场强度的增加而降低。Chen 等[47]以粒径 177～210 μm 的镍粒为固相，关联出磁稳定床中液相轴向扩散系数的计算模型为

$$E_{\mathrm{zl}} = 3.836\times10^{-2} U_1^{1.03}\mathrm{e}^{-2.9\times10^{-5}} \tag{5-14}$$

式（5-6）中，液固磁稳定床的液相轴向扩散系数可用式（5-14）来计算。

式（5-6）中，己内酰胺加氢精制的反应速率可用磁稳定床条件下的宏观动力学模型来计算。

如前所述，由于己内酰胺水溶液中杂质量较少，一般用 PM 值来表示己内酰胺水溶液中的杂质量。在本节的模拟中，先将原料的 PM 值换算为杂质浓度，计算后再将计算结果换算为 PM 值，模拟结果用己内酰胺水溶液的 PM 值来表示。

2. 计算方法及物性数据

上述建立的液固磁稳定床反应器模型用 Range-Kutta 法来进行计算。

模拟计算中，固体催化剂为镍系非晶态合金（SRNA-4），其密度 ρ_s 为 2500 kg/m^3，催化剂颗粒粒径 d_p 为 70～125 μm，平均粒径 100 μm。

模拟计算中，液相为 30%己内酰胺水溶液，其密度和黏度在模拟的温度范围内变化较小，可取其平均值。30%己内酰胺水溶液的密度 ρ_l 为 1005 kg/m^3，黏度 μ_l 为 1×10^{-3} Pa·s。

3. 模拟结果

用上述液固磁稳定床反应器数学模型，对纯己内酰胺处理能力为 6000 t/a 的己内酰胺水溶液加氢精制中试液固磁稳定床反应器进行了模拟，并与试验结果进行了比较，以验证模型的可靠性。另外，还对纯己内酰胺处理能力为 70 kt/a 的工业磁稳定床反应器进行了模拟计算，以期为工业磁稳定床反应器的设计提供依据。

1）中试反应器模拟结果

中试液固磁稳定床反应器的内径为 300 mm，催化剂装入量为 100 kg。催化剂静止时的高度为 0.7 m，不同磁场强度和不同液速下的床层膨胀后的高度如图 5.21 所示。

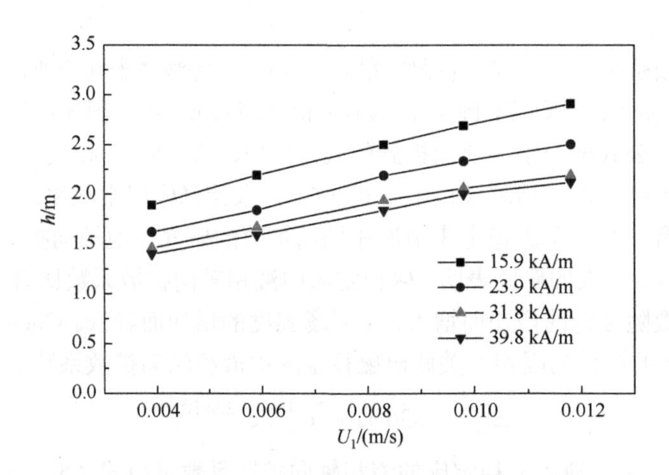

图 5.21　不同磁场强度下床层高度（h）随液速的变化

从中试试验结果得知，对加氢后己内酰胺水溶液 PM 值影响最大的操作条件是温度。不同温度下加氢后己内酰胺水溶液 PM 值的模拟结果与试验值的比较如图 5.22 所示。己内酰胺水溶液 PM 值随床层高度变化的模拟结果与试验值的比较如图 5.23 所示。

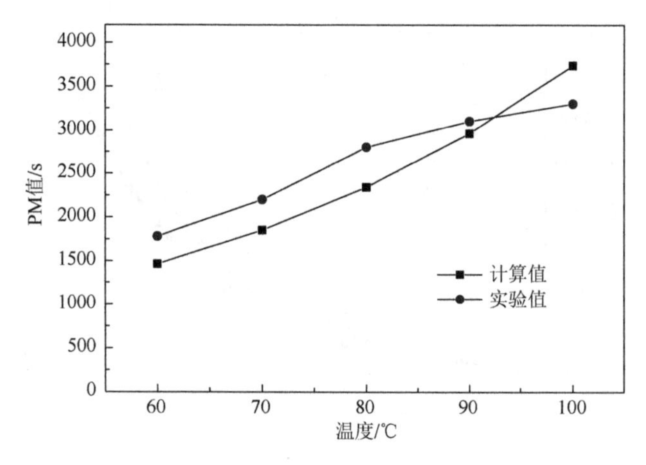

图5.22　不同温度下加氢后己内酰胺水溶液PM值

压力0.7 MPa，空速30 h^{-1}，磁场强度23.8 kA/m，原料PM值50 s

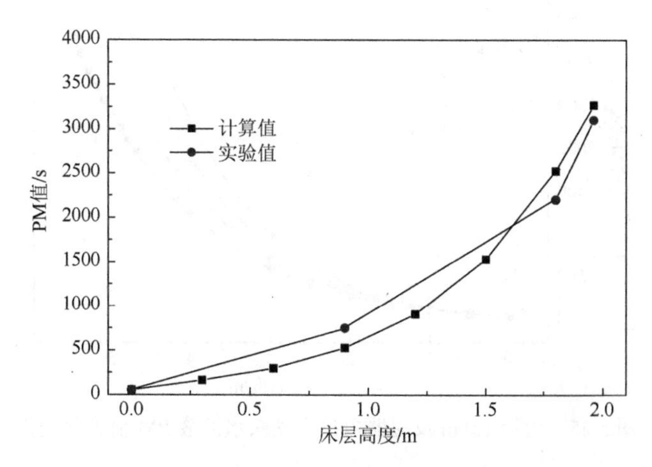

图5.23　己内酰胺水溶液PM值随床层高度的变化

温度90℃，压力0.7 MPa，空速30 h^{-1}，磁场强度23.8 kA/m，原料PM值50 s

由图5.22和图5.23可见，不同温度下加氢后己内酰胺水溶液PM值的模拟结果与中试试验结果基本吻合，平均相对偏差为13.2%；己内酰胺水溶液PM值随床层高度变化的模拟结果与试验值也比较接近。这说明所建立的模型可用于己内酰胺加氢精制液固磁稳定床反应器模拟。

2）70 kt/a工业反应器模拟结果

对70 kt/a的工业反应器，30%己内酰胺水溶液的进料量为30 m^3/h，原料PM值55 s。模拟计算了不同直径的反应器中己内酰胺水溶液PM值的轴向变化，结果如图5.24～图5.26所示。反应条件为压力0.7 MPa，磁场强度为23.8 kA/m。

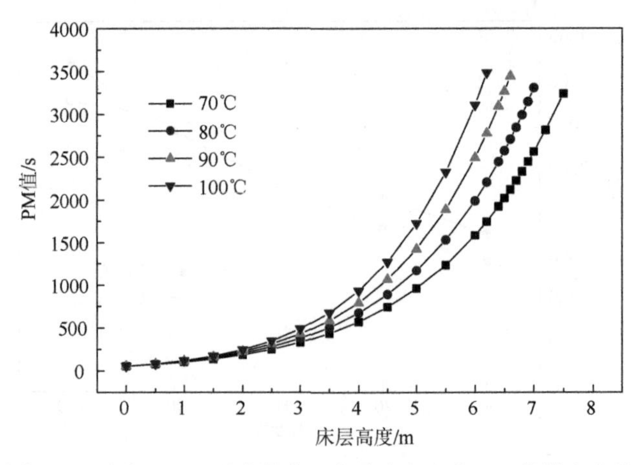

图 5.24　内径 0.9 m 反应器内己内酰胺水溶液 PM 值轴向变化

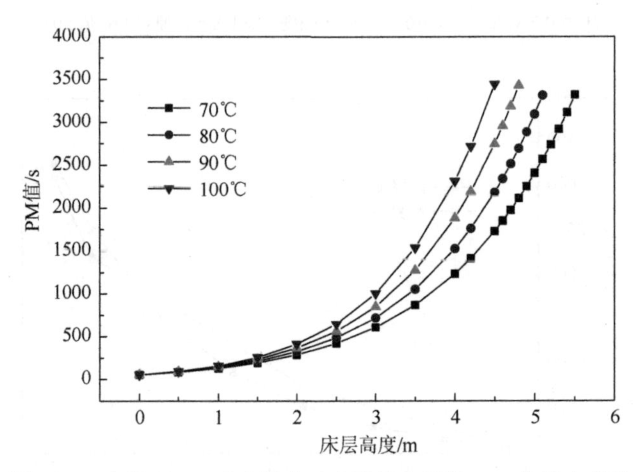

图 5.25　内径 1.0 m 反应器内己内酰胺水溶液 PM 值轴向变化

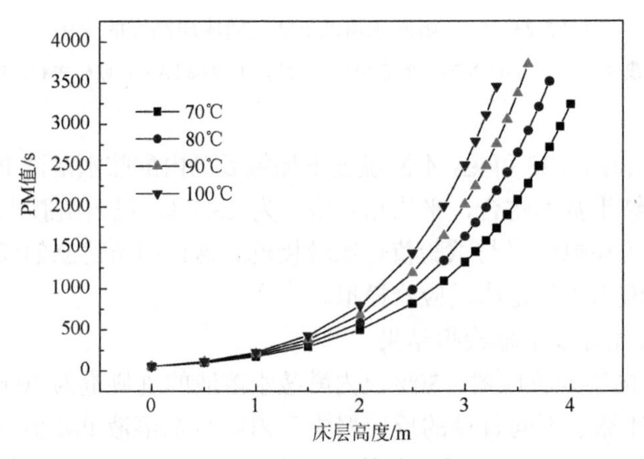

图 5.26　内径 1.1 m 反应器内己内酰胺水溶液 PM 值轴向变化

模拟结果表明，当磁稳定床反应器内径为 0.9 m，反应器内液相表观流速 0.0131 m/s，催化剂装填量 2000 kg，静床层高度 1.7 m，磁场强度 23.8 kA/m 时，床层膨胀率为 3.8，床层高度 6.5 m，空速 30 h^{-1}，压力 0.7 MPa，反应温度 90℃，加氢后己内酰胺水溶液的 PM 值可达 3000 s。当磁稳定床反应器内径为 1.0 m，反应器内液相表观流速 0.0106 m/s，催化剂装填量 2000 kg，静床层高度 1.27 m，磁场强度 23.8 kA/m 时，床层膨胀率为 3.4，床层高度 4.3 m，空速 30 h^{-1}，压力 0.7 MPa，反应温度 90℃，加氢后己内酰胺水溶液的 PM 值可达 3000s。当磁稳定床反应器内径为 1.1 m，反应器内液相表观流速 0.0088 m/s，催化剂装填量 2000 kg，静床层高度 1.05 m，磁场强度 23.8 kA/m 时，床层膨胀率为 3.0，床层高度 3.15 m，空速 30 h^{-1}，压力 0.7 MPa，反应温度 90℃，加氢后己内酰胺水溶液的 PM 值可达 3000s。选择反应器内径为 0.9～1.0 m 是比较适宜的。

5.3.4　磁稳定床上己内酰胺加氢精制宏观动力学研究

建立磁稳定床反应器数学模型并对磁稳定床己内酰胺加氢精制进行模拟计算，对磁稳定床反应器的放大具有指导作用。反应器数学模型涉及反应动力学方程，然而有关非晶态合金催化剂用于己内酰胺水溶液加氢的动力学研究未见报道。为了给己内酰胺加氢精制反应器的设计、优化及模拟计算提供依据，石科院研究人员以环己酮为模型化合物，在磁稳定床中试装置中对磁稳定条件下己内酰胺加氢精制的宏观动力学进行了研究。

中试磁稳定床反应器内径为 300 mm，高为 4 m，反应器外有 6 个线圈，线圈内径 500 mm。试验流程为，己内酰胺水溶液预热后在静态混合器中与氢气混合，然后含有溶解氢的己内酰胺水溶液从底部进入磁稳定床反应器，经分布器均匀分布后与非晶态合金接触进行加氢反应。磁稳定床反应器中沿轴向设有 5 个取样口，以取样分析不同点的加氢效果。

在磁稳定床反应器中装催化剂 100 kg，催化剂连续使用 200 h 后，当催化剂活性稳定后开始进行宏观动力学试验。试验选取 6 个温度水平，即 60℃、70℃、80℃、90℃、100℃、110℃，每个温度下再做 3～5 个压力水平，表压范围在 0.1～1.1 MPa，磁场强度的变化范围为 15.9～39.8 kA/m。根据进料量计算出物料在相邻取样点之间的停留时间，用相邻取样点之间反应物质的变化量除以停留时间和该段催化剂的体积得到该点浓度条件下的平均反应速率，然后将各点的反应速率对浓度作图，并外推到反应进口的浓度，得到该试验点的反应速率。

1. 反应条件对反应速率的影响

反应物浓度对反应速率的影响如图 5.27 所示。由图可见，反应速率与反应物浓度近似于直线关系，说明对于反应物的反应级数近似于一级。

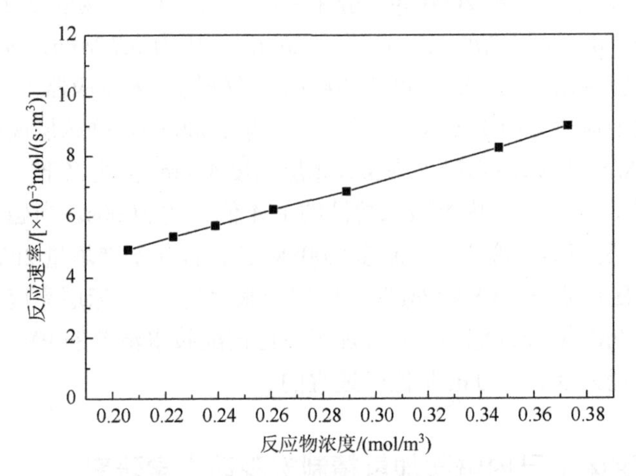

图 5.27　反应物浓度对反应速率的影响

温度 90℃，压力 0.7 MPa，空速 30 h^{-1}，磁场强度 23.88 kA/m

温度对反应速率的影响如图 5.28 所示。由图可见，提高反应温度，反应速率加快；在温度较低的情况下，反应速率随温度的变化而有比较大的变化，而温度大于 90℃时，温度对反应速率的影响比较小。

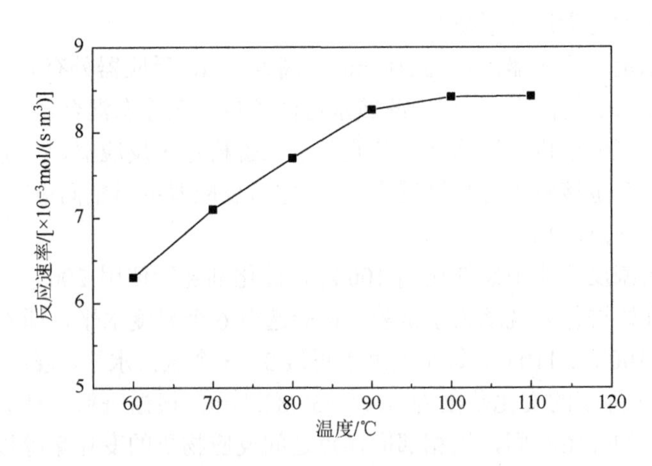

图 5.28　温度对反应速率的影响

压力 0.7 MPa，空速 30 h^{-1}，磁场强度 23.88 kA/m

压力对反应速率的影响如图 5.29 所示。由图可见，提高压力，反应速率加快，但压力对反应速率的影响比较小。而在己内酰胺加氢精制本征动力学研究中压力对反应速率的影响却比较大。这是由于在己内酰胺加氢精制本征动力学研究中采用的是气液固三相搅拌釜反应器，压力影响氢气在己内酰胺水溶液中的溶解度，所以压力对反应速率影响比较大。而在磁稳定条件下的宏观动力学研究中采用的是液固磁稳定床反应器，在进反应器之前，氢气已在高于反应压力的条件下溶解于己内酰胺水溶液中，所以压力的影响比较小。

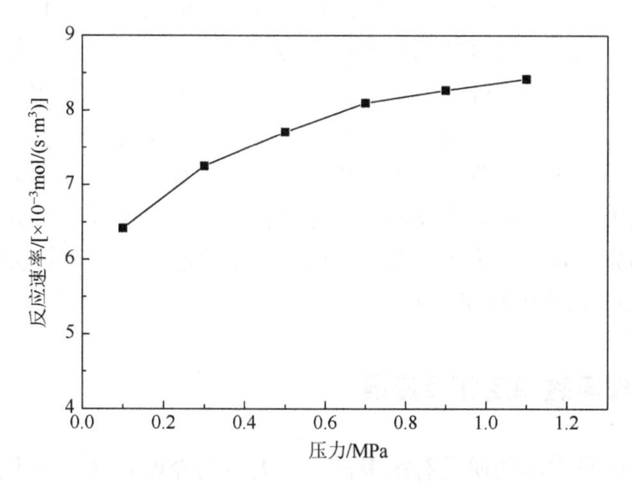

图 5.29　压力对反应速率的影响

温度 90℃，空速 30 h^{-1}，磁场强度 23.88 kA/m

空速影响反应物在反应床层中的停留时间和床层空隙率，而磁场强度对床层状态和床层空隙率均有影响。在磁稳定床条件下己内酰胺宏观动力学研究中，磁场强度的变化范围为 15.9～39.8 kA/m，在该磁场强度范围内床层呈链式状态，磁场强度变化仅影响床层空隙率，即影响单位床层体积中的催化剂体积。由于反应速率用单位时间、单位催化剂体积下反应掉的反应物的摩尔数来表示，所以当磁场强度变化时，床层空隙率变化，对反应速率有一定影响。试验结果表明，在该研究的磁场强度范围内，磁场强度对反应速率影响不大。

2. 宏观动力学模型

磁稳定条件下己内酰胺水溶液加氢精制的宏观动力学可用幂指数方程来表示，即式（5-15）。

$$-r = A\exp(-E_a/RT)C_A^{c_1}p_{H_2}^{c_2} \tag{5-15}$$

式中，r 为反应速率，kmol/(s·m^3)；A 为指前因子；E_a 为总体反应的表观活化能，J/mol；R 为摩尔气体常量，8.314J/(mol·K)；T 为温度，K；C_A 为不饱和杂质浓度，kmol/m^3；c_1 为对不饱和杂质的反应级数；c_2 为对氢气分压的反应级数；p_{H_2} 为氢气分压，MPa。

氢气在己内酰胺水溶液中的溶解度试验测定结果表明，氢气的溶解度与氢气分压成正比，所以液相中的氢气浓度用氢气分压来表示。用最小二乘法对试验数据进行回归得到宏观动力学方程的模型参数：

$$A = 0.8002，E_a = 7506\ \text{J/mol}，c_1 = 1.107，c_2 = 0.1123$$

模型计算值与试验值的平均相对误差为8.6%。

磁稳定条件下宏观动力学方程中的指前因子、活化能、对不饱和杂质的反应级数和对氢气分压的反应级数均比本征动力学方程小，这是因为宏观动力学试验中存在内扩散影响。在本征动力学研究中，所用催化剂粒径为 30 μm，而宏观动力学研究中所用催化剂粒径为70～125 μm，因此宏观动力学试验中存在内扩散影响。在本征动力学研究中为气液固三相，氢气分压对氢气在己内酰胺水溶液中的溶解度影响较大，所以压力对反应速率影响较大。而在宏观动力学研究中为液固两相，氢气预先在较高压力下溶解在己内酰胺水溶液中，以溶解氢的形态存在，所以反应压力对反应速率影响较小。

5.3.5　工业规模磁稳定床反应器

虽然针对磁稳定床的研究有很多，但是大多为冷模研究，反应器多为实验室小型反应器。因此，工业大型反应器的科学设计和放大所需的数据和数学模型还需大量的工作积累。

均匀磁场放大是磁稳定床工业化研究的重要内容，沿管轴向的均匀稳定磁场可通过两种方式来提供：一种是通过亥姆霍兹线圈来提供；另一种是通过密绕载流螺线管来提供。亥姆霍兹线圈是半径相等、匝数相同、通有相等同向电流、共轴且间距等于半径的一对线圈，两线圈之间的磁场是每个线圈产生磁场的叠加。螺线管是绕在圆柱面上的螺线形线圈，对于密绕螺线管，可以忽略绕线之间的螺距，把它看成是一系列圆线圈紧密并排组成的。图 5.30 为磁稳定床反应器结构简图。磁稳定床反应器包括筒体、分布板、线圈、内构件和催化剂床层等部分。筒体必须由透磁性不锈钢制成；分布板保证气液介质均匀分布同时在其上部形成催化剂床层；线圈通直流电后提供均匀稳定磁场；内构件保证反应器内部磁场和催化剂分布均匀；催化剂为非晶态合金催化剂。操作时气液介质由下部进入，催化剂颗粒沿磁力线排成链式分布，化学反应便在其中进行。图 5.31 为工业磁稳定床中磁场强度分布示意图。当电流强度为 15 A、六个线圈按间距 260 mm 安装时，各点磁场强度的平均值为 32.9 kA/m，磁场最强或最弱点的磁场强度与平均值的最大相对偏差为 5.7%。

图 5.32 为内径 Φ1100 mm 线圈按间距 260 mm 安装形成的线圈组中，每个线圈中间位置处在不同电流强度下的磁场强度径向分布情况。由图可见，沿径向磁

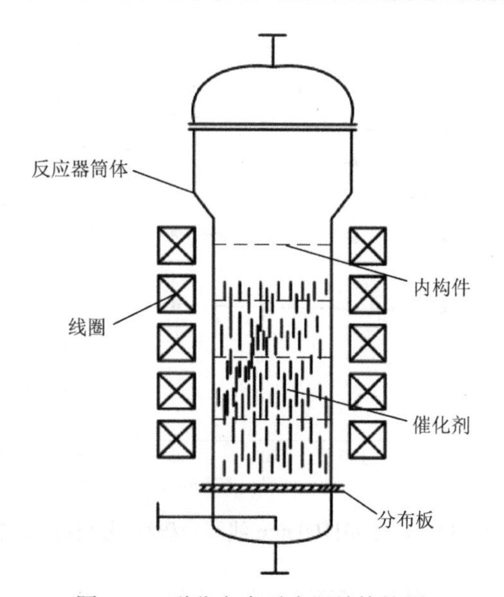

图 5.30　磁稳定床反应器结构简图

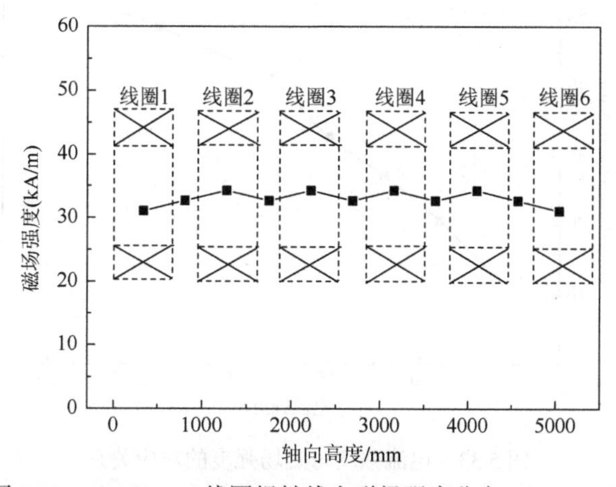

图 5.31　Φ1100 mm 线圈组轴线上磁场强度分布（$I = 15$ A）

场强度逐渐增强，即线圈中心磁场最弱，线圈内壁磁场最强，线圈中心的磁场强度与线圈内壁处磁场强度的最大相对偏差均小于 15%。

图 5.33 是磁场强度随电流强度的变化情况，增大电流，磁场强度增大，磁场强度与电流之间接近直线关系。图 5.34 是单个线圈功率与磁场强度的对应关系，当磁场强度超过 40 kA/m 时，则线圈功率急剧增大。在设计中，对于处理能力为 3.5 万 t/a 的装置，己内酰胺水溶液进料量为 15 m^3/h，磁场强度为 27.1 kA/m 时，床层可以稳定操作，单个线圈的功率为 1.2 kW，6 个线圈的总功率为 7.2 kW，说明磁稳定床的电耗并不高。

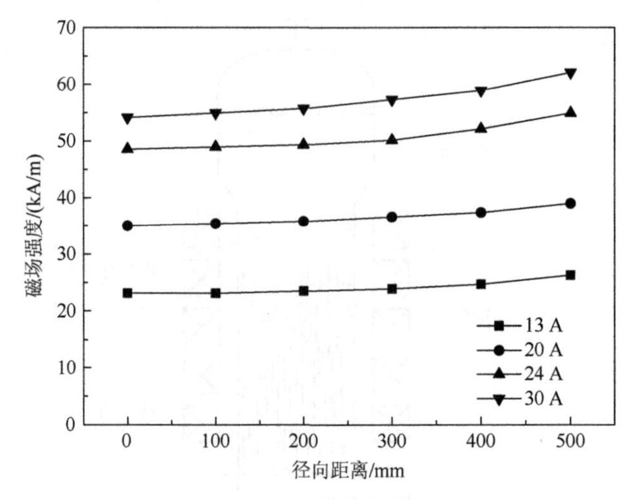

图 5.32　内径 Φ1100 mm 线圈内磁场强度径向分布

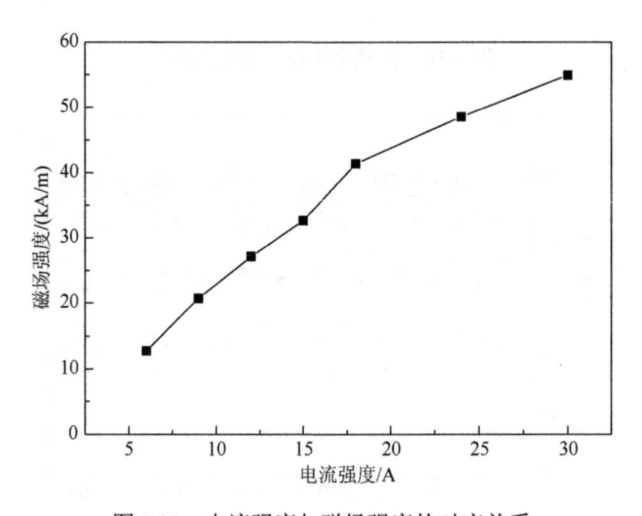

图 5.33　电流强度与磁场强度的对应关系

在线圈使用过程中，线圈发热而使线圈温度升高，温度升高后，线圈材质的电阻率增大，线圈的电阻增大，当电压恒定时，电流强度降低，导致磁场强度降低。在中国石化石家庄化纤有限责任公司磁稳定床工业试验研究中，所用的线圈采用循环水冷却，冷却水入口温度 25℃，当电流低于 27 A 时，冷却水出口温度低于 40℃，线圈可以长期安全稳定运行。

5.3.6　HPO 己内酰胺加氢精制中试研究

2001 年，在上述研究基础上，石科院与巴陵石化合作建立了 1 套处理纯己内

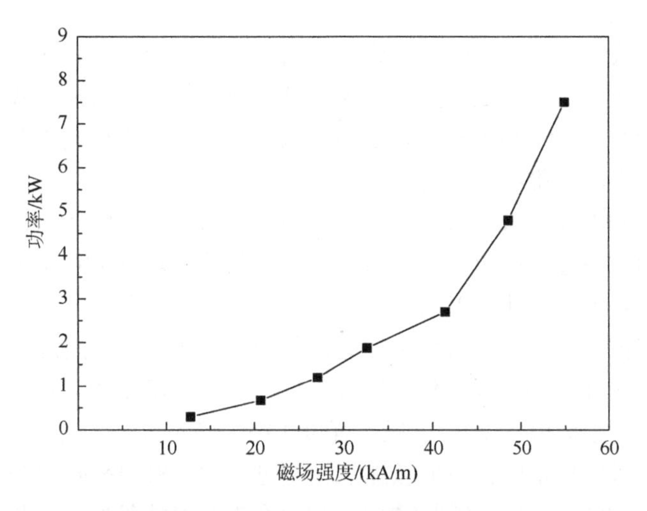

图 5.34　单个线圈功率与磁场强度的对应关系

酰胺 6 kt/a 的加氢精制工业侧线装置（30%己内酰胺水溶液处理能力 20 kt/a），见图 5.35。该装置反应器直径 300 mm、高 3 m；外围有 6 个电磁线圈围绕，线圈内径 500 mm，单个线圈高度 500 mm。线圈测试结果表明，形成磁场强度为 27.8 kA/m 的磁场时，6 个线圈的总功率为 1.08 kW，说明磁稳定床的能耗不高。试验所用 SRNA-4 型催化剂的粒径为 70～125 μm。试验原料为 30%（质量分数）己内酰胺水溶液，由巴陵石化 70 kt/a 己内酰胺工业装置引入，加氢后的己内酰胺水溶液返回工业装置。己内酰胺水溶液的加氢效果用溶液的高锰酸钾值（PM）来评价，产物 PM 值越高，表明其中不饱和杂质含量越低。试验期间原料己内酰胺水溶液的 PM 值为 40～60 s。

图 5.35　己内酰胺加氢精制工业侧线示范装置

侧线试验设置了预溶氢磁稳定床反应器加氢与气液固三相磁稳定床反应器加氢两种方案，考察了两种反应方式的加氢精制效果以及预溶氢方式和反应条件对加氢结果的影响，并考察了预溶氢磁稳定床己内酰胺加氢精制工艺中非晶态合金催化剂的稳定性，试验结果表明：

（1）对于 PM 值为 40～60 s 的质量分数为 30%的己内酰胺水溶液，经预溶氢或气液固三相磁稳定床反应器加氢精制后 PM 值均可达 2000～4000 s，加氢效果均显著优于现有工业搅拌釜工艺。

（2）预溶氢磁稳定床己内酰胺加氢精制的适宜条件：采用静态混合器溶氢，溶氢压力 0.7～1.1 MPa、氢液体积比 0.7～1.5、反应温度 80～100℃、反应压力 0.4～0.9 MPa、空速 30～50 h^{-1}、磁场强度 15～32 kA/m。

（3）预溶氢磁稳定床己内酰胺加氢精制过程中，SRNA-4 型非晶态合金催化剂的寿命可达 3200 h 以上（图 5.36）。与现有工业搅拌釜加氢工艺相比，催化剂消耗量可降低 60%，还可节省电耗，具有显著的经济效益。

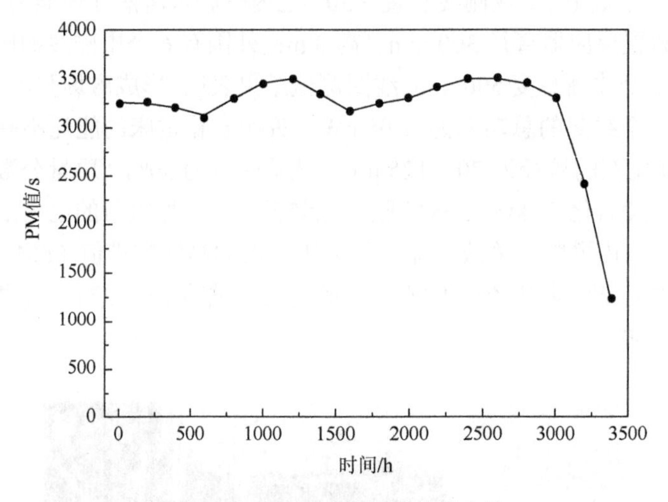

图 5.36　SRNA-4 催化剂的稳定性

5.3.7　磁稳定床反应工艺的工业应用

2003 年，结合中国石化石家庄化纤有限责任公司的己内酰胺生产装置扩能改造，在该公司建成设计能力为处理纯己内酰胺 35 kt/a 的磁稳定床己内酰胺加氢精制工业装置，首次实现了磁稳定床反应器的工业化应用。该装置反应器直径 900 mm、高 5 m，外围有 6 个电磁线圈围绕，线圈内径 1.1 m，单个线圈高度 680 mm。线圈测试结果表明，磁场强度径向偏差小于 15%、轴向偏差小于 5.7%，采用水冷可以实现磁场线圈长周期安全、稳定运行。产生磁场强度为 27.1 kA/m 的磁场时，6

个线圈的总功率为 7.2 kW。该装置的工艺流程为：30%己内酰胺水溶液预热后与 H_2 进入搅拌釜，使 H_2 溶解在己内酰胺水溶液中，同时实现气液分离，含有溶解氢的己内酰胺水溶液进入磁稳定床，在 SRNA-4 的作用下进行加氢精制反应。

工业试验结果表明，该装置运行可靠、开停车方便、加氢效率高，并且原设计处理能力 35 kt/a 的装置，在提高空速和磁场强度的条件下，实际处理能力可以达到 65 kt/a，大幅度降低了装置的投资。与原来的釜式加氢工艺相比，反应温度降低了 10℃，催化剂消耗降低了 33%，而产品质量大幅度提高。

2004 年 12 月在巴陵石化建成处理纯己内酰胺 70 kt/a 的工业装置（图 5.37），2005 年在中国石化石家庄化纤有限责任公司建成处理纯己内酰胺 100 kt/a 的工业装置。磁稳定床反应器成功的工业化应用还为其在其他领域的应用奠定了基础，推动了磁场流态化技术的发展，具有重大的社会效益和技术进步作用。

图 5.37　巴陵石化 250 kt/a 磁稳定床工业装置

参 考 文 献

[1] 殷景华，王雅珍，鞠刚. 功能材料概论[M]. 哈尔滨：哈尔滨工业大学出版社，1999.

[2] 闵恩泽，李成岳. 绿色石化技术的科学与工程基础[M]. 中国：中国石化出版社，2002.

[3] Luborsky F E. Amorphous Metallic Alloys[M]. London：Butterworth，1983.

[4] O'handley R C. Physics of ferromagnetic amorphous alloys[J]. Journal of Applied Physics，1987，62（10）：R15-R49.

[5] 汪卫华. 非晶态物质的本质和特性[J]. 物理学进展，2013，33（5）：177-351.

[6] Charpentier J C. The triplet "molecular processes-product-process" engineering：the future of chemical engineering？[J].

Chemical Engineering Science，2002，57（22-23）：4667-4690.

[7] 中国石油化工总公司石油化工科学研究院，东北工学院. 大表面非晶态合金及其制备：中国，CN 91111807.1[P]. 1993-06-30.

[8] 宗保宁，闵恩泽，董树忠，等. 非晶态金属合金作催化材料的研究. Ⅰ. Ni-P 非晶态合金对苯乙烯加氢活性的研究[J]. 化学学报，1989，47（11）：1052-1055.

[9] 宗保宁，朱永山. 预处理条件对 Ni-Ce-P 非晶态合金液相加氢活性的影响[J]. 化学学报，1991，49（11）：1056-1061.

[10] Zhang D C，Zong B N，Min E Z. Stability of amorphous Ni-Ce-P alloy[J]. Journal of Thermal Analysis，1993，39（10）：1331-1338.

[11] Zong B N, Mu X H, Zhang X X, et al. Research, development, and application of amorphous nickel alloy catalysts prepared by melt-quenching[J]. Chinese Journal of Catalysis，2013，5（34）：828-837.

[12] 宗保宁，邓景发. Ni-P 非晶态合金表面氢的吸附态[J]. 分子催化，1990，4（3）：248-251.

[13] 张迪倡，宗保宁. 稀土（Y，Ce，Sm）对 Ni-P 非晶态合金热稳定性的影响[J]. 物理化学学报，1993，9（3）：325-330.

[14] Xie F Z，Chu X W，Hu H R，et al. Characterization and catalytic properties of Sn-modified rapidly quenched skeletal Ni catalysts in aqueous-phase reforming of ethylene glycol[J]. Journal of Catalysis，2006，241（1）：211-220.

[15] 褚娴文，刘俊，乔明华，等. Sn 修饰的猝（淬）冷骨架 NiMo 催化剂上的乙二醇液相重整制氢[J]. 催化学报，2009，30（7）：595-600.

[16] 慕旭宏，宗保宁，闵恩泽. 新型骨架镍催化剂（SRNA-4）在化纤单体加氢中的应用[J]. 石油炼制与化工，2002，33（9）：45-48.

[17] 朱泽华，慕旭宏. SRNA-4 非晶态合金催化剂在己内酰胺加氢精制中的工业应用[J]. 石油炼制与化工，2000，31（9）：30-32.

[18] 张香文，熊中强，米镇涛. SRNA-4 非晶态合金催化双环戊二烯液相加氢反应研究[J]. 高校化学工程学报，2006，20（4）：604-609.

[19] 江雨生，孟祥堃，张晓昕，等. 用镍系非晶态合金脱除苯中硫的研究[J]. 石油化工，2004，33（2）：122-125.

[20] 孟祥堃，张晓昕，宗保宁，等. 磁稳定床反应器重整生成油后加氢过程研究[J]. 石油炼制与化工，2002，33（4）：1-4.

[21] 谷涛，慕旭宏，宗保宁. 磁稳定床中镍基非晶态合金汽油吸附脱硫研究[J]. 石油学报（石油加工），2007，23（1）：8-14.

[22] Liu B，Qiao M H，Deng J F，et al. Skeletal Ni catalyst prepared from a rapidly quenched Ni-Al alloy and its high selectivity in 2-ethylanthraquinone hydrogenation[J]. Journal of Catalysis，2001，204（2）：512-515.

[23] 庄毅，张晓昕，江雨生，等. 非晶态合金助剂在苯甲酸加氢中的工业应用[J]. 石油化工，2003，32（8）：695-699.

[24] Fan J G, Zong B N, Zhang X X, et al. Rapidly quenched skeletal Fe-based catalysts for fischer-tropsch synthesis[J]. Industrial & Engineering Chemistry Research，2008，47（16）：5918-5923.

[25] Tuthill E J. Magnetically stabilized fluidized bed：USA，US 3440731[P]. 1969-04-29.

[26] Rosensweig R E. Hydrocarbon conversion process utilizing a magnetic field in a fluidized bed of catalitic particles：USA，US 4136016[P]. 1979-01-23.

[27] Rosensweig R E. Process for operating a magnetically stabilized fluidized bed：USA，US 4115927[P]. 1978-09-26.

[28] Rosensweig R E，Ciprios G. Process for magnetically stabilizing a fluidized bed containing nonmagnetizable particles and a magnetizable fluid：USA，US 4668379[P]. 1987-05-26.

[29] Rosensweig R E. Composition and hydrotreating process for the operation of a magnetically stabilized fluidized bed：USA，US 4541924[P]. 1985-09-17.

[30] Rosensweig R E. Process for the removal of particulates entrained in a fluid using a magnetically stabilized fluidized bed：USA，US 4296080[P]. 1981-10-20.

[31] Rosensweig R E. Fluidization：hydrodynamic stabilization with a magnetic field[J]. Science，1979，204（4388）：57-60.

[32] Rosensweig R E. Ferrohydrodynamics[M]. Cambridge：Cambridge University Press，1985.

[33] 归柯庭，郅育红. 用磁稳流化床过滤含尘气体的实验研究[J]. 环境科学，1998（6）：14-17.

[34] 张云峰，归柯庭，虞维平. 磁流化床脱除烟气硫分的实验研究与初步理论分析[J]. 锅炉技术，2004，35（4）：73-75.

[35] 孙永泰. 用磁场流化床从镀铜废液中回收铜[J]. 四川有色金属，2007（3）：33-35.

[36] Sada E，Katoh S，Shiozawa M，et al. Performance of fluidized-bed reactors utilizing magnetic fields[J]. Biotechnology and Bioengineering，1981，23（11）：2561-2567.

[37] Sada E，Katoh S，Shiozawa M，et al. Rates of glucose oxidation with a column reactor utilizing a magnetic field[J]. Biotechnology and Bioengineering，1983，25（10）：2285-2292.

[38] Odabaşı M，Özkayar N，Özkara S，et al. Pathogenic antibody removal using magnetically stabilized fluidized bed[J]. Journal of Chromatography B，2005，826（1-2）：50-57.

[39] Fan M M，Chen Q R，Zhao Y M，et al. Magnetically stabilized fluidized beds for fine coal separation[J]. Powder Technology，2002，123（2-3）：208-211.

[40] 中国矿业大学. 磁稳定流化床分选装置：中国，01237426.1[P]. 2002-02-06.

[41] 董明会. 磁性 Pd/Al_2O_3 催化剂的制备及其乙炔选择性加氢性能研究[D].北京：石油化工科学研究院，2007.

[42] 彭颖. 磁性 $NiSO_4/\gamma$-Al_2O_3 及其在磁稳定床中轻汽油叠合反应性能[D].北京：石油化工科学研究院，2008.

[43] 程萌. 磁性磺酸树脂的制备及其在磁稳定床中醚化反应性能的研究[D]. 北京：石油化工科学研究院，2009.

[44] Pan Z Y，Dong M H，Meng X K，et al. Integration of magnetically stabilized bed and amorphous nickel alloy catalyst for CO methanation[J]. Chemical Engineering Science，2007，62（10）：2712-2717.

[45] Richardson J F，Zaki W N. This Week's citation classic[J]. Trans actions Institution Chemical Engineers，1954，32：35-53.

[46] 郑传根，董元吉，马兴华，等. 液-固磁场流态化模型及普遍化相图[J]. 化学反应工程与工艺，1990（2）：1-8.

[47] Chen C M，Leu L P. Hydrodynamics and mass transfer in three-phase magnetic fluidized beds[J]. Powder Technology，2001，117（3）：198-206.

第6章 展　　望

己内酰胺绿色生产技术的开发成功使我国己内酰胺生产行业扭亏增盈、逐步满足国内需求、实现了清洁生产，从此我国己内酰胺行业的发展进入了快车道，生产能力急剧膨胀。2015 年、2016 年和 2017 年我国己内酰胺生产能力分别达到 235 万 t、280 万 t 和 350 万 t，全球市场份额超过 50%，使我国由己内酰胺几乎全部依赖进口到一跃成为世界己内酰胺生产第一大国，产量及消费量稳居世界第一。

随着我国经济发展进入增速换挡、结构调整、动力转换的新常态，内需消费结构、生产组织形式、要素比较优势、市场竞争格局、资源环境约束等方面均呈现出了新的阶段性变化。目前由于我国己内酰胺生产能力增长过快，下游应用领域拓展速度跟不上己内酰胺迅猛增长的生产能力，己内酰胺行业已经由供不应求步入供应过剩，由高利润时代进入微利润时代，市场竞争极为激烈，大多数己内酰胺生产企业生存艰难。从业人员不断开发、拓展己内酰胺新的应用领域，全面考察其作为新的工业产品的原料或中间体的可行性，扩大己内酰胺的用途，提高其经济潜力，已成为己内酰胺发展的当务之急。与此同时，必须重新构建己内酰胺行业可持续发展的新战略。

1. 控制新建生产能力的合理增长、发展先进工艺

在当前形势下，己内酰胺行业应从根本上转变观念，摒弃总需求会不断扩大、投资会有较好回报的陈旧观念。对于已加入己内酰胺生产行业的企业，应充分认识到未来市场竞争的残酷性，加大技术改造力度，降低装置的能耗和物耗，提高产品质量，对于计划进入己内酰胺生产行业的企业，应综合考虑原料、技术、公用工程条件以及物流、产业链等因素，正确评估自身的优劣条件及行业风险，慎重加入市场竞争。

我国己内酰胺行业要由“制造”走向“智造”，意味着企业需要大幅提升创新能力，精细管理的水平，优化产业供应链。供给侧改革作为引领经济新常态的必由之路，其实质就是要生产或提供符合消费者需求的、中高端的、品质优良的、性价比优的产品和服务。实现这一目标和要求，关键在于提高全要素生产率，而提高全要素生产率的关键在于技术创新。

中国石化在己内酰胺技术开发与升级上，一直走在国内外前列。在以往成功

经验的基础上，石科院又开发了环己烯酯化加氢技术，能够明显降低环己酮的生产能耗和成本，过程实现了制备环己酮的原子经济反应，“三废”排放少。针对传统的己内酰胺液相重排生产工艺中间步骤多、流程复杂、设备腐蚀大、“三废”排放多、环境污染重的问题，石科院开发了气相贝克曼重排固定床气相重排新工艺，实现了生产过程的绿色化、清洁化和无硫铵化。据测算，如果采用全新的绿色化生产工艺，能够降低己内酰胺成本2000～4000元/t。

2. 产业链延伸，己内酰胺-聚酰胺联产将是大势所趋

随着近年上游己内酰胺装置的大量投产，锦纶切片产能也出现了大幅的扩张，目前正处于扩能周期的高位，预计未来国内仍有大量新产能释放，而大规模一体化的己内酰胺-聚酰胺联产基地也将是新常态，未来己内酰胺和尼龙-6生产环节有望高度集成，相应成本也将大幅降低。

本轮锦纶扩产的一大特点是上下游高度一体化，我国己内酰胺全部用于生产尼龙-6，而己内酰胺作为液体化工品，长途运输费用很高，切片厂商一般就近采购，因此己内酰胺产能对下游配套的要求非常高，也直接带动了近几年切片产能的大幅扩张。2012～2017年切片产能年均增速13%，尤其是2015～2017年，每年新增产能都在30万t以上，相应进口依存度也从2012年的30%降至2017年的13%。随着上下游一体化进程的加速，锦纶切片行业目前正处于一个产能投放的高峰。

己内酰胺-聚酰胺一体化进程加速的另一体现是锦纶产业正逐步向市场便利、资源丰富、配套完善和环保治理集中的地区聚集，对于切片来说，通过配套一体化管道输运己内酰胺可节省300～400元/t的运输成本，锦纶产业集群式、园区化发展已是大势所趋，典型代表是国内几大联产基地：恒逸石化120万t/a己内酰胺-聚酰胺一体化项目（山东东营）；神马集团30万t/a己二酸+30万t/a己内酰胺项目（平顶山尼龙产业园）；恒申集团40万t/a己内酰胺+40万t/a聚酰胺项目（长乐世界级己内酰胺一体化产业园区）。

未来百万吨级的己内酰胺-聚酰胺联合生产基地将是新常态，而成本高企的中小厂商将可能难以为继。锦纶行业新替代旧、先进替代落后的趋势不可逆转，相应原料成本也将大幅下降，推动整个锦纶行业新一轮的高速发展。

3. 积极拓展己内酰胺应用领域

近几年我国己内酰胺产量虽没有过去几年翻番的凶猛态势，但也保持了相当的增长速度。据统计，2017年比2016年新增产能700 kt，2018年国内己内酰胺总产能达到369万t，2019年产能达到389万t。产能的增长已经远远超过了聚己内

酰胺需求的增长速度，不断开发、拓展己内酰胺新的应用领域，全面考察其作为新的工业产品的原料或中间体的可行性，扩大己内酰胺的用途，提高其经济潜力，已成为己内酰胺发展的当务之急。

世界各个地区己内酰胺的消费结构有所不同。亚洲地区己内酰胺消费量中以生产尼龙-6 纤维为主，占该地区总消费量的 64.4%，而尼龙-6 工程塑料和薄膜对己内酰胺的消费量只占总消费量的 32.6%；北美地区的尼龙-6 纤维是消耗己内酰胺的主力，约占该地区己内酰胺总消费量的 44.5%，尼龙-6 工程塑料和薄膜对己内酰胺的消费量占总消费量的 53.4%；西欧地区随着汽车、电子电器及包装业对工程塑料需求的稳步增长，尼龙-6 工程塑料消耗己内酰胺约占西欧地区己内酰胺总消费量的 80.2%，尼龙-6 纤维消费己内酰胺约占总消费量的 15.3%。

从下游消费结构来看，目前我国尼龙-6 用途仍是以生产纤维为主，占比约 70%，双向拉伸薄膜（BOPA）等占比 6%，而相对高端的工程塑料占比约 23%，虽然较 2015～2016 年 19%左右的水平有了一定提升，但与目前发达国家和地区相比仍处于较低水平。其中一个重要原因就是国内高端己内酰胺产能相对匮乏，现有己内酰胺无法满足高速纺切片和高端工程塑料对原料杂质含量、染色性和吸光度等方面严格的指标要求，每年仍要从国外进口约 20 万 t。而随着技术成熟和工艺改善，我国己内酰胺产品质量已逐步提升，日渐优异，将有望减轻我国在高端己内酰胺市场对国外产品的依赖。展望未来，随着我国电器、汽车和轨道交通行业的不断发展，对轻量化尼龙塑料的需求将逐步增长，而工艺领先、精制技术先进的新增己内酰胺装置将在原料端提供支持，未来工程塑料和薄膜将是拉动锦纶需求的一个重要增长点。

随着己内酰胺生产能力迅猛增长，现有尼龙-6 行业的原料瓶颈正在被打破，丰富多样的尼龙-6 产品已经开始进入市场参与竞争。除此之外，己内酰胺还可以广泛用于精细化工领域，通过在己内酰胺的氮原子上引入不同基团，如烷基、乙烯基、甲基、乙酰基、芳基磺酰氨基乙基、四烷基卤化铵、丁基等，使其在医药、生物、化工领域实现丰富多样的功能，如作为促进有机分离和合成的溶剂、促进药物渗透吸收的皮肤组织渗透剂、某些药物的中间体、硫化氢废气高效吸收剂、织物漂白促进剂、催化剂和日用化工助剂，包括黏合剂、洗涤剂、纺织品助剂、辐射固体型表面涂料、化妆品、新型天然气水合物动力学抑制剂等。在 N 基己内酰胺衍生物具有无刺激性、低毒性、环境友好性的基础上，不断进行技术突破和降低成本，将有力地推进己内酰胺在医药、生物、日用品等精细化工领域的深入发展。现有己内酰胺生产企业在扩大原有尼龙-6 市场的同时，不断拓展己内酰胺的下游产品开发，加强上下游行业之间的合作，以经济潜力及前景促进己内酰胺行业积极主动寻求下游市场，是己内酰胺产业可持续发展至关重要的一步。

4. 提高环保标准，促进行业健康发展

环境保护是企业可持续发展的可靠保障，企业的发展不能以牺牲环保的利益为代价，来换取现在的发展，满足现在利益。2015年国家新《环境保护法》正式实施。新法规规定：相关环保部门可以直接对造成环境严重污染的设备进行查封、扣押；对超标超总量的排污单位可以责令限产、停产整治；对违反新《环境保护法》的责任人，构成犯罪的，依法追究刑事责任；引入“按日计罚”概念，罚款总额上不封顶等。己内酰胺生产企业应组织员工认真学习新《环境保护法》，提高认识，落实责任；深入推进清洁生产，提供环保水平；加大对环保设施的投入；推行环境会计理念，将环境保护成本纳入生产经营成本，最终达到企业效益与环境保护的有机结合。此外，还应该加大己内酰胺生产过程中节能减排新技术的研究开发及应用，以节省能源，降低成本，减少对环境的污染，实现环保生产。同时应重新修订己内酰胺不同细分市场的产品标准，制定己内酰胺生产环保标准。巩固反倾销成果，营造国内己内酰胺公平竞争的环境，以确保我国己内酰胺行业健康稳步发展。

己内酰胺绿色生产技术是我国化学工业原始性创新的成功范例，为我国社会和经济的发展做出了实质性贡献。但是应该清醒地认识到，我国化学工业的技术进步远未满足国家重大需求。2017年我国石油化工行业的产值达到13.8万亿元，进出口总额为5800亿美元，扣除石油和天然气等资源性进口，我国高端化学品贸易逆差约2000亿美元。国际市场占有率低的根本原因是未掌握绿色化工的核心技术，而绿色化工技术是买不来的。

我国基本有机化学品生产技术主要是20世纪七八十年代从国外引进的成套技术，大多是几十年前开发的工艺。从表6.1列举的几种基本有机化学品生产的统计数据可以看到，其生产过程排放大量废物，有些使用了有毒有害的原料、催化剂或溶剂等。而近期国外开发的绿色低碳化工生产技术对我国不转让；囿于绿色化学的知识不足，未掌握绿色化工的核心技术，我国化工生产技术的开发尚不能满足国家需求。应对挑战需要我国化学和化工科研工作者密切合作，将我国化学领域基础研究的优势转化为绿色化工技术开发的优势。这方面己内酰胺绿色生产技术的开发经验值得借鉴。经过20年产学研的共同努力，己内酰胺绿色生产技术在国际上率先实现工业应用，实现了从知识创新到技术创新的跨越，对我国经济和社会的发展做出了实质性贡献。

表 6.1　亟待开发的绿色化工技术

化学品	现有技术	用量/(万 t/a)	每吨产品污染物排放	绿色生产技术
对苯二甲酸	工业应用 55 年；乙酸体系、Co 催化剂；碳原子利用率 93%	4000	废气：2000 m^3 废水：3 m^3 碱渣：1 kg	无
环己酮	工业应用 60 年；催化或非催化氧化环己烷；碳原子利用率 80%	300	废气：5000 m^3 废水：50 m^3 碱渣：0.5 t	苯部分加氢、酯化路线生产环己酮，碳原子利用率 100%，无废物排放；中试、10 万 t 示范装置工艺包设计
己二胺	工业应用 10 年；丁二烯与氢氰酸反应制备己二腈，加氢制己二胺	100（全部依赖进口）	无	无
环氧丙烷	工业应用 60 年；丙烯与次氯酸反应得到氯丙醇，再与烧碱反应生成环氧丙烷；碳原子利用率 95%	200	废水：60 m^3 碱渣：2 t	丙烯与双氧水氧化，碳原子利用率接近 100%，废水排放减少 95%，无碱渣；10 万 t/a 工业示范
环氧氯丙烷	丙烯与氯气反应生成氯丙烯，与氯气和水反应生成二氯丙醇，与氢氧化钙反应生成环氧氯丙烷	100	废水：60 m^3 碱渣：2.5 t	氯丙烯与双氧水氧化，碳原子利用率接近 100%，废水减少 95%，无碱渣；2000 t/a 中试
双氧水	工业应用 50 年；国外浆态床反应技术领先国内固定床技术 20 年	300	废气：3800 m^3 废水：0.25 m^3 碱渣：13 kg	浆态床反应器，酸性反应体系、本质安全；2 万 t/a 工业示范

索　引

T

X

Y

Z

其他